大数据与人工智能技术丛书

Python 数据挖掘与机器学习

第2版·微课视频版

魏伟一 张国治 张志昌 编著

清華大學出版社
北京

内 容 简 介

本书主要介绍数据挖掘与机器学习的基本概念和方法，包括绪论、Python 数据分析与挖掘基础、认识数据、数据预处理、回归分析、关联规则挖掘、分类、聚类、神经网络与深度学习、离群点检测、文本和时序数据挖掘、数据挖掘案例等内容。各章力求原理叙述清晰，易于理解，突出理论联系实际，辅以 Python 代码实践与指导，引领读者更好地理解与应用算法，快速迈进数据挖掘领域，掌握机器学习算法的理论和应用。

本书可作为高等学校计算机科学与技术、数据科学与大数据技术等相关专业的教材，也可作为科研人员、工程师和大数据爱好者的参考书。

图书在版编目(CIP)数据

Python 数据挖掘与机器学习：微课视频版/魏伟一，张国治，张志昌编著. —2 版. —北京：清华大学出版社，2024.7 (2025.1 重印)
(大数据与人工智能技术丛书)
ISBN 978-7-302-66341-6

Ⅰ. ①P… Ⅱ. ①魏… ②张… ③张… Ⅲ. ①软件工具－程序设计 ②机器学习 Ⅳ. ①TP311.561

中国国家版本馆 CIP 数据核字(2024)第 105925 号

策划编辑：魏江江
责任编辑：王冰飞
封面设计：刘 键
责任校对：时翠兰
责任印制：沈 露

出版发行：清华大学出版社
网 址：https://www.tup.com.cn，https://www.wqxuetang.com
地 址：北京清华大学学研大厦 A 座 **邮 编**：100084
社 总 机：010-83470000 **邮 购**：010-62786544
投稿与读者服务：010-62776969，c-service@tup.tsinghua.edu.cn
质量反馈：010-62772015，zhiliang@tup.tsinghua.edu.cn
课件下载：https://www.tup.com.cn，010-83470236
印 装 者：艺通印刷(天津)有限公司
经 销：全国新华书店
开 本：185mm×260mm **印 张**：20.5 **字 数**：477 千字
版 次：2021 年 4 月第 1 版 2024 年 8 月第 2 版 **印 次**：2025 年 1 月第 3 次印刷
印 数：31001～34000
定 价：59.80 元

产品编号：103570-01

前 言

党的二十大报告指出：教育、科技、人才是全面建设社会主义现代化国家的基础性、战略性支撑。必须坚持科技是第一生产力、人才是第一资源、创新是第一动力，深入实施科教兴国战略、人才强国战略、创新驱动发展战略，开辟发展新领域新赛道，不断塑造发展新动能新优势。高等教育与经济社会发展紧密相连，对促进就业创业、助力经济社会发展、增进人民福祉具有重要意义。

随着数据采集和存储技术的迅速发展，数据正以前所未有的速度爆炸式增长。海量数据成了各行各业重要的战略资源，围绕这些数据进行可行的深入分析，对社会领域的诸多决策都变得越来越重要。数据挖掘将传统的数据分析方法与用于处理大量数据的复杂算法相结合，利用数据库管理技术和大量以机器学习为基础的数据分析技术，为数据库中的知识发现提供有效支撑。

本书从数据挖掘的过程出发，以数据挖掘的流程和主要的机器学习算法为主线，全面系统地介绍数据挖掘的基本概念和主要思想、典型的机器学习算法以及利用 Python 实现数据挖掘与机器学习的过程。本书将数据挖掘的理论与方法和机器学习算法以及项目实践充分结合，以便加深加快读者对所学内容的理解和掌握。

全书共 12 章，包括绪论、Python 数据分析与挖掘基础、认识数据、数据预处理、回归分析、关联规则挖掘、分类、聚类、神经网络与深度学习、离群点检测、文本和时序数据挖掘、数据挖掘案例等内容。书中各章节相互独立，读者可根据自己的兴趣选择使用。各章力求原理叙述清晰，易于理解，突出理论联系实际，辅以 Python 代码实践与指导，引领读者更好地理解与应用算法，快速迈进数据挖掘领域，掌握机器学习算法的理论和应用。同时，书中每章都给出了小结、习题和实训，可以帮助读者巩固本章学习内容，拓展相关知识。

本书配套资源丰富，包括教学大纲、教学课件、电子教案、程序源码、在线题库和习题答案，作者还为本书精心录制了 650 分钟的微课视频。

资源下载提示

课件等资源：扫描封底的“图书资源”二维码，在公众号“书圈”下载。

素材(源码)等资源：扫描目录上方的二维码下载。

在线自测题：扫描封底的作业系统二维码，再扫描自测题二维码，可以在线做题及查看答案。

微课视频：扫描封底的文泉云盘防盗码，再扫描书中相应章节中的视频讲解二维码，可以在线学习。

本书由魏伟一、张国治和张志昌编写，由于作者水平有限，不当之处在所难免，恳请各位读者赐教指正。

本书在编写过程中得到了全国高等院校计算机基础教育研究会 2020 年度“面向新工科的数据挖掘教学改革与资源建设”项目(2020-AFCEC-096)的资助，在此表示衷心感谢。

魏伟一

2024 年 5 月

目录

扫一扫

源码下载

第 1 章 绪论

随着计算机技术、传感器技术和数据库技术的飞速发展，人们获取和存储数据变得越来越容易，数据量呈爆炸式增长。然而，面对海量数据，我们却常常面临一种“数据丰富，信息贫乏”的局面。人们迫切希望能够对海量数据进行分析和挖掘，发现并提取隐含在数据中的有价值信息。为有效解决这一问题，自 20 世纪 80 年代开始，数据挖掘技术逐步发展起来。目前，数据挖掘的理论和方法获得了飞速发展，并应用到互联网、电商、金融、管理、生产和决策等各个领域。

扫一扫

视频讲解

1.1 数据挖掘简介

数据挖掘(Data Mining，DM)是人工智能和数据库领域研究的热点问题，是指从大量有噪声的、不完全的、模糊的和随机的数据中，提取出隐含在其中的事先不知道但具有潜在利用价值的信息的过程。这个定义包括几层含义：数据必须是真实的、大量的且含有噪声的；发现的是用户感兴趣的可以接受、理解和运用的知识；仅支持特定的问题，并不要求放之四海皆准的知识。

与数据挖掘的含义类似的还有一些术语，如从数据中挖掘知识、知识提取、数据/模式分析等。其中，数据库知识发现(Knowledge Discovery in Database，KDD)是经常使用的一个概念，它是指用数据库管理系统存储数据，用机器学习方法分析数据，从而挖掘出大量有用模式的过程。数据挖掘是整个知识发现过程中一个重要的核心步骤。

知识发现过程一般由数据准备、数据挖掘、结果表达与解释 3 个阶段组成。数据准备是从相关的数据源中选取所需要的数据并整合成用于数据挖掘的数据集；数据挖掘是通过从大量数据中寻找其有用模式的过程；结果表达与解释是指用某种方法将数据集所含的规律找出来,并尽可能以用户可理解的方式将找到的有用模式加以解释。

扫一扫

视频讲解

1.2 数据分析与数据挖掘

数据分析(Data Analysis,DA)是数学与计算机科学相结合的产物,是指用适当的统计分析方法对收集的大量数据进行分析,提取有用信息并形成结论,对数据加以详细研究和概括总结的过程。数据分析和数据挖掘都是基于搜集的数据,应用数学、统计和计算机等技术抽取出数据中的有用信息,进而为决策提供依据和指导方向。例如,运用预测分析法对历史的交通数据进行建模,预测城市各路线的车流量,进而改善交通拥堵状况;采用分类手段,对患者的体检指标数据进行挖掘,判断患者的病情状况;利用聚类分析法对交易的商品进行归类,可以实现商品的捆绑销售和推荐销售等营销手段。

数据分析有广义与狭义之分。广义数据分析包括了狭义数据分析和数据挖掘。广义数据分析是指针对搜集的数据,运用基础探索、统计分析和深层挖掘等方法,发现数据中有用的信息和未知的规律与模式,进而为下一步的业务决策提供理论与实践依据。因此,广义数据分析范畴会更大一些,涵盖了数据分析和数据挖掘两部分。从狭义的角度来说,两者存在一些不同之处,主要体现在两者的定义、目的、作用、使用方法以及最终结果上。狭义数据分析是指根据分析目的,采用对比分析、分组分析、交叉分析和回归分析等方法,对收集的数据进行处理与分析,提取有价值的信息,发挥数据的作用,得到一个特征统计量结果的过程,我们常说的数据分析就是狭义的数据分析。数据挖掘则是从大量的、不完全的、有噪声的、模糊的、随机的实际应用数据中,通过应用聚类、分类、回归和关联规则分析等技术,挖掘潜在价值的过程。图 1-1 显示了广义数据分析主要包括的内容。表 1-1 给出了数据分析与数据挖掘的对比。

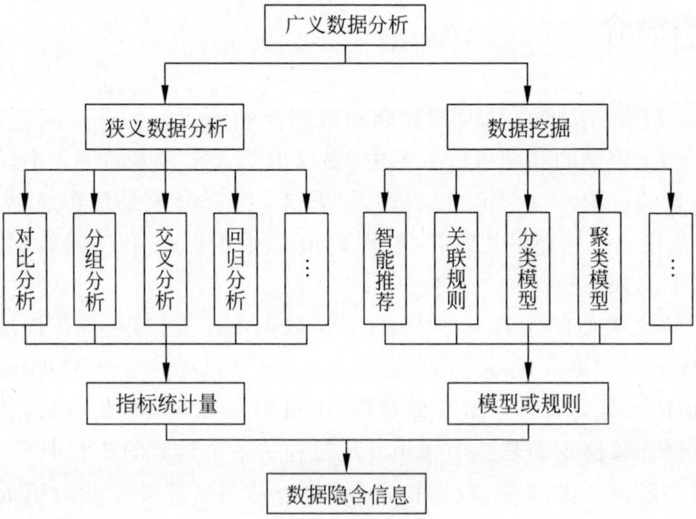

图 1-1 广义数据分析内容

表 1-1 数据分析与数据挖掘的对比

差异	数据分析	数据挖掘
定义	描述和探索性分析，评估现状和修正不足	技术性的“采矿”过程，发现未知的模式和规律
侧重点	实际的业务知识	挖掘技术的落地，完成“采矿”过程
技能	统计学、数据库、Excel 和可视化等	过硬的数学功底和编程技术
结果	须结合业务知识解读统计结果	模型或规则

扫一扫

视频讲解

1.3 数据挖掘的主要任务

数据挖掘是通过分析每个数据，从大量数据中寻找其规律的技术。数据挖掘的主要任务有关联分析、数据建模预测、聚类分析和离群点检测等。

1.3.1 关联分析

关联规则挖掘由 Rakesh Apwal 等首先提出。两个或两个以上变量的取值之间存在的规律称为关联。数据关联是数据库中存在的一类重要的和可被发现的知识。关联分为简单关联、时序关联和因果关联。关联分析的目的是找出数据库中隐藏的关联网。一般用支持度和可信度两个阈值度量关联规则的相关性，还不断引入兴趣度、相关性等参数，使所挖掘的规则更符合需求。

1.3.2 数据建模预测

数据预测建模是指根据已知的数据构建出一个数据模型，然后应用这个模型对未知数据的所属分类进行预测，主要包括分类和回归两类问题。

1. 分类

分类用于预测离散的目标变量，建立一个从输入数据到分类标签的映射。常见的算法有决策树、最近邻分类、朴素贝叶斯分类、人工神经网络和支持向量机（Support Vector Machine，SVM）等。

1）决策树

决策树是一种树状结构，其中每个内部节点代表一个属性上的判断，每个分支代表一个判断结果的输出，最后每个叶节点代表一种分类结果。决策树的生成算法有 ID3、C4.5 和 CART 算法等。

2）最近邻分类

寻找 K 个与目标数据最相似的已知数据，并根据这些已知数据的类别标签对目标数据的标签进行推断。

3）朴素贝叶斯分类

朴素贝叶斯分类是基于贝叶斯定理和特征独立假设的分类方法，是一种生成模型。它学习的不是如何判断数据的类别，而是产生数据的概率分布。基于此分布，由贝叶斯定理求出数据各类别的后验概率，从后验概率中选取一个最大的类别作为输出。朴素贝叶斯分类学习预测效率较高，实现方式简单。

4）人工神经网络

人工神经网络可以近似任何分类函数，而且是人工假设最少的一种算法。为了降低求解难度，通常采用输入层、隐藏层、输出层3层神经网络。

5）支持向量机

支持向量机是按监督学习方式对数据进行二元分类的广义线性分类器。其决策边界是对学习样本求解的最大边距超平面。支持向量机具有理论上最佳的分类效果，可以很好地用于高维数据，而且分类速度很快。另外，它可以通过改变核函数，灵活地解决一些线性不可分问题。

2. 回归

回归是确定两种或两种以上变量间相互依赖的定量关系的一种统计分析方法，常用于预测连续的目标变量。虽然分类和回归针对的预测目标不同，但两者都是通过训练一个模型，使目标变量预测值与实际值之间的误差达到最小。常见的回归方法有线性回归、逻辑回归、多项式回归等。

1）线性回归

线性回归是利用称为线性回归方程的最小平方函数对一个或多个自变量和因变量之间的关系进行建模的一种回归分析。如果在线性回归中只包括一个自变量和一个因变量，且它们的关系可用一条直线近似表示，这种回归分析称为一元线性回归分析；如果包括两个或两个以上的自变量，且因变量和自变量之间是线性关系，则称为多元线性回归分析。

2）逻辑回归

逻辑回归是一种广义的线性回归分析方法，它仅在线性回归算法的基础上，利用Sigmoid函数对事件发生的概率进行预测。线性回归能对连续值的结果进行预测，而逻辑回归是机器学习从统计领域借鉴的另一种技术，用于分析二分类或有序的因变量与解释变量之间的关系。

3）多项式回归

多项式回归是一种用于研究一个因变量与一个或多个自变量间多项式的回归分析方法。自变量只有一个时，称为一元多项式回归；自变量有多个时，称为多元多项式回归。在一元回归分析中，如果因变量 y 与自变量 x 的关系为非线性的，但又找不到适当的函数曲线拟合，则可以采用一元多项式回归。

1.3.3 聚类分析

聚类是把数据按照相似性归纳成若干类别，使同一类中的数据彼此相似，不同类中的数据尽量相异。聚类分析可以建立宏观的概念，发现数据的分布模式，以及可能的数据属性之间的相互关系。基本的聚类分析方法主要有划分方法、层次方法、基于密度的方法和基于网格的方法。

1. 划分方法

划分方法将给定的具有 n 个对象的集合，构建数据的 k 个分区，其中每个分区表示一个簇。也就是说，它把数据划分为 k 个分组，每个分组至少包含一个对象。大部分划分方法基于距离进行数据对象的划分。

2. 层次方法

层次方法创建给定数据对象集的层次分解。根据层次分解的形成过程，层次方法分为凝聚(自底向上)的方法和分裂(自顶向下)的方法。

3. 基于密度的方法

大部分划分方法根据对象间的距离进行聚类，因此只能发现球状簇。在基于密度的方法中，只要邻域中的密度超过某个阈值，就进行簇的增长。这种方法可以用来过滤噪声或离群点，发现任意形状的簇。

4. 基于网格的方法

基于网格的方法把对象空间量化为有限个单元，形成一个网络结构，所有聚类都在这个量化空间上进行。基于网格的方法处理速度很快，其处理时间通常独立于数据对象个数。

1.3.4 离群点检测

离群点是指全局或局部范围内偏离一般水平的观测对象。离群点等异常值会对数据分析和数据挖掘产生不良影响。因此，重视异常值的出现，分析其产生的原因，常常成为发现问题进而改进决策的契机。离群点检测在很多现实环境中都有很强的应用价值，如网络入侵检测、医疗处理和欺诈检测等。离群点检测方法主要包括基于统计的检测方法、基于距离的检测方法、基于密度的检测方法和基于聚类的检测方法等。

1. 基于统计的检测方法

先对变量做一个描述性统计，进而查看哪些数据是不合理的，如箱线图分析、平均值、最大最小值分析和统计学上的 3σ 法则。

2. 基于距离的检测方法

通常可以在对象之间定义邻近性度量，异常对象是那些远离大部分其他对象的对象。基于距离的异常检测的代表算法有基于 K 近邻(K-Nearest Neighbor，KNN)的异常检测算法。

3. 基于密度的检测方法

从基于密度的观点来看，离群点是在低密度区域中的对象。基于密度的离群点检测方法使用对象和其近邻的相对密度指示对象为离群点的可能性。其关键思想是把对象周围的密度与对象邻域周围的密度进行比较。

4. 基于聚类的检测方法

利用聚类检测离群点的方法是丢弃远离其他簇的小簇。这种方法可以与任何聚类技术一起使用,但是需要最小簇的大小及其与其他簇之间距离的阈值。通常,该过程可以简化为丢弃小于某个最小尺寸的所有簇。

1.4 数据挖掘的数据源

作为一门通用的技术,只要数据对目标应用是有用的,数据挖掘就可以用于任何类型的数据。对于挖掘的应用,数据的基本形式主要有数据库数据、数据仓库、事务数据库和其他类型数据。

1.4.1 数据库数据

数据库系统由一组内部相关的数据和用于管理这些数据的程序组成,通过软件程序对数据进行高效的存储和管理,并发、共享或分布式访问,并保证数据的完整性和安全性。

关系数据库是表的集合,每个表都被赋予一个唯一的名字。每个表包含一组属性(列或字段),并通常存放大量元组(记录或行)。关系中的每个元组代表一个被唯一关键字标识的对象,并被一组属性值描述。语义数据模型,如实体-联系(Entity-Relationship,ER)数据模型,将数据库作为一组实体和它们之间的联系进行建模,通常为关系数据库构造 ER 模型。关系数据库具有整体性和共享性的特点。

1.4.2 数据仓库

数据仓库(Data Warehouse)是依照分析需求、分析维度和分析指标进行设计的,它是数据库的一种概念上的升级,也可以说是为满足新需求设计的一种新数据库,而这个数据库是需要容纳更多的数据,更加庞大的数据集。数据仓库一般具有以下特征。

(1) 数据仓库是一个从多个数据源收到的信息存储库,存放在相同的模式下,并且驻留在某个站点上。

(2) 数据仓库通过数据清理、数据转换、数据集成、数据装入和定期数据刷新进行构造。

(3) 数据仓库通常利用数据立方体的多维数据结构建模。其中,每个维度对应模式中的一个或一组属性,每个单元存放某种聚集度量值。

(4) 通过提供多维数据视图和汇总数据的预结算,数据仓库非常适合联机分析处理(On-Line Analytical Processing,OLAP)。OLAP 操作允许在不同的抽象层提供数据。

1.4.3 事务数据库

事务数据库的每个记录代表一个事务，如一个航班的订票、顾客的一个交易等。通常，一个事务包含一个唯一的事务标识号(trans_ID)和一个组成事务的项的列表(如在商店购买的商品)。事务数据库可能有一些与之相关联的附加表，包括关于销售的其他信息，如事务的日期、顾客 ID、销售者 ID 和销售分店等。

1.4.4 其他类型数据

数据挖掘中还包含的其他类型数据如下。

(1) 时间相关的数据和序列数据(如历史记录和股票交易数据等)；

(2) 数据流(视频监控和传感器数据)；

(3) 空间数据(地图)；

(4) 工程设计数据(系统部件和集成电路)；

(5) 超链接和多媒体数据(文本、图像、音频和视频)；

(6) 图数据和网络数据(社会和信息网络)；

(7) Web 数据(HTML 等)。

1.5 数据挖掘使用的技术

扫一扫

视频讲解

作为一个应用驱动的领域，数据挖掘吸纳了诸如统计学、机器学习、数据库和数据仓库、数据可视化、算法、高性能计算和许多应用领域的先进技术(见图 1-2)。数据挖掘研究与开发的边缘学科特性极大地促进了数据挖掘的成功和广泛应用。

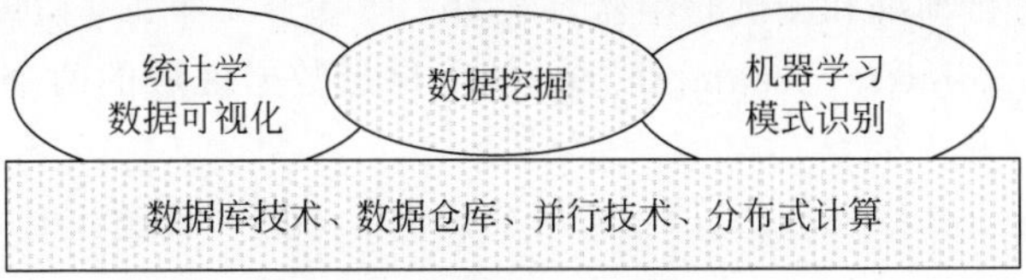

图 1-2 数据挖掘与其他领域的交叉

1.5.1 统计学

统计学虽然是一门“古老”的学科，但它依然是最基本的数据挖掘技术，特别是多元统计分析，如判别分析、主成分分析、因子分析、相关分析和多元回归分析等。

1.5.2 机器学习

机器学习是一门从数据中研究算法的多领域交叉学科，研究计算机如何模拟或实现人类的学习行为，根据已有的数据或以往的经验进行算法选择、构建模型以预测新数据，并重新组织已有的知识结构使之不断改进自身的性能。简而言之,就是计算机从数据中学习规律和模式,并应用在新数据上进行预测的任务。

机器学习是一种实现人工智能的方法。数据(Data)、学习算法(Learning Algorithm)和模型(Model)是机器学习三要素。机器学习的输入是数据,学到的结果叫作模型。从数据中训练模型这个过程通过执行某个学习算法完成。机器学习主要包括监督学习、无监督学习、半监督学习、主动学习和强化学习等。

1. 监督学习

监督学习(Supervised Learning)基本上是分类的同义词,主要指利用已知某种特性的样本(x,y)作为训练集,建立一个数学模型,求解 $f:x \rightarrow y$ 预测未知样本。监督学习又大致分为分类(Classification)和回归(Regression)两类。

分类问题中的标签是离散值,如用户"购买"和"不购买"。如果标签只有两个值,则称为二分类;如果标签有多个值,则称为多分类。回归问题中的标签是连续值。例如,如果问题是预测北京市房屋的价格,价格作为标签就是一个连续值,属于回归问题。

2. 无监督学习

无监督学习(Unsupervised Learning)中的训练集数据只有 x 而没有标签 y,目的是试图提取数据中隐含的结构和规律。常见的算法有 K-Means、降维、文本处理(特征抽取)等。无监督学习一般作为监督学习的前期数据处理环节,功能是从原始数据集中抽取出必要的标签信息。

3. 半监督学习

半监督学习(Semi-Supervised Learning)是前两者的结合,仅利用少量标注了的样本和大量未标注的样本进行训练和测试。半监督学习一般基于 3 种基本假设。

(1) 平滑假设(Smoothness Assumption):位于稠密数据区域的两个距离很近的样例的类标签类似。

(2) 聚类假设(Cluster Assumption):当两个样例位于同一聚类簇时,它们很大概率有相同的类标签。

(3) 流形假设(Manifold Assumption):将高维数据嵌入低维流形中,当两个样例位于低维流形中的一个小局部邻域内时,它们具有相似的类标签。

4. 主动学习

主动学习(Active Learning)使用较少的训练样本获得性能较好的分类器。主动学习主要通过一定的算法查询最有用的未标记样本,并交由专家进行标记,然后用查询到的样本训练分类模型提高模型的精确度。

5. 强化学习

在强化学习(Reinforcement Learning)中,输入数据作为对模型的反馈,不像监督模型那样，输入数据仅作为一个检查模型正确与否的方式。在强化学习中，输入数据直接反馈到模型，模型必须对此立刻作出调整。常见的应用场景包括动态系统和机器人控制等。常用算法包括 Q-Learning 和时间差学习（Temporal Difference Learning）等。

1.5.3 数据库管理系统与数据仓库

数据库管理系统（Database Management System，DBMS）是一种操纵和管理数据库的大型软件，主要关注数据库的创建、维护和使用。数据库管理系统建立了数据建模、查询语言、查询处理与优化方法、数据存储及索引和存取方法，对数据库进行统一的管理和控制，以保证数据库的完整性和安全性。

数据仓库是面向主题的、集成的与时间相关且不可修改的数据集合。数据仓库集成了来自多种数据源和各个时间段的数据，它在多维空间合并数据，形成部分物化的数据立方体。数据立方体不仅有利于多维数据库的 OLAP，而且推动了多维数据挖掘。

数据库主要用于事务处理，数据仓库主要用于数据分析，用途上的差异决定了两种架构的特点不同。

在以上学科中，对数据挖掘领域影响最大的是数据库、机器学习和统计学。大体来说，数据库领域的研究为数据挖掘提供了数据管理技术，而机器学习和统计学则为数据挖掘提供了数据分析技术。由于统计学领域的研究成果通常需要经由机器学习的研究形成有效的学习算法再进入数据挖掘领域，因此，一般认为机器学习领域和数据库领域是数据挖掘的两大支撑领域。

1.6 数据挖掘存在的主要问题

目前，数据挖掘在很多领域取得了巨大成功，但依然存在一些具有挑战性的问题。

1. 数据类型多样化

数据挖掘通常涉及各种不同的数据类型，即使相同类型的数据也可能具有不同的数据结构。因此，对这些不同数据类型和不同结构的数据的一致化是一项极具挑战性的工作。

2. 噪声数据

在数据获取、存储与加工过程中，经常会出现数据中包含噪声、数据缺失甚至数据错误的情况。数据缺失会影响数据挖掘的性能，而噪声和数据错误可能导致错误的结果。同时，数据来源复杂，时效性也得不到保证。

3. 高维度数据

数据挖掘常常涉及高维度数据。传统算法在数据量小、数据维度低的情况下有较好的表现，但是随着数据量和数据维度激增，必须采取其他策略解决。

4. 数据挖掘的可视化

数据挖掘通常会得到隐藏在数据中的规律或模式,但这些规律和模式不容易理解和解释。因此,往往要对分析挖掘的规律进行可视化。

1.7 数据挖掘建模的常用工具

数据挖掘是一个反复探索的过程,只有将数据挖掘工具提供的技术和实施经验与企业的业务逻辑和需求紧密结合,才能取得更好的效果。下面介绍常用的数据挖掘建模工具。

1.7.1 商用工具

商用工具主要由商用的开发商提供,通过市场销售,提供相关的服务。商用工具不仅提供易于交互的可视化界面,还继承了数据处理、建模和评估等完整功能,并支持常用的数据挖掘算法。与开源软件相比,商用软件更强大,软件性能更加成熟稳定。主要的商用数据挖掘工具有 SAS Enterprise Miner、IBM SPSS Modeler 和 IBM Intelligent Miner 等。

1. SAS Enterprise Miner

Enterprise Miner 是 SAS 公司推出的一个集成的数据挖掘系统,允许使用和比较不同的技术,同时集成了复杂的数据库管理软件。它通过在一个工作空间(Workspace)中按照一定的顺序添加各种可以实现不同功能的节点,对不同节点进行相应的设置,最后运行整个工作流程(Workflow),得到相应的结果。

2. IBM SPSS Modeler

IBM SPSS Modeler 原名 Clementine,2009 年被 IBM 公司收购后对产品的性能和功能进行了大幅度改进和提升。它封装了最先进的统计学和数据挖掘技术获得预测知识,并将相应的决策方案部署到现有的业务系统和业务过程中,从而提高企业的效益。IBM SPSS Modeler 拥有直观的操作界面、自动化的数据准备和成熟的预测分析模型,结合商业技术可以快速建立预测性模型。

3. IBM Intelligent Miner

IBM Intelligent Miner 包含了最广泛的数据挖掘技术与算法,可以容纳相当大的数据量并且具有强大的计算能力。它包含多种统计方法和挖掘算法,可以进行线性回归、因子分析、主变量分析、分类、关联、序列模式和预测等。IBM Intelligent Miner 提供了丰富的应用程序接口(Application Programming Interface,API)用来开发数据挖掘应用软件,可以通过 C 函数库存取所有数据挖掘引擎和操作函数。

1.7.2　开源工具

除了商用的数据挖掘工具外，也有一些优秀的开源数据挖掘软件。开源软件的最大优势在于免费，而且让任何有能力的人都能参与并完善软件。相比于商用工具，开源软件工具更容易学习和掌握。常用的开源工具有 R 语言、Python、WEKA 和 RapidMiner 等。

1. R 语言

R 语言是由新西兰奥克兰大学 Ross Ihaka 和 Robert Gentleman 开发的用于统计分析、绘图的语言和操作环境，是属于 GNU 系统的一个自由、免费和开源的用于统计计算和统计制图的优秀工具，具有出色的易用性和可扩展性。R 语言被广泛应用于数据挖掘、开发统计软件和数据分析中。R 语言是由 C 语言和 FORTRAN 语言编写的，并且很多模块都是由 R 语言编写的。它的主要功能包括数据统计制图、统计测试、时间序列分析和分类等。

2. Python

Python 是由荷兰人 Guido van Rossum 于 1989 年发明的，并在 1991 年首次公开发行。它是一款简单易学的编程类工具，其编写的代码具有简洁性、易读性和易维护性等优点。Python 原本主要应用于系统维护和网页开发，随着大数据时代的到来，以及数据挖掘、机器学习和人工智能等技术的发展，促使 Python 进入数据科学领域。

Python 同样拥有丰富的第三方模块，用户可以利用这些模块完成数据科学中的工作任务。例如，Pandas、StatsModels、SciPy 等模块用于数据处理和统计分析；Matplotlib、Seaborn、Bokeh 等模块实现数据的可视化功能；scikit-learn（也称为 sklearn）、Keras 和 TensorFlow 等模块实现数据挖掘和深度学习等操作。

3. WEKA

WEKA（Waikato Environment for Knowledge Analysis）是一款知名度较高的开源机器学习和数据挖掘软件。高级用户可以通过 Java 编程和命令行调用其分析组件。同时，WEKA 也为普通用户提供了图形化界面，称为 WEKA Knowledge Flow Environment 和 WEKA Explore，可以实现数据预处理、分类、聚类、关联规则、文本挖掘和数据可视化等。

4. RapidMiner

RapidMiner 也称为 YALE（Yet Another Learning Environment），提供图形化界面，采用类似于 Windows 资源管理器中的树状结构组织分析组件，树上每个节点表示不同的运算符。RapidMiner 提供了大量的运算符，包括数据处理、变换、探索、建模和评估等各个环节。RapidMiner 是用 Java 语言开发的，基于 WEKA 构建，可以调用 WEKA 中的各种分析组件。RapidMiner 有拓展的套件 Radoop，可以与 Hadoop 集成，在 Hadoop 集群上运行任务。

1.8 为何选用 Python 进行数据挖掘

1. 爬取数据需要 Python

Python 是目前最流行的数据爬虫语言。它拥有许多支持数据爬取的第三方库,如 requests、selenium,以及号称目前最强大爬虫框架 Scrapy。利用 Python 可以爬取互联网上公布的大部分数据。

2. 数据分析需要 Python

数据获取之后,还要对数据进行预处理、数据分析和可视化。Python 提供了大量第三方数据分析库,包括 NumPy、Pandas、Matplotlib,可进行科学计算、Web 开发、数据接口和图形绘制等众多工作,开发的代码通过封装,也可以作为第三方模块供他人使用。

3. Python 语言简单高效

Python 语言简单高效,易学易用,让数据分析师摆脱了程序本身语法规则的泥潭,进行更快的数据分析。而且,Python 完善的基础代码库覆盖了网络通信、文件处理、数据库接口和图形系统等大量内容,被形象地称为"内置电池"(Batteries Included)。

1.9 Python 数据挖掘常用库

Python 的第三方模块很丰富,而且语法非常简练,自由度很高。表 1-2 列出了 Python 数据分析与挖掘的常用库。

表 1-2 Python 数据分析与挖掘的常用库

扩展库	简介
NumPy	提供数组支持以及相应的处理函数
SciPy	提供矩阵支持以及矩阵相关的计算模块
Matplotlib	提供强大的可视化工具
Pandas	提供强大灵活的数据分析与探索工具
StatsModels	提供统计建模和计量经济学工具
scikit-learn	支持回归、分类和聚类等强大的机器学习库
Keras	深度学习库,用于建立神经网络和深度学习模型
Gensim	用于从文档中自动提取语义主题

1. NumPy

NumPy 软件包是 Python 生态系统中数据分析、机器学习和科学计算的主力军。它极大地简化了向量和矩阵的操作处理。Python 的一些主要软件包(如 SciPy、Pandas 和 TensorFlow)都以 NumPy 作为其架构的基础部分。除了能对数值数据进行切片和切块外，使用 NumPy 还能为处理和调试上述库中的高级实例带来极大便利。NumPy 被很多大型金融公司使用，核心的科学计算组织（如 Lawrence Livermore、NASA）也用其处理一些本来使用 C++、FORTRAN 或 MATLAB 等所做的任务。

NumPy 提供了真正的数组，比 Python 内置列表速度更快。NumPy 也是 SciPy、Matplotlib、Pandas 等库的依赖库，内置函数处理数据速度是 C 语言级的，因此使用中应尽量使用内置函数。

2. SciPy

SciPy 是基于 NumPy 开发的高级模块，依赖于 NumPy，提供了许多数学算法和函数的实现，可便捷、快速地解决科学计算中的一些标准问题，如数值积分和微分方程求解、最优化和信号处理等。作为标准科学计算程序库，SciPy 是 Python 科学计算程序的核心包，包含了科学计算中常见问题的各个功能模块，不同子模块适用于不同的应用。

SciPy 依赖于 NumPy，NumPy 提供了多维数组功能，但只是一般的数组，并不是矩阵。例如，两个数组相乘时，只是对应元素相乘。SciPy 提供了真正的矩阵，以及大量基于矩阵运算的对象与函数。SciPy 包含的功能有最优化、线性代数、积分、插值、拟合、特殊函数、快速傅里叶变换、信号处理、图像处理和常微分方程求解等。

3. Matplotlib

Matplotlib 是 Python 的绘图库，是用于生成出版质量级别图形的桌面绘图包。它可以与 NumPy 一起使用，提供一种有效的 MATLAB 开源替代方案。它也可以和图形工具包一起使用，如 PyQt 和 wxPython，让用户很轻松地将数据可视化，同时还提供多样化的输出格式。

4. Pandas

Pandas 是基于 NumPy 的一种工具，提供了大量快速便捷处理数据的函数和方法。它是使 Python 成为强大而高效的数据分析环境的重要因素之一。Pandas 中主要的数据结构有 Series、DataFrame 和 Panel。其中，Series 是一维数组，与 NumPy 中的一维数组以及 Python 基本的数据结构 List 类似；DataFrame 是二维的表格型数据结构，可以将 DataFrame 理解为 Series 的容器；Panel 是三维的数组，可看作是 DataFrame 的容器。

Pandas 是 Python 中非常强大的数据分析工具。它建立在 NumPy 之上，功能很强大，支持类似结构化查询语言（Structured Query Language，SQL）的增删改查，并具有丰富的数据处理函数，支持时间序列分析和缺失数据处理等功能。

5. StatsModels

StatsModels 库是 Python 中一个强大的统计分析库，包含假设检验、回归分析、时间序列分析等功能，能够很好地与 NumPy 和 Pandas 等库结合起来，提高工作效率。

6. scikit-learn

scikit-learn 又称为 sklearn，是专门面向机器学习的 Python 开源框架，它实现了各种成熟的算法,容易安装和使用。scikit-learn 依赖 NumPy、SciPy 和 Matplotlib,是 Python 中强大的机器学习库,提供了诸如数据预处理、分类、回归、聚类、预测和模型分析等功能。

7. Keras

Keras 是基于 Theano 的深度学习库,它不仅可以搭建普通神经网络,还可以搭建各种深度学习模型,如自编码器、循环神经网络、递归神经网络和卷积神经网络等。Keras 的运行速度很快,简化了搭建各种神经网络模型的步骤,允许普通用户轻松搭建几百个输入节点的深层神经网络。

8. Gensim

Gensim 是一款开源的第三方 Python 工具包,用于从文档中自动提取语义主题。它支持包括词频-逆文档频率(Term Frequency-Inverse Document Frequency,TF-IDF)、潜在语义分析(Latent Semantic Analysis,LSA)、隐含狄利克雷分布(Latent Dirichlet Allocation,LDA)和 Word2Vec 在内的多种主题模型算法,支持流式训练,并提供了诸如相似度计算、信息检索等常用任务的 API 接口。

扫一扫

视频讲解

1.10 Jupyter Notebook 的使用

Jupyter Notebook(Julia+Python+R=Jupyter)基于 Web 技术的交互式计算文档格式,支持 Markdown 和 LaTeX 语法,支持代码运行、文本输入、数学公式编辑、内嵌式画图和其他(如图片文件的插入),是一个对代码友好的交互式笔记本。

1. Jupyter Notebook 中的代码输入与编辑

打开 Jupyter Notebook 后,显示界面如图 1-3 所示。

图 1-3 Jupyter Notebook 首页

Files 标签页基本上列出了所有的文件,Running 标签页显示了当前已经打开的终端和 Notebook,Clusters 标签页由 IPython parallel 库提供,用于并行计算。若要创建一个新的 Notebook,只须单击页面右上角的 New 按钮,在下拉列表中选择 Python 3,即可得到一个空的 Notebook 界面,如图 1-4 所示。

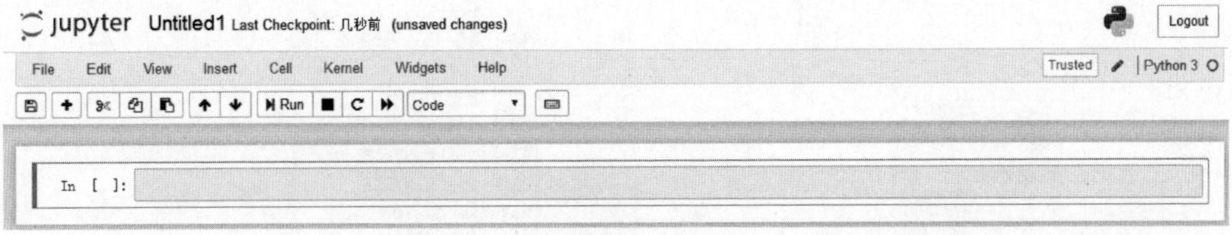

图 1-4 新建的 Notebook 界面

Notebook 界面主要包含 Notebook 标题、主工具栏、快捷键和 Notebook 编辑区等部分。若要重新命名 Notebook 标题，可执行菜单栏 File|Rename 命令，输入新的名称，更改后的名称就会出现在 Jupyter 图标的右侧。

在编辑区可以看到一个个单元(Cell)。如图 1-5 所示，每个 Cell 以“In[ ]”开头，可以输入正确的 Python 代码并执行。例如，输入"python"+"program"，然后按 Shift+Enter 快捷键，代码将被运行，随后编辑状态切换到新的 Cell。

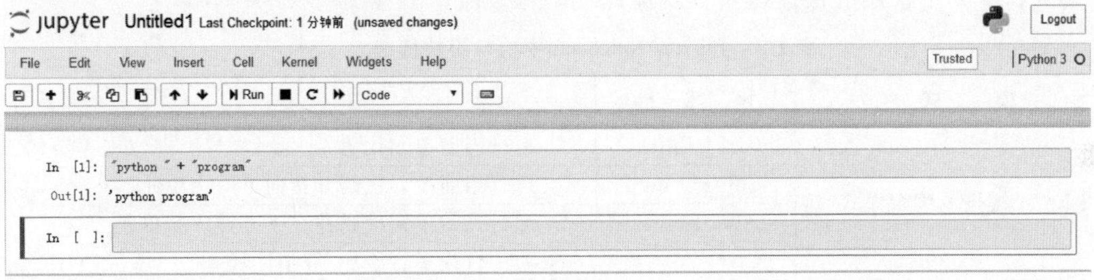

图 1-5 代码编辑单元

执行菜单栏 Insert |Insert Cell Above 命令，则会在当前单元上面添加一个新的默认为 code 类型的单元。通过 Cell|Cell Type 菜单选择 Markdown(标记)，就可以获得一个优美、解释性更强的 Notebook。

Notebook 还具备导出功能，可导出为 HTML、Markdown、ReST、PDF(Through LaTeX)、Raw Python 等格式的文件。

2. Tab 补全

在集成开发环境或交互式环境中提供了 Tab 补全功能。当在命令行输入表达式时，按 Tab 键可以为任意变量(对象、函数等)搜索命名空间，与当前已输入的字符进行匹配。

【例 1-1】 变量名的 Tab 补全。

定义变量 an_example 并赋值，在后续命令中输入 an 后按 Tab 键，会匹配到前缀为 an 的关键词或变量，如图 1-6 所示。

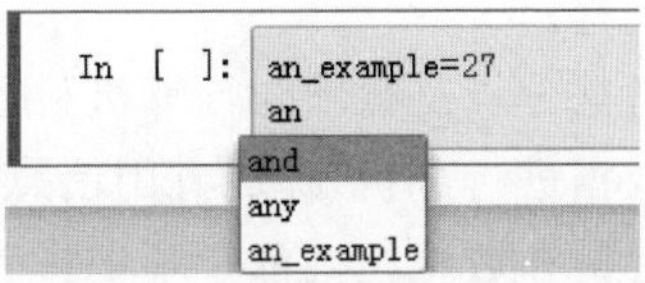

图 1-6 变量名的 Tab 补全

【例 1-2】 属性名称的 Tab 补全。

对于变量，在输入英文的点号后，按下 Tab 键，对方法、属性的名称进行补全，如图 1-7 所示。

【例 1-3】 模块的 Tab 补全。

模块的补全方法与上述方法类似，如图 1-8 所示。

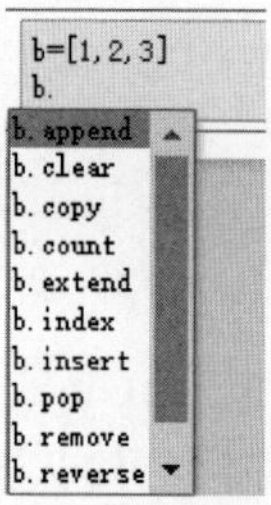

图 1-7 属性名称的 Tab 补全

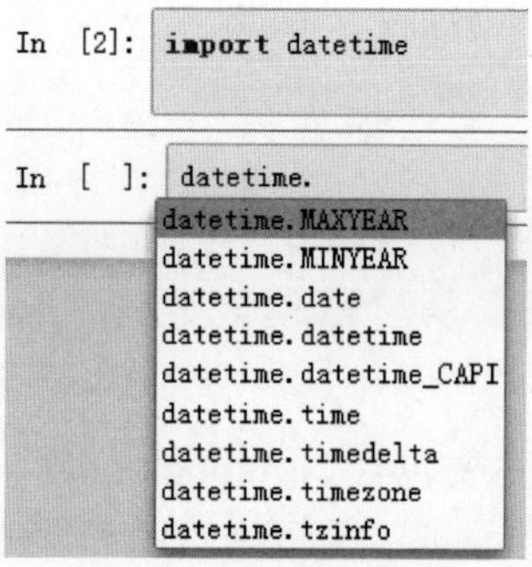

图 1-8 模块的 Tab 补全

3. 快捷键

表 1-3 罗列了常用的快捷键及其功能。

表 1-3 Jupyter Notebook 中的常用快捷键

模　式	快 捷 键	描　述
按 Enter 键进入编辑模式	Ctrl+Enter	运行当前单元代码
	Shift+Enter	运行当前单元代码并指向下一个单元
	Alt+Enter	运行当前单元代码并在下方插入新单元
	Ctrl+/	为一行或多行添加/取消注释
按 Esc 键进入命令模式	Up/Down	选中上方/下方单元
	Shift+K	扩大选中上方单元
	Shift+J	扩大选中下方单元
	Shift+M	合并选中的单元
	A	在当前单元格上面创建一个新的单元格
	B	在当前单元格下面创建一个新的单元格
	双击 D	删除当前单元格
	Z	撤销删除单元格
	M	插入 Markdown 格式文本
	H	查看所有的快捷键

1.11 小结

数据挖掘是人工智能和数据库领域研究的热点问题，是指从大量有噪声的、不完全的、模糊的和随机的数据中提取出隐含在其中的、事先不知道但具有潜在利用价值的信息的过程。

数据分析是数学与计算机科学相结合的产物，是指用适当的统计分析方法对收集的大量数据进行分析，提取有用信息并形成结论，对数据加以详细研究和概括总结的过程。数据分析和数据挖掘都是基于搜集的数据，应用数学、统计和计算机等技术抽取出数据中的有用信息，进而为决策提供依据和指导方向。

数据挖掘是通过分析每个数据，从大量数据中寻找其规律的技术，其主要任务有关联分析、数据建模预测、聚类分析和离群点检测等。数据挖掘可以用于任何类型的数据，只要数据对目标应用是有用的。对于数据挖掘的应用，数据的基本形式主要有数据库数据、数据仓库数据、事务数据库数据和其他类型数据。

作为一个应用驱动的领域，数据挖掘吸纳了诸如统计学、机器学习、数据库和数据仓库、数据可视化、算法、高性能计算和许多应用领域的先进技术。其中，机器学习领域和数据库领域是数据挖掘的两大支撑领域。

数据挖掘是一个反复探索的过程，只有将数据挖掘工具提供的技术和实施经验与企业的业务逻辑和需求紧密结合，才能取得更好的效果。目前有商用和开源的数据挖掘工具。

Python 拥有丰富的第三方模块，可以实现数据科学中的任务需求。例如，Pandas、StatsModels 和 SciPy 等模块用于数据处理与统计分析；Matplotlib 和 Seaborn 等模块实现数据可视化；scikit-learn、Keras 和 TensorFlow 等模块实现数据挖掘深度学习等操作。

Jupyter Notebook 基于 Web 技术的交互式计算文档格式，支持 Markdown 和 LaTeX 语法，支持代码运行、文本输入、数学公式编辑、内嵌式画图等(如图片文件的插入)，是一个对代码友好的交互式笔记本。

扫一扫

自测题

习题 1

(1) 什么是数据挖掘?

(2) 简述数据分析与数据挖掘之间的关系。

(3) 简述数据挖掘、统计学和机器学习三者之间的关系。

(4) 数据挖掘的主要任务有哪些?

(5) 数据挖掘的常用数据源有哪些?

(6) 数据挖掘面临的主要问题有哪些?

第 2 章

Python数据分析与挖掘基础

扫一扫

视频讲解

2.1 Python 程序概述

Python 是一个结合解释性、编译性、互动性和面向对象的高级程序设计语言，其结构简单，语法定义清晰。Python 最具特色的就是使用缩进表示代码块，不需要使用花括号。

2.1.1 基础数据类型

Python 3 中有 6 种标准的数据类型：Number(数字)、String(字符串)、List(列表)、Tuple(元组)、Set(集合)和 Dictionary(字典)。其中，不可变数据类型有 Number、String 和 Tuple；可变数据类型有 List、Set 和 Dictionary。

2.1.2 变量和赋值

Python 中的变量是不需要声明数据类型的，变量的"类型"是指内存中被赋值对象的类型。同一变量可以反复赋值，而且可以是不同类型的，这也是称 Python 语言为动态语言的原因。

【例 2-1】 变量赋值示例。

```
In[1]:     brower, count, addsum = 'Google', 100, 123.45
           print(brower, count, addsum)
Out[1]:    Google 100 123.45
```

2.1.3 运算符和表达式

运算符用于执行程序代码运算,会针对一个以上的操作数进行运算。Python 语言支持算术运算符、关系运算符和逻辑运算符。表 2-1 中显示了各种运算符及其描述。

表 2-1 运算符及其描述

运 算 符	描 述
+,-,*,/,%,//,**	算术运算符:加、减、乘、除、取模、整除、幂
<,<=,>,>=,!=,==	关系运算符
and, or, not	逻辑运算符

各类运算符的优先级顺序为:逻辑运算符<关系运算符<算术运算符。例如,2+3>5+6 and 4+9>4+7 计算次序依次是算术运算、关系运算、逻辑运算。为了增强代码的可读性,可合理使用括号。此外,Python 还支持形如 3<4<5 的表达式。

2.1.4 字符串

1. 转义字符

字符串被定义为引号之间的字符集合,在 Python 中,字符串用单引号(')、双引号(")、三引号(''')引起来,且必须配对使用。当 Python 字符串中有一个反斜杠(\)时,表示一个转义序列的开始,称反斜杠为转义字符。所谓转义字符,是指那些字符串里存在的有特殊含义的字符。表 2-2 列出了常用的转义字符。

表 2-2 转义字符示例

转 义 字 符	说 明	转 义 字 符	说 明
\n	换行	\"	双引号
\\	反斜杠	\t	制表符

Python 允许用 r+" "的方式表示" "内部的字符串不转义。

【例 2-2】 转义字符的使用。

```
In[2]:    print("python\nprogram")
          print(r"python\nprogram")
          python
Out[2]:   program
          python\nprogram
```

2. 字符串的运算

字符串子串可以用分离操作符([]或[:])选取。Python 特有的索引规则为:第一个字符的索引为 0,后续字符索引依次递增,或者从右向左编号,最后一个字符的索引号为-1,前面的字符依次减 1。表 2-3 给出了字符串的常用运算。

表 2-3 字符串的运算示例

运算符	符号	示例	结果
+	连接操作	str1='Python' str2=', program!' str1+str2	'python, program!'
*	重复操作	str='Python' str * 2	'PythonPython'
[]	索引	str='Python' str[2] str2[-1]	't' 'n'
[:]	切片	str='Python' str[2: 5] str[-4: -1]	'tho' 'tho'

如果 * 后面的数字为 0,就会产生一个空字符串。例如,'python' * 0 的运算结果为''。

3. 字符串的常用方法

字符串的常用方法及其作用如表 2-4 所示。

表 2-4 字符串的常用方法及其作用

方法	作用
str.capitalize()	返回字符串的副本,其首字符大写
str.count(sub [,start [,end]])	返回[start,end]范围内 sub 的非重叠出现次数,start 和 end 可选
str.endswith(sub[,start[,end]])	返回布尔值,表示字符串是否以指定的 sub 结束,类似的方法有 str.startswith()
str.find(sub [,start [,end]])	返回字符串中首次出现子串 sub 的索引位置,start 和 end 可选,若未找到 sub,返回-1,类似的方法有 str.index()
str.split(sep=None)	使用 sep 作为分隔符拆分字符串,返回字符串中单词的列表
str.strip([chars])	删除字符串前端和尾部参数 chars 指定的字符集,如果参数省略或为 None,则删除空白字符
str.upper()/str.lower()	将字符串中所有字符转换为大写/小写

2.1.5 流程控制

1. 条件语句

条件结构又称为选择结构,根据判断条件,程序选择执行特定的代码。在 Python 语言中,使用关键字 if、elif、else 表示,基本语法格式如下。

```
if condition:
    if - block
[elif condition:
    elif - block
```

```
else:
    else - block]
```

其中，冒号(:)为语句块开始标记，[ ]内为可选项。另外，在 Python 中，当 condition 的值为 False、0、None、" "、()、[]、{}时，会被解释器解释为假(False)。

【例 2-3】 将化学分子式翻译为其表示物质对应的英文。

```
In[3]:    compound = input("请输入化学分子式：")
          if compound == "H2O":
              print("water")
          elif compound == "NH3":
              print("ammonia")
          elif compound == "CH4":
              print("methone")
          else:
              print("no exist")
Out[3]:   请输入化学分子式：H2O
          water
```

2. 循环语句

循环结构是指满足一定的条件下，重复执行特定代码块的一种编码结构。Python 中，常见的循环结构有 while 循环和 for 循环。

1) while 循环

while 循环的语法格式如下。

```
while condition:
  while - block
```

【例 2-4】 求 1＋2＋3＋4＋5 的值。

```
In[4]:    sum = 0
          i = 1
          while i < 6:
              sum = sum + i
              i = i + 1
          print("sum is %d." % sum)
Out[4]:   sum is 15.
```

while 循环嵌套：语句块里的语句也可以是另一个 while 语句。

2) for 循环

for 循环的语法格式如下。

```
for v in Seq:
  for_block
```

其中，v 为循环变量；Seq 为序列类型，涵盖字符串、列表和元组。在每轮循环中，循环变量被设置为序列类型中的当前对象,for_block 是循环体,用来完成具体功能。

【例 2-5】 将数组中的奇数变成它的平方,偶数保持不变。

```
In[5]:    x = [ 1, 2, 3, 4, 8, 7, 22, 33, 88]
          print("原数据: ",x)
          for i in range(len(x)):
              if(x[i] % 2) != 0:                  #判读第 i 个元素是否为奇数
                  x[i] = x[i] * x[i]
          print("处理后: ",x)
Out[5]:   原数据: [1, 2, 3, 4, 8, 7, 22, 33, 88]
          处理后: [1, 2, 9, 4, 8, 49, 22, 1089, 88]
```

2.1.6 函数

函数是对程序逻辑进行过程化和结构化的一种方法。有了函数,可将大块的代码巧妙、合理地隔离成容易管理和维护的小块。因此,函数最大的优点是增强了代码的重用性和可读性。Python 不但能灵活地定义函数,而且本身内置了很多有用的函数,可以直接调用。

1. 函数的定义

函数定义的语法格式如下。

```
def  function_name(arguments):
    function_block
```

关于函数定义的说明如下。

(1) 函数代码块以 def 关键词开头,后接函数标识符名称和圆括号;

(2) function_name 是用户自定义的函数名称;

(3) arguments 是零个或多个参数,且任何传入参数必须放在圆括号内;

(4) 最后必须跟一个冒号(:),函数体从冒号开始,并且缩进;

(5) function_block 实现函数功能的语句块。

【例 2-6】 定义函数计算阶乘。

```
In[6]:    def fac(n):
              s = 1;
              for i in range(2,n + 1):
                  s = s * i
              return s
          n = 5
          print('%d!= %d' % (n,fac(n)))
Out[6]:   5!= 120
```

2. lambda 函数

Python 使用 lambda 创建匿名函数。准确地说,lambda 只是一个表达式,函数体比 def 定义的函数简单得多,在 lambda 表达式中只能封装有限的逻辑。除此之外,lambda

函数拥有自己的命名空间，且不能访问自有参数列表之外或全局命名空间里的参数。

【例 2-7】 定义一个 lambda 函数，计算多项式 $1+2*x+y^2+z*y$ 的值。

```
In[7]:     polynominal = lambda x,y,z: 1 + 2 * x + y ** 2 + z * y
           polynominal(1,2,3)
Out[7]:    13
```

扫一扫

视频讲解

2.2 内建数据结构

在 Python 中，最基本的数据结构是序列。序列中的成员有序排列，可以通过下标偏移量访问到它的一个或几个成员。除了前面已经介绍过的字符串，最常见的序列是列表和元组。

2.2.1 列表

列表是 Python 中最具灵活性的有序集合对象类型。与字符串不同的是，列表具有可变长度、异构以及任意嵌套的特点。列表是可变对象，支持在原处修改。

1. 列表的常用方法

1）增加元素

L.append(v)把元素 v 添加到列表 L 的结尾，相当于 a[len(a)] = [x]；L.insert(i,v)，将值 v 插入列表 L 的索引 i 处。

【例 2-8】 在列表中增加元素。

```
In[8]:     list = ['a', 'b', 'c', 'd']
           list.append('Baidu')
           print ("增加后的列表 : ", list)
           list.insert(1, 'Google')
           print ("插入元素后的列表 : ", list)
Out[8]:    增加后的列表 :  ['a', 'b', 'c', 'd', 'Baidu']
           插入元素后的列表 :  ['a', 'Google', 'b', 'c', 'd', 'Baidu']
```

2）查找给定的元素

L.index(x)返回列表中第一个值为 x 的元素的索引。如果没有匹配的元素，则返回一个错误。

【例 2-9】 返回列表中第一个指定值的索引。

```
In[9]:     list = ['a', 'b', 'c', 'd']
           print ('b索引值为', list.index('b'))
Out[9]:    b索引值为 1
```

3）删除列表中的元素

L.remove(v)从列表 L 中移除第一次找到的值 v；L.pop([i]) 从列表 L 的指定位置

删除元素,并将其返回。如果没有指定索引,则 pop()方法返回最后一个元素。

【例 2-10】 删除列表中第一次找到的数值。

```
In[10]     list = ['a', 'b', 'c', 'd']
           list. remove('d')
           print ("列表现在为 : ", list)
           p = list. pop()
           print ("删除 %r 后的列表为 %r : " % (p, list))
           print ("删除元素为 : ", list.pop(1))
Out[10]:   列表现在为 :  ['a', 'b', 'c']
           删除 'c' 后的列表为 ['a', 'b'] :
           删除元素为 :  b
```

4) 列表元素倒排、统计和排序

L. reverse()倒排列表 L 中的元素; L. count(x)实现返回 x 在列表 L 中出现的次数; L. sort(key=None, reverse=False)可以对列表 L 中的元素进行适当的排序,reverse=True 为降序,默认 reverse=False 进行升序排序。

【例 2-11】 列表元素倒排和统计元素出现次数。

```
In[11]:    List = ['a', 'b', 'c','a', 'd','a','c']
           List.reverse()
           print('倒排后的 List: ',List)
           print('c 的出现次数是: ',
           List.count('c'))
           List.sort(reverse = True)
           List
Out[11]:   倒排后的 List: ['c', 'a', 'd', 'a', 'c', 'b', 'a']
           c 的出现次数是: 2
           ['d', 'c', 'c', 'b', 'a', 'a', 'a']
```

2. 列表推导式

列表推导式提供了从序列创建列表的简单途径。通常应用程序将一些操作应用于某个推导序列的每个元素,用其获得的结果作为生成新列表的元素,或者根据确定的判定条件创建子序列。

语法格式为

```
[ <expr1> for k in L if <expr2> ]
```

语义为

```
returnList = []
for k in L:
    if <expr2>:
        returnList. append(<expr1>)
return  returnList;
```

【例 2-12】 列表推导式示例。

```
In[12]:    vec = [2, 4, 6, 8, 10]
           print([3 * x for x in vec])
           vec = [2, 4, 6, 8, 10]
           print([3 * x  for  x  in  vec  if x > 6])
           vec1 = [2, 4, 6]
           vec2 = [4, 3, -9]
           print([x * y for x in vec1 for y in vec2 if x * y > 0])
Out[12]:   [6, 12, 18, 24, 30]
           [24, 30]
           [8, 6, 16, 12, 24, 18]
```

2.2.2 元组

元组有很多用途,如坐标、数据库中的员工记录等。元组和字符串一样,不可改变,即不能给元组中一个独立的元素赋值。元组和列表看起来不同的一点是元组用的是圆括号(),而列表用的是方括号[]。

【例 2-13】 元组的创建。

```
In[13]:    tup = tuple('bar')                          # 创建元组
           print('输出元组 tup: ',tup)                  # 输出元组
           nested_tup = (4, 5, 6),(7, 8)
           print('输出元组 tup: ',nested_tup)           # 元素是元组的元组
           print('元组的连接',tup + tuple('wwy'))
           a,b,c = tup                                 # 元组的拆分
           print(a,b,c)
           print(tup.count(a))                         # 统计某个数值在元组中出现的次数
Out[13]:   输出元组 tup: ('b', 'a', 'r')
           输出元组 tup: ((4, 5, 6), (7, 8))
           元组的连接 ('b', 'a', 'r', 'w', 'w', 'y')
           b a r
           1
```

2.2.3 字典

字典也称为映射,是一个由键值对组成的非排序可变集合体。键值对在字典中以下面的方式标记。

```
dict = {key1 : value1, key2 : value2 }
```

键值对之间用逗号分隔,键和值之间用冒号分隔,所有元素都包括在花括号{ }中。值得注意的是,字典中的键必须是唯一的,只能使用不可变的对象(如字符串)作为字典的键,字典中的键值对是没有顺序的。表 2-5 列出了字典的常用方法。

表 2-5 字典的常用方法

方 法	描 述
dict.get()	返回指定键的值,若值不在字典中,则返回 default
dict.items()	以列表返回可遍历的(键,值)元组数组
dict.keys()	以列表返回一个字典所有的键
dict.values()	以列表返回字典中的所有值

【例 2-14】 字典应用示例。

```
In[14]:   scientists = {'Newton' : 1642, 'Darwin' : 1809, 'Turing' : 1912}
          print('keys:', scientists.keys())          #返回字典中的所有键
          print('values:', scientists.values())      #返回字典中的所有值
          print('items:', scientists.items())        #返回所有键值对
          print('get:', scientists.get('Curie', 1867))    # get 方法
          temp = {'Curie' : 1867, 'Hopper' : 1906, 'Franklin' : 1920}
          scientists.update(temp)                    #用字典 temp 更新字典 scientists
          print('after update:', scientists)
          scientists.clear()                         #清空字典
          print('after clear:', scientists)
Out[14]:  keys: dict_keys(['Newton', 'Darwin', 'Turing'])
          values: dict_values([1642, 1809, 1912])
          items: dict_items([('Newton', 1642), ('Darwin', 1809), ('Turing', 1912)])
          get: 1867
          after update: {'Newton': 1642, 'Darwin': 1809, 'Turing': 1912, 'Curie':
          1867, 'Hopper': 1906, 'Franklin': 1920}
          after clear: {}
```

2.2.4 集合

集合是一个由唯一元素组成的非排序集合体。也就是说,集合中的元素没有特定顺序,也没有重复项。可以使用花括号{ }或 set()函数创建集合,但是,创建一个空集合时必须用 set()函数,因为{ }是用来创建一个空字典的。

【例 2-15】 集合用法示例。

```
In[15]:   set1 = set([0, 1, 2, 3, 4])
          set2 = set([1, 3, 5, 7, 9])
          print(set1.issubset(set2))
          print(set1.union(set2))
          print(set2.difference(set1))
          print(set1.issubset(set2))
Out[15]:  False
          {0, 1, 2, 3, 4, 5, 7, 9}
          {9, 5, 7}
          False
```

2.3　NumPy 数值运算基础

NumPy 是一个开源的 Python 科学计算库，它是 Python 科学计算库的基础库，许多其他著名的库(如 Pandas、scikit-learn 等)都要用到 NumPy 库的一些功能。NumPy 常用的导入格式为 import numpy as np。

2.3.1　创建数组对象

扫一扫

视频讲解

利用 NumPy 库的 array()函数，即可创建 ndarray 数组。通常来说，ndarray 是一个通用的同构数据容器，即其中的所有元素都需要相同的类型，因此能快速确定存储数据所需的空间。NumPy 库能将数据(列表、元组、数组或其他序列类型)转换为 ndarray 数组。

1. 利用 array()函数创建数组对象

array()函数的格式为 np.array(object,dtype,ndmin)。

array()函数的主要参数及其说明如表 2-6 所示。

表 2-6　array()函数的主要参数及其说明

参　数	说　明
object	接收 array，表示想要创建的数组
dtype	接收 data-type，表示数组所需的数据类型，默认为 None
ndmin	接收 int，指定生成数组应该具有的最小维数，默认为 None

【例 2-16】 基于列表或元组创建数组。

```
In[16]:    import numpy as np
           data1 = [1, 3, 5, 7]                  #列表
           w1 = np.array(data1)
           print('w1:',w1)
           data2 = (2, 4, 6, 8)                  #元组
           w2 = np.array(data2)
           print('w2:',w2)
           data3 = [[1, 2, 3, 4],[5, 6, 7, 8]]   #多维数组
           w3 = np.array(data3)
           print('w3:',w3)
Out[16]:   w1: [1 3 5 7]
           w2: [2 4 6 8]
           w3: [[1 2 3 4]
                [5 6 7 8]]
```

创建数组时，NumPy 会为新建的数组推断出一个合适的数据类型，并保存在 dtype 中。当序列中有整数或浮点数时，NumPy 会把数组的 dtype 定义为浮点数据类型。

2. 专门创建数组的函数

通过 array()函数要利用已有的 Python 序列创建数组，显然效率不高。因此，

NumPy 提供了很多专门创建数组的函数,如表 2-7 所示。

表 2-7 常用专门创建数组的函数

函数	说明
np.arange(n)	类似于 range()函数,返回 ndarray 类型,元素为 0～n－1
np.ones(shape)	根据 shape 生成一个全 1 数组,shape 为元组类型
np.zeros(shape)	根据 shape 生成一个全 0 数组,shape 为元组类型
np.full(shape,val)	根据 shape 生成一个值全为 val 的矩阵
np.eye(n)	创建一个对角线元素为 1,其余元素为 0 的方阵
np.linspace()	指定开始值、终值和元素个数,创建一维数组
np.logspace()	指定开始值、终值和元素个数,创建一维等比数组

1) arange()函数

arange()函数类似于 Python 的内置函数 range(),但 arange()函数主要用来创建数组。arange()函数可以指定开始值、终值和步长创建一维数组,创建的数组不包含终值。

【例 2-17】 利用 arange()函数创建数组。

```
In[17]:     array1 = np.arange(10)
            print('array1:',array1)
            array2 = np.arange(0,1,0.2)
            print('array2:',array2)
Out[17]:    array1: [0 1 2 3 4 5 6 7 8 9]
            array2: [0.  0.2 0.4 0.6 0.8]
```

2) linspace()和 logspace()函数

当 arange()函数的参数是浮点型时,由于有限的浮点精度,通常不太可能去预测获得元素的数量。出于这个原因,通常选择 linspace()函数,通过指定开始值、终值和元素个数创建一维数组,默认包含终值。

logspace()和 linspace()函数类似,不同点是它所创建的是等比数列。logspace()函数的参数中,开始值和终值代表的是 10 的幂(默认底数为 10),第三个参数是元素个数。

【例 2-18】 利用 linspace()和 logspace()函数创建数组。

```
In[18]:     array3 = np.linspace(0,1,5)
            array4 = np.logspace(0,1,5)
            #生成 1～10 的具有 5 个元素的等比数列
            print('array3:',array3)
            print('array4:',array4)
Out[18]:    array3: [0.   0.25        0.5         0.75        1. ]
            array4: [ 1.  1.77827941  3.16227766  5.62341325  10. ]
```

3) zeros()和 ones()函数

zeros()和 ones()函数分别用来创建指定长度或形状的全 0 或全 1 数组。

【例 2-19】 利用 zeros()和 ones()函数创建数组。

```
In[19]:     print('1 维值为 0 的数组: ',np.zeros(4))
            print('3 * 3 维值为 0 的数组: \n',np.zeros([3,3]))
```

```
         print('1 维值为 1 的数组：',np.ones(5))
         print('2 * 3 维值为 0 的数组：\n',np.ones([2,3]))
Out[19]: 1 维值为 0 的数组：[0. 0. 0. 0.]
         3 * 3 维值为 0 的数组：
          [[0. 0. 0.]
          [0. 0. 0.]
          [0. 0. 0.]]
         1 维值为 1 的数组：[1. 1. 1. 1. 1.]
         2 * 3 维值为 0 的数组：
          [[1. 1. 1.]
          [1. 1. 1.]]
```

4) diag()和 full()函数

diag()函数创建类似对角矩阵，即对角线元素为 0 或指定值，其他元素为 0。full()函数根据 shape 生成一个值全为 val 的矩阵。

【例 2-20】 利用 diag()和 full()函数创建矩阵。

```
In[20]:  print('对角阵：\n',np.diag([1,2,3,4]))
         print('指定大小和数值的矩阵：\n',np.full((2,3),6))
Out[20]: 对角阵：
          [[1 0 0 0]
          [0 2 0 0]
          [0 0 3 0]
          [0 0 0 4]]
         指定大小和数值的矩阵：
          [[6 6 6]
          [6 6 6]]
```

2.3.2 ndarray 对象属性和数据转换

NumPy 创建的 ndarray 对象主要有 shape、size 等属性，具体如表 2-8 所示。

表 2-8 ndarray 对象属性及其说明

属 性	说 明	属 性	说 明
ndim	秩，即数据轴的个数	dtype	数据类型
shape	数组的维度	itemsize	数组中每个元素的字节数
size	数组元素个数	nbytes	整个数组所需的字节数

对于创建好的数组 ndarray，可以通过 astype()方法进行数据类型的转换。

【例 2-21】 查看数组的属性，设置 shape 属性及类型转换。

```
In[21]:  warray = np.array([[1,2,3],[4,5,6]])
         print('秩为：',warray.ndim)
         print('形状为：',warray.shape)
         print('元素个数为：',warray.size)
         warray.shape = 3,2
         print('设置 shape 后的数组：\n',warray)
```

```
          print('原数组类型：',warray.dtype)
          print('新数据类型',warray.astype(np.float64).dtype)
Out[21]:  秩为：2
          形状为：(2, 3)
          元素个数为：6
          设置 shape 后的数组：
           [[1 2]
           [3 4]
           [5 6]]
          原数组类型：int32
          新数据类型 float64
```

2.3.3 生成随机数

在 NumPy.random 模块中，提供了多种随机数的生成函数。例如，randint()函数生成指定范围的随机整数，用法为 np.random.randint(low，high=None，size=None)。

【例 2-22】 生成随机数。

```
In[22]:   arr1 = np.random.randint(100,200,size = (2,4))
          print('arr1:\n',arr1)
          arr2 = np.random.rand(5)
          print('arr2:\n',arr2)
          arr3 = np.random.rand(3,2)
          print('arr3:\n',arr3)
Out[22]:  arr1:
           [[117 175 143 145]
           [116 158 166 192]]
          arr2:
           [0.0591052  0.13592007 0.49243825 0.97293062 0.67059451]
          arr3:
           [[0.71737974 0.39455845]
           [0.94514141 0.34930551]
           [0.92743775 0.26501378]]
```

因为是随机数，每次运行代码生成的随机数组都不一样。表 2-9 列出了 random 模块常用的随机数生成函数。

表 2-9 random 模块常用的随机数生成函数

函　数	说　明
seed()	确定随机数生成器的种子
permutation()	返回一个序列的随机排列或返回一个随机排列的范围
shuffle()	对一个序列进行随机排序
binomial()	产生二项分布的随机数
normal()	产生正态(高斯)分布的随机数
beta()	产生贝塔分布的随机数
chisquare()	产生卡方分布的随机数
gamma()	产生伽马分布的随机数
uniform()	产生在[0,1)中均匀分布的随机数

扫一扫

视频讲解

2.3.4 数组变换

1. 数组重塑

对于定义好的数组，可以通过 reshape()函数改变其数据维度，传入的参数为新维度的元组。reshape()函数的参数中的其中一个可以设置为－1，表示数组的维度可以通过数据本身推断。

【例 2-23】 改变数组维度。

```
In[23]:     arr1 = np.arange(12)
            print('arr1:\n',arr1)
            arr2 = arr1.reshape(3,4)
            print('arr2:\n',arr2)
            arr3 = arr1.reshape(2, - 1)
            print('arr3:\n',arr3)
Out[23]:    arr1:
             [ 0  1  2  3  4  5  6  7  8  9 10 11]
            arr2:
             [[ 0  1  2  3]
             [ 4  5  6  7]
             [ 8  9 10 11]]
            arr3:
             [[ 0  1  2  3  4  5]
             [ 6  7  8  9 10 11]]
```

resize()函数的作用与 reshape()函数类似，但是会改变所作用的数组，相当于有 inplace＝True 的效果。与 reshape()函数相反的方法是数据散开(Ravel)和数据扁平化(Flatten)。

【例 2-24】 数据散开和数据扁平化。

```
In[24]:     arr1 = np.arange(12).reshape(3,4)
            print('arr1:\n',arr1)
            arr2 = arr1.ravel()
            print('arr2:',arr2)
            arr3 = arr1.flatten()
            print('arr3:',arr3)
Out[24]:    arr1:
             [[ 0 1 2 3]
             [ 4 5 6 7]
             [ 8 9 10 11]]
            arr2: [ 0 1 2 3 4 5 6 7 8 9 10 11]
            arr3: [ 0 1 2 3 4 5 6 7 8 9 10 11]
```

需要注意的是，数组重塑不会改变原来的数组。

2. 数组合并

数组合并用于多个数组间的操作，NumPy 利用 hstack()、vstack()和 concatenate()

函数完成数组的合并。横向合并是将 ndarray 对象构成的元组作为参数，传给 hstack()函数。纵向合并是利用 vstack()函数将数组纵向合并。

【例 2-25】 两个数组合并。

```
In[25]:    arr1 = np.arange(6).reshape(3,2)
           arr2 = arr1 * 2
           arr3 = np.hstack((arr1,arr2))
           print('横向合并：\n',arr3)
           arr4 = np.vstack((arr1,arr2))
           print('纵向合并：\n',arr4)
Out[25]:   横向合并：
            [[ 0  1  0  2]
             [ 2  3  4  6]
             [ 4  5  8 10]]
           纵向合并：
            [[ 0  1]
             [ 2  3]
             [ 4  5]
             [ 0  2]
             [ 4  6]
             [ 8 10]]
```

concatenate()函数可以实现数组的横向或纵向合并，参数 axis=1 时进行横向合并，参数 axis=0 时进行纵向合并。

【例 2-26】 利用 concatenate()函数合并数组。

```
In[26]:    arr1 = np.arange(6).reshape(3,2)
           arr2 = arr1 * 2
           print('横向合并为：\n',np.concatenate((arr1,arr2),axis = 1))
           print('纵向合并为：\n',np.concatenate((arr1,arr2),axis = 0))
Out[26]:   横向合并为：
            [[ 0  1  0  2]
             [ 2  3  4  6]
             [ 4  5  8 10]]
           纵向合并为：
            [[ 0  1]
             [ 2  3]
             [ 4  5]
             [ 0  2]
             [ 4  6]
             [ 8 10]]
```

3. 数组分割

与数组合并相反，NumPy 提供了 hsplit()、vsplit()和 split()函数，分别实现数组的横向、纵向和指定方向的分割。

【例 2-27】 数组的分割。

```
In[27]:    arr = np.arange(16).reshape(4,4)
           print('横向分割为：\n',np.hsplit(arr,2))
```

```
          print('纵向分割为:\n',np.vsplit(arr,2))
Out[27]:  横向分割为:
           [array([[ 0,  1],
                  [ 4,  5],
                  [ 8,  9],
                  [12, 13]]), array([[ 2,  3],
                  [ 6,  7],
                  [10, 11],
                  [14, 15]])]
          纵向分割为:
           [array([[0, 1, 2, 3],
                  [4, 5, 6, 7]]), array([[ 8,  9, 10, 11],
                  [12, 13, 14, 15]])]
```

同样，split()函数在参数 axis=1 时进行数组的横向分割，参数 axis=0 时则进行纵向分割。

4. 矩阵转置和轴对换

矩阵转置是数组重塑的一种特殊形式，可以通过 transpose() 方法进行转置。transpose()方法需要传入轴编号组成的元组。

【例 2-28】 矩阵转置。

```
In[28]:   arr = np.arange(6).reshape(3,2)
          print('矩阵: \n',arr)
          print('转置矩阵: \n',arr.transpose((1,0)))
Out[28]:  矩阵:
           [[0 1]
            [2 3]
            [4 5]]
          转置矩阵:
           [[0 2 4]
            [1 3 5]]
```

除了使用 transpose()方法外，可以直接利用数组的 T 属性进行转置。

扫一扫

视频讲解

2.3.5 数组的索引和切片

在数据分析中经常会选取符合条件的数据，NumPy 通过数组的索引和切片进行数组元素的选取。

1. 一维数组的索引和切片

一维数组的索引和切片与 Python 的 List 索引类似。

【例 2-29】 一维数组的索引。

```
In[29]:   arr = np.arange(10)
          print(arr)
          print(arr[2])
```

```
            print(arr[-1])
            print(arr[1:4])
Out[29]:    [0 1 2 3 4 5 6 7 8 9]
            2
            9
            [1 2 3]
```

数组的切片返回的是原始数组的视图,并不会产生新的数据,这就意味着在视图上的操作会使原数组发生改变。如果需要的并非视图而是复制数据,则可以通过 copy()方法实现。

【例 2-30】 数组元素的复制。

```
In[30]:     arr1 = arr[-4:-1].copy()
            print(arr)
            print(arr1)
Out[30]:    [0 1 2 3 4 5 6 7 8 9]
            [6 7 8]
```

2. 多维数组的索引和切片

对于多维数组,它的每个维度都有一个索引,各个维度的索引之间用逗号分隔。也可以使用整数函数和布尔值索引访问多维数组。

【例 2-31】 多维数组的索引。

```
In[31]:     import numpy as np
            arr = np.arange(12).reshape(3,4)
            print(arr)
            print(arr[0,1:3])               #索引第 0 行中第 1 列到第 3 列的元素
            print(arr[:,2])                 #索引第 2 列元素
            print('索引结果 1: ',arr[(0,1),(1,3)])
            #索引第 1、2 行中第 0、2、3 列的元素
            print('索引结果 2: ',arr[1:2,(0,2,3)])
            mask = np.array([1,0,1],dtype = np.bool)
            #mask 是一个布尔数组,它索引第 0、2 行中第 1 列元素
            print('索引结果 3: ',arr[mask,1])
Out[31]:    [[ 0  1  2  3]
             [ 4  5  6  7]
             [ 8  9 10 11]]
            [1 2]
            [ 2  6 10]
            索引结果 1: [1 7]
            索引结果 2: [[4 6 7]]
            索引结果 3: [1 9]
```

2.3.6 数组的运算

数组的运算支持向量化运算,将本来需要在 Python 级别进行的运算放到 C 语言的

运算中，明显提高了程序的运算速度。

1. 数组和标量间的运算

数组之所以强大，是因为不需要通过循环就可以完成批量计算，如相同维度的数组的算术运算直接应用到元素中。

【例 2-32】 数组元素的追加。

```
In[32]:     a = [1,2,3]
            b = []
            for i in a:
                b.append(i * i)
            print('b数组: ',b)
            wy = np.array([1,2,3])
            c = wy * 2
            print('c数组: ',c)
Out[32]:    b数组: [1, 4, 9]
            c数组: [2 4 6]
```

2. ufunc()函数

ufunc()函数全称为通用函数，是一种能够对数组中的所有元素进行操作的函数。ufunc()函数是针对数组进行操作，而且以 NumPy 数组作为输出。对一个数组进行重复运算时，使用 ufunc()函数比使用 math 库中的函数效率更高。

1) 常用的 ufunc()函数运算

常用的 ufunc()函数运算有四则运算、比较运算和逻辑运算。

四则运算有加(＋)、减(－)、乘(*，包括幂(**))、除(/)。数组间的四则运算表示对每个数组中的元素分别进行四则运算，所以数组形状必须相同。

比较运算有＞、＜、＝＝、＞＝、＜＝、!＝。比较运算返回的结果是一个布尔数组，每个元素为每个数组对应元素的比较结果。

np.any()函数表示逻辑或，np.all()函数表示逻辑与。运算结果返回布尔值。

【例 2-33】 数组的四则运算。

```
In[33]:     x = np.array([1,2,3])
            y = np.array([4,5,6])
            print('数组相加结果: ',x + y)
            print('数组相减结果: ',x - y)
            print('数组相乘结果: ',x * y)
            print('数组幂运算结果: ',x ** y)
Out[33]:    数组相加结果: [5 7 9]
            数组相减结果: [-3 -3 -3]
            数组相乘结果: [ 4 10 18]
            数组幂运算结果: [  1  32 729]
```

ufunc()函数也可以进行比较运算，返回的结果是一个布尔数组，其中每个元素都是对应元素的比较结果。

【例 2-34】 数组的比较运算。

```
In[34]:    x = np.array([1,3,6])
           y = np.array([2,3,4])
           print('比较结果(<): ',x < y)
           print('比较结果(>): ',x > y)
           print('比较结果( == ): ',x == y)
           print('比较结果(> = ): ',x > = y)
           print('比较结果(!= ): ',x!= y)
Out[34]:    比较结果(<): [ True False False]
            比较结果(>): [False False  True]
            比较结果( == ): [False  True False]
            比较结果(> = ): [False  True  True]
            比较结果(!= ): [ True False  True]
```

2）ufunc()函数的广播机制

广播(Broadcasting)是指不同形状的数组之间执行算术运算的方式。

【例 2-35】 ufunc()函数的广播。

```
In[35]:    arr1 = np.array([[0,0,0],[1,1,1],[2,2,2]])
           arr2 = np.array([1,2,3])
           print('arr1:\n',arr1)
           print('arr2:\n',arr2)
           print('arr1 + arr2:\n',arr1 + arr2)
Out[35]:   arr1:
            [[0 0 0]
            [1 1 1]
            [2 2 2]]
           arr2:
            [1 2 3]
           arr1 + arr2:
            [[1 2 3]
            [2 3 4]
            [3 4 5]]
```

3. 条件逻辑运算

在 NumPy 中，利用基本的逻辑运算就可以实现数组的条件逻辑运算。

【例 2-36】 数组的条件逻辑运算。

```
In[36]:    arr1 = np.array([1,3,5,7])
           arr2 = np.array([2,4,6,8])
           cond = np.array([True,False,True,False])
           result = [(x if c else y)for x,y,c in zip(arr1,arr2,cond)]
           print(result)
Out[36]:   [1, 4, 5, 8]
```

这种方法对大规模数组处理效率不高，也无法用于多维数组。NumPy 提供的 where()方法可以解决这些问题。

where()方法的用法为 np. where(condition, x, y)，满足条件(condition)则输出 x，不满足则输出 y。

【例 2-37】 where()方法的基本用法。

```
In[37]:    print(np.where([[True,False], [True,True]],[[1,2], [3,4]],[[9,8], [7,6]]))
           w = np.array([2,5,6,3,10])
           print(np.where(w > 4))
Out[37]:   array([[1, 8],
                  [3, 4]])
           (array([1, 2, 4], dtype = int64),)
```

扫一扫

视频讲解

2.3.7 NumPy 中的数据统计与分析

在 NumPy 中，数组运算更加简洁而快速，通常比等价的 Python 方式快很多，尤其在处理数组统计计算与分析的情况下。

1. 排序

NumPy 的排序方式有直接排序和间接排序两种。直接排序是对数据集直接进行排序，间接排序是指根据一个或多个键值对数据集进行排序。在 NumPy 中，直接排序经常使用 sort()函数，间接排序经常使用 argsort()和 lexsort()函数。

sort()函数是最常用的排序方法，函数调用改变原始数组，无返回值。

sort()函数的格式为 numpy. sort(a, axis, kind, order)，主要参数及其说明如表 2-10 所示。

表 2-10 sort()函数的主要参数及其说明

参　数	说　明
a	要排序的数组
axis	按指定轴对数据集排序。axis＝1 为沿横轴排序；axis＝0 为沿纵轴排序；axis＝None，将数组平坦化之后进行排序
kind	排序算法，默认为 quicksort
order	如果数组包含字段，则是要排序的字段

【例 2-38】 使用 sort()函数进行排序。

```
In[38]:    arr = np.array([7,9,5,2,9,4,3,1,4,3])
           print('原数组：',arr)
           arr.sort()
           print('排序后：',arr)
Out[38]:   原数组：[7 9 5 2 9 4 3 1 4 3]
           排序后：[1 2 3 3 4 4 5 7 9 9]
```

【例 2-39】 带轴向参数的 sort()函数排序。

```
In[39]:    arr = np.array([[4,2,9,5],[6,4,8,3],[1,6,2,4]])
           print('原数组：\n',arr)
           arr.sort(axis = 1)                          #沿横向排序
```

```
             print('横向排序后：\n',arr)
Out[39]:     原数组：
              [[4 2 9 5]
              [6 4 8 3]
              [1 6 2 4]]
             横向排序后：
              [[2 4 5 9]
              [3 4 6 8]
              [1 2 4 6]]
```

使用argsort()和lexsort()函数，可以在给定一个或多个键时，得到一个由整数构成的索引数组，索引值表示数据在新的序列中的位置。

【例2-40】 使用argsort()和lexsort()函数进行排序。

```
In[40]:      arr = np.array([7,9,5,2,9,4,3,1,4,3])
             print('原数组：',arr)
             print('排序后：',arr.argsort())
             #返回值为数组排序后的索引排列
             a=[2,5,8,4,3,7,6]
             b=[9,4,0,4,0,2,1]
             c=np.lexsort((a,b))
             print(c)
Out[40]:     原数组：[7 9 5 2 9 4 3 1 4 3]
             排序后：[7 3 6 9 5 8 2 0 1 4]
             [4 2 6 5 3 1 0]
```

2. 重复数据与去重

在数据统计分析中，需要提前将重复数据剔除。在NumPy中，可以通过unique()函数找到数组中的唯一值并返回已排序的结果。

【例2-41】 数组内数据去重。

```
In[41]:      names = np.array(['红色','蓝色','黄色','白色','红色'])
             print('原数组：',names)
             print('去重后的数组：',np.unique(names))
Out[41]:     原数组：['红色''蓝色''黄色''白色''红色']
             去重后的数组：['白色''红色''蓝色''黄色']
```

统计分析中有时需要把一个数据重复若干次，在NumPy中主要使用tile()和repeat()函数实现数据重复。

【例2-42】 使用tile()函数实现数据重复。

```
In[42]:      arr = np.arange(5)
             print('原数组：',arr)
             wy = np.tile(arr,3)
             print('重复数据处理：\n',wy)
Out[42]:     原数组：[0 1 2 3 4]
             重复数据处理：
```

```
[0 1 2 3 4 0 1 2 3 4 0 1 2 3 4]
repeat 函数的格式: numpy.repeat(A,reps,axis = None)
```

repeat()函数的格式为 numpy.repeat(a,reps,axis=None)。其中,参数 a 为需要重复的数组元素;参数 reps 为重复次数;参数 axis 指定沿着哪个轴进行重复,axis=0 表示按行进行元素重复,axis=1 表示按列进行元素重复。

【例 2-43】 使用 repeat()函数实现数据重复。

```
In[43]:     arr1 = np.arange(5)
            print('原数组: ',arr1)
            w1 = np.tile(arr,3)
            print('原数组重复 3 次: \n',np.tile(arr1,3))
            arr2 = np.array([[1,2,3],[4,5,6]])
            print('重复数据处理: \n',arr2.repeat(2,axis = 0))
Out[43]:    原数组: [0 1 2 3 4]
            原数组重复 3 次:
             [0 1 2 3 4 0 1 2 3 4 0 1 2 3 4]
            重复数据处理:
             [[1 2 3]
             [1 2 3]
             [4 5 6]
             [4 5 6]]
```

3. 常用的统计函数

NumPy 中提供了很多用于统计分析的函数,常见的函数有 sum()、mean()、std()、var()、min()和 max()等。几乎所有的统计函数在针对二维数组的时候都需要注意轴的概念。

【例 2-44】 NumPy 中常用统计函数的使用。

```
In[44]:     arr = np.arange(20).reshape(4,5)
            print('创建的数组: \n',arr)
            print('数组的和: ',np.sum(arr))
            print('数组纵轴的和: ',np.sum(arr,axis = 0))
            print('数组横轴的和: ',np.sum(arr,axis = 1))
            print('数组的均值: ',np.mean(arr))
            print('数组横轴的均值: ',np.mean(arr,axis = 1))
            print('数组的标准差: ',np.std(arr))
            print('数组横轴的标准差: ',np.std(arr,axis = 1))
Out[44]:    创建的数组:
             [[ 0  1  2  3  4]
             [ 5  6  7  8  9]
             [10 11 12 13 14]
             [15 16 17 18 19]]
            数组的和: 190
            数组纵轴的和: [30 34 38 42 46]
            数组横轴的和: [10 35 60 85]
            数组的均值: 8.5
```

```
数组横轴的均值：[ 2.  7. 12. 17.]
数组的标准差：4.766281297335398
数组横轴的标准差：[1.41421356 1.41421356 1.41421356 1.41421356]
```

2.4 Pandas 统计分析基础

Pandas(Python Data Analysis Library)是基于 NumPy 的数据分析模块，它提供了大量标准数据模型和高效操作大型数据集所需的工具，可以说 Pandas 是使 Python 成为高效且强大的数据分析环境的重要因素之一。

Pandas 的导入方式为 import pandas as pd。

扫一扫

视频讲解

2.4.1 Pandas 中的数据结构

Pandas 有 3 种数据结构：Series、DataFrame 和 Panel。Series 类似于数组，DataFrame 类似于表格，Panel 则可以视为 Excel 的多表单 Sheet。下面重点介绍 Series 和 DataFrame。

1. Series

Series 是一种一维数组对象，包含了一个值序列，并且包含了数据标签，称为索引(index)，通过索引访问数组中的数据。Series 的创建有以下两种方法。

(1) 通过列表创建。

【例 2-45】 通过列表创建 Series。

```
In[45]:     import pandas as pd
            obj1 = pd.Series([1, -2, 3, -4])
            print(obj1)
            i = ["a", "c", "d", "a"]
            v = [2, 4, 5, 7]
            obj2 = pd.Series(v, index = i, name = "col")
            print(obj2)
Out[45]:    0    1
            1   -2
            2    3
            3   -4
            dtype: int64
            a    2
            c    4
            d    5
            a    7
            Name: col, dtype: int64
```

输出的第一列为索引(index)，第二列为数据值。如果创建 Series 时没有指定 index，Pandas 会采用整型数据作为该 Series 的 index。即使创建 Series 指定了 index 参数，实际 Pandas 还是有隐藏的 index 位置信息的。所以，Series 有两套描述某条数据的手段，即位置和标签。

（2）通过字典创建。

如果数据被存放在一个 Python 字典中，则可以直接通过这个字典创建 Series。

【例 2-46】 通过字典创建 Series。

```
In[46]:    sdata = {'Ohio': 35000, 'Texas': 71000, 'Oregon': 16000, 'Utah': 5000}
           obj3 = pd.Series(sdata)
           print(obj3)
Out[46]:   Ohio       35000
           Texas      71000
           Oregon     16000
           Utah        5000
           dtype: int64
```

如果只传入一个字典，则结果 Series 中的索引就是原字典的键(有序排列)。如果字典中的键值和指定的索引不匹配，则对应的值是 NaN(即"非数字"，Not a Number)。

对于许多应用，Series 域的一个重要功能是：它在算术运算中会自动对齐不同索引的数据。

【例 2-47】 不同索引数据的自动对齐。

```
In[47]:    sdata = {'Ohio': 35000, 'Texas': 71000, 'Oregon': 16000, 'Utah': 5000}
           obj1 = pd.Series(sdata)
           states = ['California', 'Ohio', 'Oregon', 'Texas']
           obj2 = pd.Series(sdata, index = states)
           print(obj1 + obj2)
Out[47]:   California          NaN
           Ohio            70000.0
           Oregon          32000.0
           Texas          142000.0
           Utah                NaN
           dtype: float64
```

Series 的索引可以通过赋值的方式直接修改。

【例 2-48】 Series 索引的修改。

```
In[48]:    obj = pd.Series([4,7, - 3,2])
           obj.index = ['Bob', 'Steve', 'Jeff', 'Ryan']
           print(obj)
Out[48]:   Bob         4
           Steve       7
           Jeff       -3
           Ryan        2
           dtype: int64
```

2. DataFrame

DataFrame 是一个表格型数据结构，它含有一组有序的列，每列可以是不同的值类型(数值、字符串、布尔值等)。DataFrame 既有行索引也有列索引,它可以被看作由 Series 组成的字典(共用一个索引)。

构建 DataFrame 的方式有很多,最常用的是直接传入一个由等长列表或 NumPy 数组组成的字典构建 DataFrame。DataFrame 会自动加上索引(与 Series 一样),且全部列会被有序排列。如果指定了列序列,则 DataFrame 的列会按照指定顺序进行排列。

【例 2-49】 DataFrame 的索引。

```
In[49]:    data = {
               'name':['张三', '李四', '王五', '小明'],
               'sex':['female', 'female', 'male', 'male'],
               'year':[2001, 2001, 2003, 2002],
               'city':['北京', '上海', '广州', '北京']
           }
           df1 = pd.DataFrame(data, columns = ['name', 'year', 'sex', 'city'])
           display(df1)
```

输出结果如图 2-1 所示。

与 Series 一样,如果传入的列在数据中找不到,则会产生 NaN 值。

	name	year	sex	city
0	张三	2001	female	北京
1	李四	2001	female	上海
2	王五	2003	male	广州
3	小明	2002	male	北京

图 2-1 DataFrame 的索引

扫一扫

视频讲解

2.4.2 索引对象

Pandas 的索引对象负责管理轴标签和其他元数据(如轴名称等)。构建 Series 或 DataFrame 时,所用到的任何数组或其他序列的标签都会被转换成一个索引。

【例 2-50】 显示 DataFrame 的索引和列。

```
In[50]:    print(df1.index)
           print(df1.columns)
           display(df1)
Out[50]:
           RangeIndex(start = 0, stop = 4, step = 1)
           Index(['name', 'year', 'sex', 'city'], dtype = 'object')
```

输出的 DataFrame 如图 2-2 所示。

索引对象不能进行修改,否则会报错。不可修改性非常重要,因为这样才能使索引对象在多个数据结构之间安全共享。每个索引都有一些方法和属性,它们可用于设置逻辑并回答有关该索引所包含数据的常见问题。

	name	year	sex	city
0	张三	2001	female	北京
1	李四	2001	female	上海
2	王五	2003	male	广州
3	小明	2002	male	北京

图 2-2 显示 DataFrame 的索引和列

1. 重建索引

索引对象是无法修改的,因此,重建索引是指对索引重新排序而不是重新命名,如果某个索引值不存在,则会引入缺失值。

【例 2-51】 重建索引。

```
In[51]:    obj = pd.Series([7.2, -3.3,3.5,3.6],index = ['b', 'a',
           'd', 'c'])
           obj.reindex(['a','b','c','d','e'])
Out[51]:   a    -3.3
           b     7.2
           c     3.6
           d     3.5
           e     NaN
           dtype: float64
```

对于重建索引引入的缺失值,可以利用 fill_value 参数填充。

【例 2-52】 重建索引时填充缺失值。

```
In[52]:    obj.reindex(['a', 'b', 'c', 'd', 'e'], fill_value = 0)
Out[52]:   a    -3.3
           b     7.2
           c     3.6
           d     3.5
           e     0.0
           dtype: float64
```

对于顺序数据,如时间序列,重建索引时可能需要进行插值或填值处理,利用 method 参数选项可以设置:

(1) method = 'ffill'或'pad',表示前向值填充;

(2) method = 'bfill'或'backfill',表示后向值填充。

【例 2-53】 缺失值的前向填充。

```
In[53]:    import numpy as np
           obj1 = pd.Series(['blue','red','black'],index = [0,2,4])
           obj1.reindex(np.arange(6),method = 'ffill')
Out[53]:   0     blue
           1     blue
           2      red
           3      red
           4    black
           5    black
           dtype: object
```

缺失值的后向填充则对缺失值用后面的数据值进行填充,参数 method 取值为'backfill'。对于 DataFrame,reindex()方法可以修改行索引或列索引。如果仅传入一个序列,则结果中的行会重建索引。

【例 2-54】 DataFrame 数据。

```
In[54]:    df2 = pd.DataFrame(np.arange(9).reshape(3,3),
           index = ['a','c','d'],columns = ['one','two','four'])
           display(df2)
           df2.reindex(index = ['a','b','c','d'],columns = ['one','two','three','four'])
```

输出结果如图 2-3 所示。

默认对行索引重新排序。传入 fill_value=n 用 n 填充缺失值。

【例 2-55】 传入 fill_value=n 填充缺失值。

```
In[55]:    df2.reindex(index = ['a','b','c','d'],columns = ['one','two','three','four'],
           fill_value = 100)
```

输出结果如图 2-4 所示。

	one	two	four
a	0	1	2
c	3	4	5
d	6	7	8

	one	two	three	four
a	0.0	1.0	NaN	2.0
b	NaN	NaN	NaN	NaN
c	3.0	4.0	NaN	5.0
d	6.0	7.0	NaN	8.0

图 2-3 DataFrame 数据

	one	two	three	four
a	0	1	100	2
b	100	100	100	100
c	3	4	100	5
d	6	7	100	8

图 2-4 传入 fill_value=n 填充缺失值

2. 更换索引

在 DataFrame 数据中,如果不希望使用默认的行索引,则可以在创建时通过 index 参数设置。有时希望将列数据作为索引,则可以通过 set_index()方法实现。

【例 2-56】 更换索引。

```
In[56]:    df3 = df1.set_index('city')
           display(df3)
```

输出结果如图 2-5 所示。

与 set_index()方法相反的是 reset_index()方法。

	name	year	sex
city			
北京	张三	2001	female
上海	李四	2001	female
广州	王五	2003	male
北京	小明	2002	male

图 2-5 更换索引

2.4.3 查看 DataFrame 的常用属性

DataFrame 的基础属性有 values、index、columns、dtypes、ndim 和 shape,可以分别获取 DataFrame 的元素、索引、列名、类型、维度和形状。

【例 2-57】 显示 DataFrame 的属性。

```
In[57]:    print('信息表的所有值为：\n',df3.values)
           print('信息表的所有列为：\n',df3.columns)
           print('信息表的元素个数为：',df3.size)
           print('信息表的维度是：',df3.ndim)
```

```
          print('信息表的形状为：',df3.shape)
Out[57]:  信息表的所有值为：
           [['张三' 2001 'female']
           ['李四' 2001 'female']
           ['王五' 2003 'male']
           ['小明' 2002 'male']]
          信息表的所有列为：
           Index(['name', 'year', 'sex'], dtype = 'object')
          信息表的元素个数为：12
          信息表的维度是：2
          信息表的形状为：(4, 3)
```

扫一扫

视频讲解

2.4.4 DataFrame 的数据查询与编辑

1. DataFrame 数据查询

在数据分析中，选取需要的数据进行分析处理是最基本的操作。在 Pandas 中，需要通过索引完成数据的选取。

1）选取列

通过列索引标签或以属性的方式可以单独获取 DataFrame 的列数据，返回的数据为 Series 类型数据。

【例 2-58】 选取列数据。

```
In[58]:   w1 = df3['name']
          print('选取 1 列数据：\n',w1)
          w2 = df3[['name','year']]
          print('选取 2 列数据：\n',w2)
Out[58]:  选取 1 列数据：
           city
          北京     张三
          上海     李四
          广州     王五
          北京     小明
          Name: name, dtype: object
          选取 2 列数据：
                 name  year
          city
          北京    张三 2001
          上海    李四 2001
          广州    王五 2003
          北京    小明 2002
```

在选取列时注意不能使用切片方式。

2）选取行

通过行索引或行索引位置的切片形式可以选取行数据。

【例 2-59】 选取行数据。

```
In[59]:    print('显示前 2 行:\n',df3[:2])
           print('显示 2 - 3 两行:\n',df3[1:3])
Out[59]:   显示前 2 行:
                 name  year    sex
           city
           北京     张三 2001  female
           上海     李四 2001  female
           显示 2 - 3 两行:
                 name  year    sex
           city
           上海     李四 2001  female
           广州     王五 2003    male
```

除了上述方法获取行之外,通过 DataFrame 提供的 head()和 tail()方法可以得到多行数据,但是用这两种方法得到的数据都是从开始或末尾获取连续的数据,而利用 sample()方法可以随机抽取数据并显示。各方法的说明如下。

```
head()                  #默认获取前 5 行
head(n)                 #获取前 n 行
tail()                  #默认获取后 5 行
tail(n)                 #获取后 n 行
sample(n)               #随机抽取 n 行显示
```

3) 选取行和列

切片方法选取行有很大的局限性,如获取单独的几行,可以通过 Pandas 提供的 loc()和 iloc()方法实现。

```
DataFrame.loc(行索引名称或条件,列索引名称)
DataFrame.iloc(行索引位置,列索引位置)
```

【例 2-60】 利用 loc()和 iloc()方法选取行和列。

```
In[60]:    display(df3.loc[:,['name','year']] )
           #显示 name 和 year 两列
           display(df3.iloc[[1,3]])
           #显示第 1 和第 3 行
           display(df3.iloc[[1,3],[1,2]])
```

输出结果如图 2-6 所示。

4) 布尔选择

在 Pandas 中可以对 DataFrame 中的数据进行布尔选择,常用的布尔运算符为不等于(!=)、与(&)、或(|)等。

【例 2-61】 布尔选择。

```
In[61]:    df3[df3['year'] == 2001]
```

输出结果如图 2-7 所示。

city	name	year
北京	张三	2001
上海	李四	2001
广州	王五	2003
北京	小明	2002

city	name	year	sex
上海	李四	2001	female
北京	小明	2002	male

city	year	sex
上海	2001	female
北京	2002	male

图 2-6 选取行和列

city	name	year	sex
北京	张三	2001	female
上海	李四	2001	female

图 2-7 布尔选择

2. DataFrame 数据编辑

编辑 DataFrame 中的数据，是将需要编辑的数据提取出来，重新赋值。

1）增加数据

增加一行数据，直接通过 append()方法传入字典结构数据即可。增加列时，只需要为要增加的列赋值，即可创建一个新的列。

【例 2-62】 增加数据。

```
In[62]:    data1 = {'city':'兰州','name':'小军','year':2005,'sex':'female'}
           df4 = df3.append(data1,ignore_index = True)
           df4['age'] = 20
           df4['C'] = [85,78,96,80,93]
           display(df4)
```

输出结果如图 2-8 所示。

2）删除数据

删除数据可直接使用 drop()方法，通过设置 axis 参数确定删除的是行还是列。默认数据删除时不修改原数据，若要在原数据删除行列，则需要设置参数 inplace=True。

【例 2-63】 删除数据。

```
In[63]:    df3.drop('sex',axis = 1,inplace = True)
           display(df3)
           display(df3.drop('北京'))
```

输出结果如图 2-9 所示。

	name	year	sex	city	age	C
0	张三	2001	female	北京	20	85
1	李四	2001	female	上海	20	78
2	王五	2003	male	广州	20	96
3	小明	2002	male	北京	20	80
4	小军	2005	female	兰州	20	93

图 2-8 增加数据

city	name	year
北京	张三	2001
上海	李四	2001
广州	王五	2003
北京	小明	2002

city	name	year
上海	李四	2001
广州	王五	2003

图 2-9 删除数据

3）修改数据

修改数据时，对选择的数据直接赋值即可。需要注意的是，数据修改是直接对 DataFrame 数据进行修改，操作无法撤销，因此修改数据时要做好数据备份。

2.4.5 Pandas 数据运算

Pandas 的数据对象在进行算术运算时，如果有相同索引，则直接进行算术运算；如果没有，则会进行数据对齐，但会引入缺失值。对于 DataFrame，数据对齐操作会同时发生在行和列上。

【例 2-64】 DataFrame 类型的数据相加。

```
In[64]:    a = np.arange(6).reshape(2,3)
           b = np.arange(4).reshape(2,2)
           df1 = pd.DataFrame(a,columns = ['a','b','e'],index = ['A','C'])
           print('df1:\n',df1)
           df2 = pd.DataFrame(b,columns = ['a','b'],index = ['A','D'])
           print('df2:\n',df2)
           print('df1 + df2:\n',df1 + df2)
Out[64]:   df1:
              a  b  e
           A  0  1  2
           C  3  4  5
           df2:
              a  b
           A  0  1
           D  2  3
           df1 + df2:
```

```
      a    b   e
A   0.0  2.0 NaN
C   NaN  NaN NaN
D   NaN  NaN NaN
```

扫一扫

视频讲解

2.4.6 函数应用与映射

在数据分析时,经常会对数据进行较复杂的运算,此时需要定义函数。定义好的函数可以应用到 Pandas 数据中,主要有以下 3 种方法。

(1) map()函数,将函数套用到 Series 的每个元素中;

(2) apply()函数,将函数套用到 DataFrame 的行与列上,行与列通过 axis 参数设置;

(3) applymap()函数,将函数套用到 DataFrame 的每个元素上。

【例 2-65】 将水果价格表中的“元”去掉。

```
In[65]:    data = {'fruit':['apple','grape','banana'],'price':['30 元','43 元','28 元']}
           df1 = pd.DataFrame(data)
           print(df1)
           def f(x):
               return x.split('元')[0]
           df1['price'] = df1['price'].map(f)
           print('修改后的数据表:\n',df1)
Out[65]:      fruit   price
           0   apple   30 元
           1   grape   43 元
           2  banana   28 元
           修改后的数据表:
                fruit   price
           0    apple    30
           1    grape    43
           2   banana    28
```

【例 2-66】 apply()函数的使用方法。

```
In[66]:    df2 = pd.DataFrame(np.random.randn(3,3),columns = ['a','b','c'],
           index = ['app','win','mac'])
           print(df2)
           df2.apply(np.mean)
Out[66]:              a          b          c
           app   2.312472   0.866631  - 1.416253
           win   0.212932   0.517418   0.239052
           mac   0.434540   1.856411  - 0.441800
           a      0.986648
           b      1.080154
           c    - 0.539667
           dtype: float64
```

applymap()函数可以作用于每个元素,对整个 DataFrame 数据进行批量处理。

【例 2-67】 applymap()函数的使用方法。

```
In[67]:    df2.applymap(lambda x:'%.3f'%x)
```

输出结果如图 2-10 所示。

	a	b	c
app	2.312	0.867	-1.416
win	0.213	0.517	0.239
mac	0.435	1.856	-0.442

图 2-10 applymap()函数的输出结果

2.4.7 排序

在 Series 中,通过 sort_index()方法对索引进行排序,默认为升序,降序排序时设置参数 ascending=False。通过 sort_values()方法可对数值进行排序。

【例 2-68】 Series 的排序。

```
In[68]:    wy = pd.Series([1, -2,4, -4],index = ['c','b','a','d'])
           print(wy)
           print('排序后的 Series:\n',wy.sort_index())
           print('值排序后的 Series:\n',wy.sort_values())
Out[68]:   c    1
           b   -2
           a    4
           d   -4
           dtype: int64
           排序后的 Series:
           a    4
           b   -2
           c    1
           d   -4
           dtype: int64
           值排序后的 Series:
           d   -4
           b   -2
           c    1
           a    4
           dtype: int64
```

对于 DataFrame 数据排序,通过指定轴方向,使用 sort_index()函数对行或列索引进行排序,根据列进行排序,通过 sort_values()函数把列名传给 by 参数即可。

【例 2-69】 DataFrame 排序。

```
In[69]:    print(df2)
           df2.sort_values(by = 'a')
```

```
Out[69]:
             a          b          c
     app  2.312472   0.866631  -1.416253
     win  0.212932   0.517418   0.239052
     mac  0.434540   1.856411  -0.441800
```

排序结果如图 2-11 所示。

	a	b	c
win	0.212932	0.517418	0.239052
mac	0.434540	1.856411	-0.441800
app	2.312472	0.866631	-1.416253

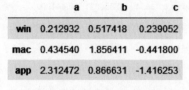

图 2-11 DataFrame 排序

2.4.8 汇总与统计

1. 数据汇总

在 DataFrame 中,可以通过 sum()方法对每列进行求和汇总,与 Excel 中的 sum()函数类似。如果设置 axis=1 指定轴方向,可以实现按行汇总。

【例 2-70】 DataFrame 中的汇总。

```
In[70]:   print('按列汇总:\n',df2.sum())
          print('按行汇总:\n',df2.sum(axis = 1))
Out[70]:  按列汇总:
          a    2.959945
          b    3.240461
          c   -1.619001
          dtype: float64
          按行汇总:
          app    1.762850
          win    0.969403
          mac    1.849152
          dtype: float64
```

2. 数据描述性统计

描述性统计是用来概括、表述事物整体状况以及事物间关联、类属关系的统计方法。通过一些统计值可以描述一组数据的集中趋势和离散程度等分布状态。利用 describe()方法会对每个数值型列进行统计,通常在对数据的初步观察时使用。

【例 2-71】 describe()方法示例。

```
In[71]:   df2.describe()
```

输出结果如图 2-12 所示。

Pandas 中常用的描述性统计方法如表 2-11 所示。

	a	b	c
count	3.000000	3.000000	3.000000
mean	0.986648	1.080154	-0.539667
std	1.153531	0.694564	0.831981
min	0.212932	0.517418	-1.416253
25%	0.323736	0.692025	-0.929027
50%	0.434540	0.866631	-0.441800
75%	1.373506	1.361521	-0.101374
max	2.312472	1.856411	0.239052

图 2-12 描述性统计

表 2-11 Pandas 中常用的描述性统计方法

方 法	说 明	方 法	说 明
min()	最小值	max()	最大值
mean()	均值	ptp()	极差
median()	中位数	std()	标准差
var()	方差	cov()	协方差
sem()	标准误差	mode()	众数
skew()	样本偏度	kurt()	样本峰度
quantile()	四分位数	count()	非空值数目
describe()	描述统计	mad()	平均绝对离差

对于类别型特征的描述性统计，可以使用频数统计表。Pandas 库中通过 unique()方法获取不重复的数组，利用 value_counts()方法实现频数统计。

【例 2-72】 数据的频数统计。

```
In[72]:    obj = pd.Series(['a','b','c','a','d','c'])
           print(obj.unique())
           print(obj.value_counts())
Out[72]:   ['a' 'b' 'c' 'd']
           a    2
           c    2
           d    1
           b    1
           dtype: int64
```

扫一扫

视频讲解

2.4.9 数据分组与聚合

数据分组的思想来源于关系型数据库。

1. 数据分组

根据某个或某几个字段对数据集进行分组，然后对每个分组进行分析与转换是数据分析中常见的操作。Pandas 提供了一个高效的 groupby()方法，配合 agg()或 apply()方法实现数据分组聚合的操作。

1）groupby()方法的基本用法

groupby()方法可以根据索引或字段对数据进行分组。groupby()方法的常用格式为

```
DataFrame.groupby(by = None, axis = 0, level = None, as_index = True, sort = True, group_keys
 = True, squeeze = False, ** kwargs)
```

groupby()方法的主要参数及其说明如表 2-12 所示。

表 2-12 groupby()方法的主要参数及其说明

参数	说明
by	可以传入函数、字典、Series 等，用于确定分组的依据
axis	接收 int 型数值，表示操作的轴方向，默认为 0
level	接收 int 型数值或索引名，代表标签所在级别，默认为 None
as_index	接收布尔值，表示聚合后的聚合标签是否以 DataFrame 索引输出
sort	接收布尔值，表示对分组依据和分组标签排序，默认为 True
group_keys	接收布尔值，表示是否显示分组标签的名称，默认为 True
squeeze	接收布尔值，表示是否在允许情况下对返回数据降维，默认为 False

对于参数 by，如果传入的是一个函数，则对索引进行计算并分组；如果传入的是字典或 Series，则字典或 Series 的值作为分组依据；如果传入的是 NumPy 数组，则数据元素作为分组依据；如果传入的是字符串或字符串列表，则用这些字符串所代表的字段作为分组依据。

【例 2-73】 groupby()方法基本用法示例。

```
In[73]:    df = pd.DataFrame({'key1' : ['a', 'a', 'b', 'b', 'a'],
                'key2' : ['yes', 'no', 'yes', 'yes', 'no'],
                'data1' : np.random.randn(5),
                'data2' : np.random.randn(5)})
           grouped = df['data1'].groupby(df['key1'])
           print(grouped.size())
           print(grouped.mean())
Out[73]:   key1
           a    3
           b    2
           Name: data1, dtype: int64
           key1
           a   - 0.150503
           b    0.072979
           Name: data1, dtype: float64
```

数据分组后返回数据的数据类型，它不再是一个 DataFrame，而是一个 groupby 对象。可以调用对象 groupby 的方法，如 size()方法返回一个含有分组大小的 Series，mean()方法返回每个分组数据的均值。

2）按列名分组

groupby()方法使用的分组键除了 Series，也可以是其他格式。DataFrame 数据的列

索引名可以作为分组键,但需要注意的是用于分组的对象必须是 DataFrame 数据本身,否则搜索不到索引名称会报错。

【例 2-74】 列索引名称作为分组键。

```
In[74]:     groupk1 = df.groupby('key2').mean()
            groupk1
```

输出结果如图 2-13 所示。

3) 按列表或元组分组

分组键还可以是长度与 DataFrame 行数相同的列表或元组,相当于将列表或元组看作 DataFrame 的一列,然后将其分组。

【例 2-75】 按列表或元组分组。

```
In[75]:     wlist = ['w','w','y','w','y']
            df.groupby(wlist).sum()
```

输出结果如图 2-14 所示。

key2	data1	data2
no	-0.174292	-1.058420
yes	-1.153123	-0.954571

图 2-13 按列名分组

	data1	data2
w	-1.767796	-2.010376
y	-2.040156	-2.970178

图 2-14 按列表或元组分组

4) 按字典分组

如果原始的 DataFrame 中的分组信息很难确定或不存在,可以通过字典结构定义分组信息。

【例 2-76】 通过字典作为分组键,分组时字母不区分大小写。

```
In[76]:     df = pd.DataFrame(np.random.normal(size = (6,5)),index =
            ['a','b','c','A','B','c'])
            print("数据为:\n",df)
            wdict = {'a':'one','A':'one','b':'two','B':'two','c':'three'}
            print("分组汇总后的结果为:\n",df.groupby(wdict).sum())
Out[76]:     数据为:
                   0          1          2          3          4
            a  -0.109129   0.643699  -0.332005   1.223619   0.036772
            b   0.373517   1.299182   1.847493  -0.654974   0.714680
            c  -1.025447   1.349727  -1.677326   0.965016  -0.551719
            A  -2.099391  -0.911053   0.439469   1.428182  -1.217957
            B  -2.119563  -0.113898   0.361437  -0.008571   0.446801
            c   0.067242   0.055917  -0.142583   0.910845  -1.817419
            分组汇总后的结果为:
                       0          1          2          3          4
            one    -2.208520  -0.267354   0.107464   2.651801  -1.181186
            three  -0.958204   1.405644  -1.819909   1.875861  -2.369138
            two    -1.746046   1.185285   2.208930  -0.663545   1.161482
```

5）按函数分组

函数作为分组键的原理类似于字典，通过映射关系进行分组，但是函数更加灵活。

【例 2-77】 通过 DataFrame 最后一列的数值进行正负分组。

```
In[77]:    def judge(x):
               if x >= 0:
                   return 'a'
               else:
                   return 'b'
           df = pd.DataFrame(np.random.randn(4,4))
           print(df)
           print(df[3].groupby(df[3].map(judge)).sum())
Out[77]:   0          1          2          3
           0   0.301504  1.315520  -0.930245   0.289961
           1  -1.189898  0.822387  -0.731585   0.632119
           2  -1.352290  1.503129   1.630123  -0.814603
           3  -0.573531  0.641143   1.278825   0.129166
           3
           a     1.051246
           b    -0.814603
           Name: 3, dtype: float64
```

2. 数据聚合

聚合运算就是对分组后的数据进行计算，产生标量值的数据转换过程。

1）聚合函数

除了之前示例中的 mean()函数外，常用的聚合运算还有 count()和 sum()函数等。常用的聚合函数如表 2-13 所示。

表 2-13 常用的聚合函数

函　　数	使用说明	函　　数	使用说明
count()	计数	std()和 var()	无偏标准差和方差
sum()	求和	min()和 max()	求最小值和最大值
mean()	求平均值	prod()	求积
median()	求中位数	first()和 last()	求第一个值和最后一个值

需要注意的是，在聚合运算中空值不参与计算。常见的聚合运算都有相关的统计函数快速实现，当然也可以自定义聚合运算。要使用自己的定义的聚合函数，将其传入 aggregate()或 agg()方法即可。

2）使用 agg()方法聚合数据

agg()和 aggregate()方法都支持对每个分组应用某个函数，包括 Python 内置函数或自定义函数。同时，这两个方法也能够直接对 DataFrame 进行函数应用操作。在正常使用过程中，agg()和 aggregate()方法对 DataFrame 对象操作的功能基本相同，因此掌握一个即可。

后面示例中的数据以数据 testdata. xls 为例（见图 2-15），其中的几列计数以 10^9/L 为单位。

	序号	性别	身份证号	是否吸烟	是否饮酒	开始从事某工作年份	体检年份	淋巴细胞计数	白细胞计数	细胞其他值	血小板计数
0	1	女	****1982080000	否	否	2009年	2017	2.4	8.5	NaN	248.0
1	2	女	****1984110000	否	否	2015年	2017	1.8	5.8	NaN	300.0
2	3	男	****1983060000	否	否	2013年	2017	2.0	5.6	NaN	195.0
3	4	男	****1985040000	否	否	2014年	2017	2.5	6.6	NaN	252.0
4	5	男	****1986040000	否	否	2014年	2017	1.3	5.2	NaN	169.0

图 2-15 testdata.xls

计算当前数据中的各项统计量。

【例 2-78】 使用 agg()方法求出当前数据对应的统计量。

```
In[78]:    display(data[['淋巴细胞计数','白细胞计数']].agg([np.sum,np.mean]))
           data.agg({'淋巴细胞计数':np.mean,'血小板计数':np.std})
           display(data.agg({'淋巴细胞计数':np.mean,'血小板计数':[np.mean,np.std]}))
           print(data.groupby('性别')['血小板计数'].agg(np.mean))
```

输出结果如图 2-16 所示。

如果希望返回的结果不以分组键为索引,可以通过设置 as_index = False 实现。

【例 2-79】 as_index 参数的用法。

```
In[79]:    data.groupby(['性别','是否吸烟'],as_index = False)['血小板计数'].
           agg(np.mean)
```

输出结果如图 2-17 所示。

	淋巴细胞计数	白细胞计数
sum	4280.270000	6868.008100
mean	3.849164	6.176266

```
淋巴细胞计数        3.849164
血小板计数         57.932590
dtype: float64
```

	淋巴细胞计数	血小板计数
mean	3.849164	202.765922
std	NaN	58.932590

```
性别
女        212.687636
男        193.727417
Name:     血小板计数, dtype: float64
```

图 2-16 当前数据对应的统计量

	性别	是否吸烟	血小板计数
0	女	否	212.133188
1	女	是	297.333333
2	男	否	194.236749
3	男	是	195.210175

图 2-17 设置 as_index=False

3. 分组运算

分组运算包含了聚合运算,聚合运算是数据转换的特例。下面将讲解 transform()和 apply()方法,通过这两个方法,可以实现更多的分组运算。

1）transform()方法

通过 transform()方法可以将运算分布到每一行。

【例 2-80】 transform()方法。

```
In[80]:    data.groupby(['性别','是否吸烟'])['血小板计数'].
           transform('mean').sample(5)
Out[80]:   902     212.133188
           766     193.236749
           525     194.210175
           401     194.210175
           345     194.210175
           Name: 血小板计数, dtype: float64
```

2）使用 apply()方法聚合数据

apply()方法类似于 agg()方法，能够将函数应用于每一列。

【例 2-81】 数据分组后应用 apply()方法。

```
In[81]:    data.groupby(['性别','是否吸烟'])['血小板计数'].apply(np.mean)
Out[81]:   性别  是否吸烟
           女    否          212.133188
                 是          297.333333
           男    否          193.236749
                 是          194.210175
           Name: 血小板计数, dtype: float64
```

如果希望返回的结果不以分组键为索引，设置 group_keys=False 即可。

使用 apply()方法对 GroupBy 对象进行聚合操作的方法和 agg()方法相同，只是使用 agg()方法能够实现对不同的字段应用不同的函数，而 apply()方法则不能。

扫一扫

视频讲解

2.4.10 Pandas 数据读取与存储

1. 文件读取

1）读取 CSV 文件

CSV 是一种通用的、相对简单的文件格式，在表格类型的数据中用途很广泛，很多关系型数据库都支持这种类型文件的导入/导出，并且 Excel 这种常用的数据表格也能与 CSV 文件之间转换。

Pandas 读取 CSV 文件的代码格式如下。

```
read_csv(filepath_or_buffer, sep = ',', delimiter = None, header = 'infer', names = None,
index_col = None, usecols = None, squeeze = False, ...)
```

【例 2-82】 Pandas 读取 CSV 文件。

```
In[82]:    df1 = pd. read_csv('文件路径文件名')
           #读取 CSV 文件到 DataFrame 中
```

```
df2 = pd.read_table('文件路径文件名', sep = ',')
#使用 read_table,并指定分隔符
df3 = pd.read_csv('文件路径文件名',names = ['a','b', -- -])
#文件不包含表头行,允许自动分配默认列名,也可以指定列名
```

2）读取 Excel 文件

Pandas 读取 Excel 文件的代码格式如下。

```
pandas.read_excel(io,sheet_name = 0,header = 0,names = None,index_col = None,usecols =
None,squeeze = False,dtype = None, ...)
```

【例 2-83】 Pandas 读取 Excel 文件。

```
In[83]:    xlsx = pd.excelFile('example/ex1.xlsx')
           pd.read_excel(xlsx, 'Sheet1')
           #也可以直接利用:
           frame = pd.read_excel('example/ex1.xlsx', 'Sheet1')
```

3）读取 MySQL 数据

Pandas 读取 MySQL 数据的代码格式如下。

```
pandas.read_sql(sql, con, index_col = None, coerce_float = True, params = None, parse_dates =
None, columns = None, chunksize = None)
```

【例 2-84】 读取 MySQL 数据示例。

```
In[84]:    import pymysql
           con = pymysql.connect(
           host = 'localhost',user = 'root',password = 'root',database = 'test',
           port = 3306,charset = 'utf8')
           sql_select = 'select * from a'
           df = pd.read_sql(sql_select, con)
```

其中,host 代表主机名,一般填写 IP 地址；user 代表数据库用户名；password 代表数据库密码；database 代表需要连接的数据库名称；port 代表端口；charset 代表编码格式,一般使用 UTF8。

4）读取 JSON 数据

JSON 是一种常用的数据交换格式,在前后端的交互中经常用到,也会在存储的时候选择这种格式。

Pandas 读取 JSON 数据的代码格式如下。

```
pandas.read_json(path_or_buf = None,orient = None,type = 'frame',lines = False, ...)
```

2. 文件存储

常用文件存储方法如表 2-14 所示。

表 2-14 Pandas 文件存储主要方法及作用

方 法	作 用
df.to_csv(filename)	导出数据到 CSV 文件
df.excel(filename)	导出数据到 Excel 文件
df.to_sql(table_nname,connection_object)	导出数据到 SQL 表
df.json(filename)	以 JSON 格式导出数据到文本文件

这些函数的参数较多,可以在 cell 中输入"函数名??",如 pd.read_csv??,运行查看具体参数。

Pandas 在读取较大文件时会花费较长的系统时间,因此,对于大数据量文件,可以在首次读入后将文件存储为缓存文件,这样在后续读取时就会节省大量时间。

【例 2-85】 大数据量文件读取示例。

```
In[85]:    import os.path
           import pandas as pd
           import time
           if os.path.exists('data/data2016.cache'):
               t_start = time.time()
               data = pd.read_pickle('data/ data2016.cache')
               t_end = time.time()
               print('Cache 文件读取时间:{}秒'.format(t_end - t_start))
           else:
               t_start = time.time()
               data = pd.read_excel('data/ data2016.xlsx')
               t_end = time.time()
               print('Excel 文件读取时间:{}秒'.format(t_end - t_start))
               data.to_pickle('data/ data2016.cache')
```

2.5 Matplotlib 图表绘制基础

对数据的分析离不开数据的可视化。经典的 Python 可视化绘图莫过于 Matplotlib,Matplotlib 就是 MATLAB+Plot+Library,即模仿 MATLAB 绘图库,其绘图风格和 MATLAB 类似。

2.5.1 Matplotlib 简介

Matplotlib 是 Python 的一套基于 NumPy 的绘图工具包。Matplotlib 提供了一整套在 Python 下实现的类 MATLAB 的纯 Python 的第三方库,继承了 Python 简单明了的优点。近年来,在开源社区的推动下,Matplotlib 在科学计算领域得到了广泛应用,还成为 Python 中应用非常广的绘图工具包之一。Matplotlib 中应用最广的是 matplotlib.pyplot 模块。pyplot 提供了一套和 MATLAB 类似的绘图 API,使 Matplotlib 的机制更像 MATLAB。

在 Jupyter Notebook 中进行交互式绘图,需要执行以下语句。

```
%matplotlib notebook
```

使用 Matplotlib 时,使用的导入惯例为

```
import matplotlib.pyplot as plt
```

扫一扫

视频讲解

2.5.2 Matplotlib 绘图基础

1. 创建画布与子图

Matplotlib 所绘制的图位于图片(Figure)对象中,绘图常用方法如表 2-15 所示。

表 2-15 Matplotlib 绘图常用方法

方法	作用
plt. figure()	创建一张空白画布,可以指定画布大小
figure. add_subplot()	创建并选中子图,指定子图行数、列数与选中图片编号

plt_figure()的主要作用是构建一张空白画布。可以选择是否将整个画布划分为多个部分,方便在同一幅图上绘制多个图形的情况。最简单的绘图可以省略第一部分,而后直接在默认的画布上进行图形绘制。

【例 2-86】 创建子图及绘图。

```
In[86]:     import matplotlib.pyplot as plt
            fig = plt.figure()
            #不能使用空白的 Figure 绘图,需要创建子图
            ax1 = fig.add_subplot(1,2,1)
            ax2 = fig.add_subplot(1,2,2)
            ax1.plot([1.5,2,3.5, -1,1.6])
```

输出结果如图 2-18 所示。

可以用语句 fig,axes=plt. subplots(2,3) 创建一幅新的图片,然后返回包含了已生成子图对象的 NumPy 数组。数组 axes 可以像二维数组那样方便地进行索引,如 axes[0,1],也可以通过 sharex 和 sharey 表明子图分别拥有相同的 x 轴和 y 轴。

【例 2-87】 创建子图,调整子图间距。

```
In[87]:     fig,axes = plt.subplots(2,2,sharex = True,sharey = True)
            for i in range(2):
                for j in range(2):
                    axes[i,j].hist(np.random.randn(500),bins = 50,color = 'k',alpha = 0.5)
            plt.subplots_adjust(wspace = 0,hspace = 0)
```

输出结果如图 2-19 所示。

2. 添加画布内容

在画布上绘制图形,需要设置绘图的一些属性,如标题、轴标签等。其中的添加标题、添加坐标轴名称、绘制图形等步骤是并列的,没有先后顺序,但是添加图例必须在绘制图形之后。pyplot 中添加各类标签和图例的函数如表 2-16 所示。

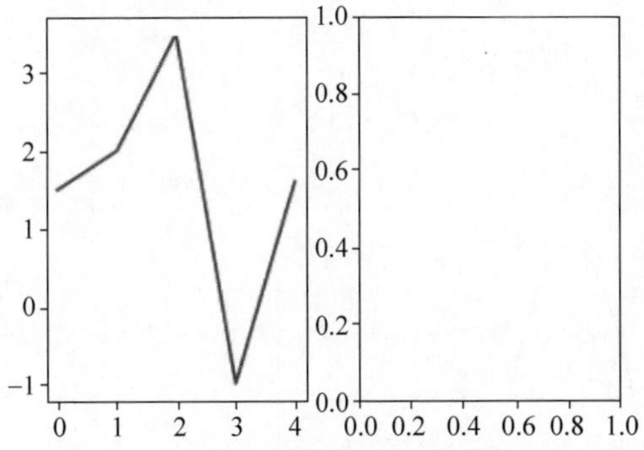

图 2-18 创建子图及绘图

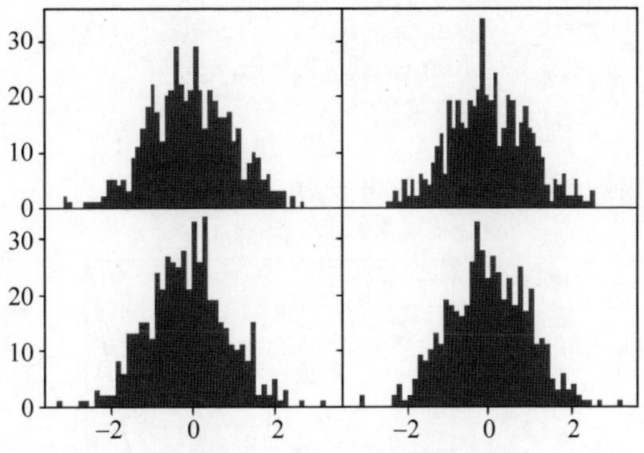

图 2-19 调整子图间距

表 2-16 画布中添加内容常用的函数及其作用

函 数	作 用
plt.title()	在当前图形中添加标题,可以指定标题的名称、位置、颜色、字体大小等参数
plt.xlabel()	在当前图形中添加 x 轴名称,可以指定位置、颜色、字体等参数
plt.ylabel()	在当前图形中添加 y 轴名称,可以指定位置、颜色、字体等参数
plt.xlim()	指定当前图形 x 轴的范围,只能确定一个数值区间
plt.ylim()	指定当前图形 y 轴的范围,只能确定一个数值区间
plt.xticks()	指定 x 轴刻度的数目与取值
plt.yticks()	指定 y 轴刻度的数目与取值
plt.legend()	指定当前图形的图例,可以指定图例的大小、位置、标签

【例 2-88】 包含子图绘制的基础语法。

```
In[88]:    data = np.arange(0,np.pi * 2,0.01)
           fig1 = plt.figure(figsize = (9,7),dpi = 90)  #确定画布大小
           ax1 = fig1.add_subplot(1,2,1)                #绘制第 1 幅子图
           plt.title('lines example')
           plt.xlabel('X')
           plt.ylabel('Y')
           plt.xlim(0,1)
           plt.ylim(0,1)
           plt.xticks([0,0.2,0.4,0.6,0.8,1])
           plt.yticks([0,0.2,0.4,0.6,0.8,1])
           plt.plot(data,data ** 2)
           plt.plot(data,data ** 3)
           plt.legend(['y = x^2','y = x^3'])
           ax1 = fig1.add_subplot(1,2,2)                #绘制第 2 幅子图
           plt.title('sin/cos')
           plt.xlabel('X')
           plt.ylabel('Y')
           plt.xlim(0,np.pi * 2)
           plt.ylim( - 1,1)
           plt.xticks([0,np.pi/2,np.pi,np.pi * 3/2,np.pi * 2])
           plt.yticks([ - 1, - 0.5,0,0.5,1])
           plt.plot(data,np.sin(data))
```

```
plt.plot(data,np.cos(data))
plt.legend(['sin','cos'])
plt.show()
```

输出结果如图 2-20 所示。

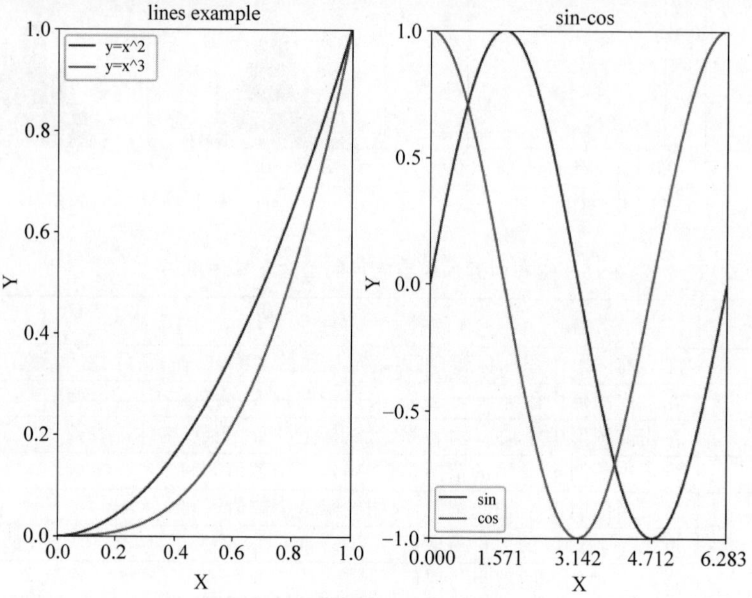

图 2-20　子图绘制基础示例

3. 绘图的保存与显示

绘图完成后，需要显示或保存。图形显示和保存的函数只有两个，并且参数不多，如表 2-17 所示。

表 2-17　绘图显示和保存的函数

函　数	作　用
plt. savafig()	保存绘制的图片，可以指定图片的分辨率、边缘的颜色等参数
plt. show()	在本机显示图形

扫一扫

视频讲解

2.5.3　设置 pyplot 的动态 rc 参数

Matplotlib 配置了配色方案和默认设置，主要用来准备用于发布的图片。有两种方式可以设置参数，即全局参数定制和 rc 参数设置方法。

查看 rc 参数的代码如下。

```
import matplotlib as plt
print(plt.rc_params())
```

1. 全局参数定制

Matplotlib 的全局参数可以通过编辑其配置文件进行设置。

【例 2-89】 查看用户的配置文件目录。

```
In[89]:    import matplotlib as plt
           print(plt.matplotlib_fname())
           #显示当前用户的配置文件目录
```

查找到当前用户的配置文件目录,然后用编辑器打开,修改 matplotlibrc 文件,即可修改配置参数。

2. rc 参数设置

使用 Python 编程进行配置修改 rc 参数,如表 2-18～表 2-20 所示。

表 2-18 rc 参数名称及其取值

参 数	解 释	取 值
lines. linewidth	线条宽度	取 0～10 的数值,默认为 1.5
lines. linestyle	线条样式	取"—""——""—.":"4 种,默认为"—"
lines. marker	线条上点的形状	取"o" "D"等 20 种,默认为 None
lines. markersize	点的大小	取 0～10 的数值,默认为 1

表 2-19 线条样式 lines. linestyle 参数的取值

linestyle 取值	意 义	linestyle 取值	意 义
—	实线	-.	点线
--	长虚线	:	短虚线

表 2-20 线条上点的形状 lines. marker 参数的取值

marker 取值	意 义	marker 取值	意 义
'o'	圆圈	'.'	点
'D'	菱形	's'	正方形
'h'	六边形 1	'*'	星号
'H'	六边形 2	'd'	小菱形
'-'	水平线	'v'	一角朝下的三角形
'8'	八边形	'<'	一角朝左的三角形
'p'	五边形	'>'	一角朝右的三角形
','	像素	'^'	一角朝上的三角形
'+'	加号	'|'	竖线
'None'	无	'x'	叉号

需要注意的是,由于默认的 pyplot 字体并不支持中文字符的显示,因此需要通过设置 font. sans-serif 参数改变绘图时的字体,使图形可以正常显示中文。同时,由于更改字体后,会导致坐标轴中的部分字符无法显示,因此需要同时更改 axes. unicode_minus 参数。

```
plt.rcParams['font.sans-serif'] = ['SimHei']          #用来显示中文标签
plt.rcParams['axes.unicode_minus'] = False            #用来正常显示负号
```

除了设置线条和字体的rc参数外，还有设置文本、箱线图、坐标轴、刻度、图例、标记、图片、图像保存等rc参数。具体参数与取值可以参考其官方文档。

【例 2-90】 rc参数设置。

```
In[90]:   import matplotlib.pyplot as plt
          fig = plt.figure()
          ax = fig.add_subplot(1,1,1)
          np.random.seed(719)
          ax.plot(np.random.randn(30).cumsum(),color = 'k',linestyle =
          'dashed',marker = 'o',label = 'one')
          ax.plot(np.random.randn(30).cumsum(),color = 'k',linestyle =
          'dashed',marker = '+',label = 'two')
          ax.legend(loc = 'best')
```

输出结果如图2-21所示。

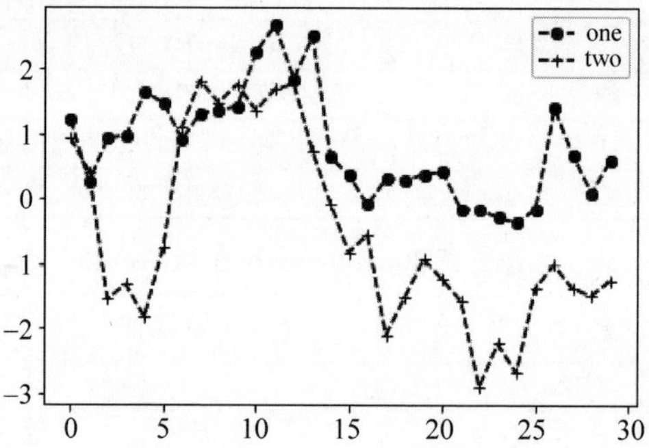

图 2-21 rc参数设置

可以用set_xticks()方法设置刻度，用set_xticklabels()方法改变刻度，设置刻度的旋转角度及字体等，如ax.set_xticklabels(['x1','x2','x3','x4','x5'],rotation=30,fontsize='large')。

2.5.4 文本注解

绘图时有时需要在图表中加文本注解，Python通过text()函数在指定位置加入文本注解，也可以利用annotate()函数完成指向型注释。

【例 2-91】 绘制曲线图并标注。

```
In[91]:   import matplotlib.pyplot as plt
          import numpy as np
          fig = plt.figure()
          ax1 = fig.add_subplot(121)
          t = np.arange(0.0,5,0.01)
          s = np.cos(2 * np.pi * t)
          line, = ax1.plot(t,s,lw = 2)
```

```
            bbox = dict(boxstyle = 'round',fc = 'white')
            ax1.annotate('local max',xy = (2,1),xytext = (3,1.5),arrowprops = dict
            (facecolor = 'black',edgecolor = 'red',headwidth = 7,width = 2),bbox = bbox)
    bbox_prop = dict(fc = 'white')
            ax1.set_xlabel('axis - X',bbox = bbox_prop)
            ax1.set_ylim( - 2,2)
            ax1.text(1,1,'max')
            ax2 = fig.add_subplot(122)
            ax2.set_ylim( - 4,4)
            ax2.set_xlim( - 4,4)
            bbox = dict(boxstyle = 'round',ec = 'red',fc = 'white')
            ax2.text( - 2,0,' $ y = sin(x) $ ',bbox = bbox)
            ax2.text(0, - 2,' $ y = cos(x) $ ',bbox = dict(boxstyle = 'square',
            facecolor = 'white',ec = 'black'),rotation = 45)
            ax2.grid(ls = ":",color = 'gray',alpha = 0.5)
            #设置水印(带方框的水印)
            ax2.text( - 2,2,'NWNU',fontsize = 20,alpha = 0.8,color = 'gray',
            bbox = dict(fc = "white",boxstyle = 'round',edgecolor = 'gray',alpha = 0.3))
            plt.show()
```

输出结果如图 2-22 所示。

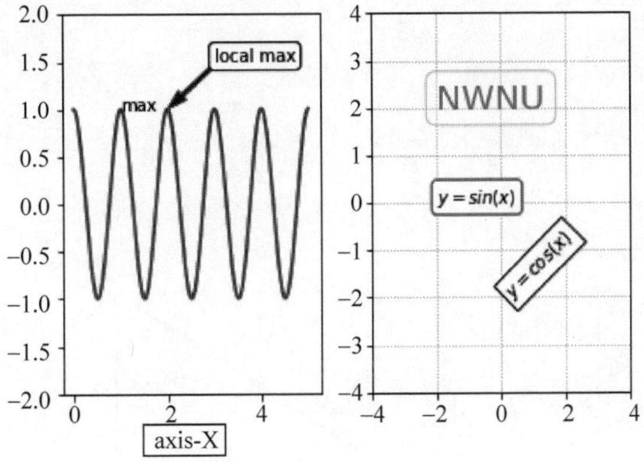

图 2-22　绘制曲线图并标注

扫一扫

视频讲解

2.5.5　pyplot 中的常用绘图

1. 折线图

折线图(Line Chart)是一种将数据点按照顺序连接起来的图形。可以看作是将散点图按照 x 轴坐标顺序连接起来的图形。折线图的主要功能是查看因变量 y 随着自变量 x 改变的趋势,最适合用于显示随时间(根据常用比例设置)而变化的连续数据。同时还可以看出数量的差异,增长趋势的变化。

绘制折线图 plot()函数的格式为 matplotlib.pyplot.plot(* args, ** kwargs)。

plot()函数在其官方文档的语法中只要求填入不定长的参数,实际可以填入的主要参数如表 2-21 所示。

表 2-21 plot()函数的主要参数及其说明

参　数	说　明
x,y	接收 array,表示 x 轴和 y 轴对应的数据,无默认
color	接收特定 string,指定线条的颜色,默认为 None
linestyle	接收特定 string,指定线条类型,默认为“-”
marker	接收特定 string,表示绘制的点的类型,默认为 None
alpha	接收 0～1 的小数,表示点的透明度,默认为 None

color 参数的 8 种常用颜色的缩写如表 2-22 所示。

表 2-22 color 参数的常用颜色缩写

颜色缩写	代表的颜色	颜色缩写	代表的颜色
b	蓝色	m	品红
g	绿色	y	黄色
r	红色	k	黑色
c	青色	w	白色

【例 2-92】 折线图绘制。

```
In[92]:    x1 = np.arange(0, 30)
           plt.plot(x1,x1 * 2,marker = 'o',color = 'g')
           plt.plot(x1,x1 * 3.5,marker = ' + ',color = 'b')
           plt.tick_params(axis = 'x',labelsize = 14,rotation = 30)
           plt.tick_params(axis = 'y',labelsize = 13)
           plt.show()
```

输出结果如图 2-23 所示。

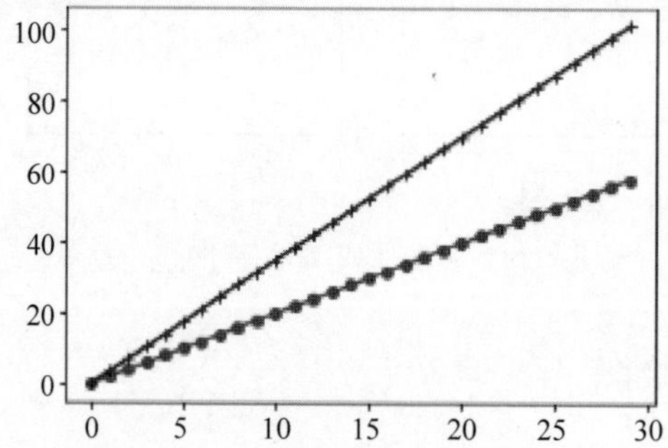

图 2-23 折线图绘制

2. 散点图

散点图(Scatter Diagram)又称为散点分布图,是以一个特征为横坐标,另一个特征为纵坐标,利用坐标点(散点)的分布形态反映特征间的统计关系的图形。值由点在图表中的位置表示,类别由图表中的不同标记表示,通常用于比较跨类别的数据。

绘制散点图 scatter()函数的格式为 matplotlib. pyplot. scatter(x, y, s=None, c=None, marker=None, alpha=None, ** kwargs)。

scatter()函数的主要参数及其说明如表 2-23 所示。

表 2-23　scatter()函数的主要参数及其说明

参　　数	说　　明
x,y	接收 array,表示 x 轴和 y 轴对应的数据,无默认
s	接收数值或一维的 array,指定点的大小,若传入一维 array,则表示每个点的大小,默认为 None
c	接收颜色或一维的 array,指定点的颜色,若传入一维 array,则表示每个点的颜色,默认为 None
marker	接收特定 string,表示绘制的点的类型,默认为 None
alpha	接收 0～1 的小数,表示点的透明度,默认为 None

【例 2-93】　散点图绘图示例。

```
In[93]:   fig,ax = plt.subplots()
          plt.rcParams['font.family'] = ['SimHei']
          plt.rcParams['axes.unicode_minus'] = False
          x1 = np.arange(1,30)
          y1 = np.sin(x1)
          ax1 = plt.subplot(1,1,1)
          plt.title('散点图')
          plt.xlabel('X')
          plt.ylabel('Y')
          lvalue = x1
          ax1.scatter(x1,y1,c = 'r',s = 100,linewidths = lvalue,marker = 'o')
          plt.legend('x1')
          plt.show()
```

输出结果如图 2-24 所示。

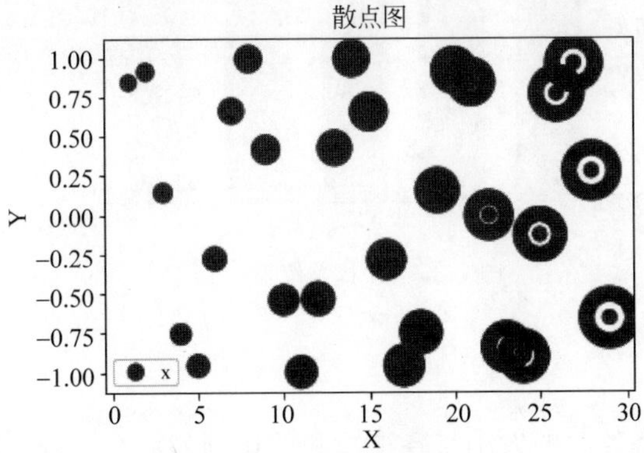

图 2-24　散点图绘制

3. 柱状图

柱状图(Bar Chart)又称长条图、柱状统计图,是一种以长方形的长度为变量表达图形的统计报告图。柱状图由一系列高度不等的纵向(或横向)条纹表示数据分布的情况,通常用于较小的数据集分析。柱状图也可用多维方式表达。

绘制柱状图 bar()函数的格式为 matplotlib. pyplot. bar(left，height，width＝0. 8，bottom＝None，hold＝None，data＝None，** kwargs)。

bar()函数的主要参数及其说明如表 2-24 所示。

表 2-24 bar()函数的主要参数及其说明

参数	说明
left	接收 array，表示 x 轴数据，无默认
height	接收 array，表示 x 轴所代表数据的数量，无默认
width	接收 0～1 的 float 型数值，指定直方图宽度，默认为 0.8
color	接收特定 string 或包含颜色字符串的 array，表示直方图颜色，默认为 None

【例 2-94】 柱状图绘图示例。

```
In[94]:  fig,ax = plt.subplots()
         plt.rcParams['font.family'] = ['SimHei']
         plt.rcParams['axes.unicode_minus'] = False
         x = np.arange(1,6)
         Y1 = np.random.uniform(1.5,1.0,5)
         Y2 = np.random.uniform(1.5,1.0,5)
         plt.bar(x,Y1,width = 0.35,facecolor = 'lightskyblue',edgecolor = 'white')
         plt.bar(x + 0.35,Y2,width = 0.35,facecolor = 'yellowgreen',edgecolor =
         'white')
         plt.show()
```

输出结果如图 2-25 所示。

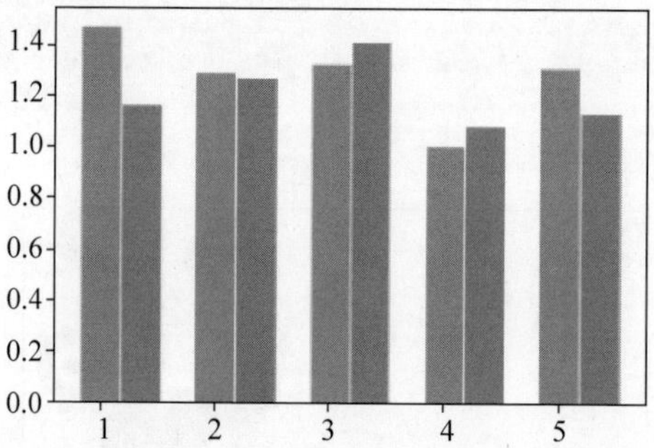

图 2-25 柱状图绘制

4. 饼图

饼图(Pie Graph)是将各项的大小与各项总和的比例显示在一张“饼”中，以“饼”的大小确定每一项的占比。饼图可以比较清楚地反映出部分与部分、部分与整体之间的比例关系，易于显示每组数据相对于总数的大小，而且显现方式直观。

绘制饼图 pie()函数的格式为 matplotlib. pyplot. pie(x，explode＝None，labels＝None，colors＝None，autopct＝None，pctdistance＝0. 6，shadow＝False，labeldistance＝1. 1，startangle＝None，radius＝None，...)。

pie()函数的主要参数及其说明如表 2-25 所示。

表 2-25 pie()函数的主要参数及其说明

参 数	说 明
x	接收 array,表示用于绘制饼图的数据,无默认
explode	接收 array,指定项离饼图圆心为 n 个半径,默认为 None
labels	接收 array,指定每一项的名称,默认为 None
color	接收特定 string 或包含颜色字符串的 array,表示颜色,默认为 None
autopct	接收特定 string,指定数值的显示方式,默认为 None
pctdistance	float 型,指定每一项的比例和距离饼图圆心 n 个半径,默认为 0.6
labeldistance	float 型,指定每一项的名称和距离饼图圆心的半径,默认为 1.1
radius	float 型,表示饼图的半径,默认为 1

【例 2-95】 饼图绘图示例。

```
In[95]:    plt.figure(figsize = (6,6))
           ax = plt.axes([0.1,0.1,0.8,0.8])
           labels = 'Spring','Summer','Autumn','Winter'
           x = [15,30,45,10]
           explode = (0.05,0.05,0.05,0.05)
           #控制分离的距离,默认饼图不分离
           plt.pie(x,labels = labels,explode = explode,startangle = 60,
           autopct = '%1.1f%%')
           #autopct 在图中显示比例值,注意值的格式
           plt.title('Rainy days by season')
           plt.tick_params(labelsize = 12)
           plt.show()
```

输出结果如图 2-26 所示。

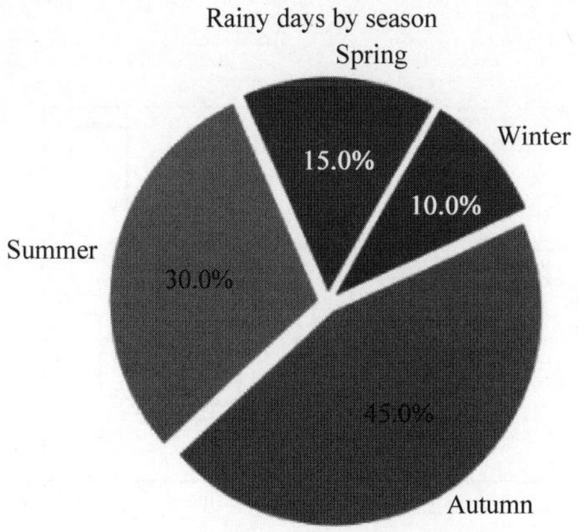

图 2-26 饼图绘制

5. 箱线图

箱线图(Boxplot)也称为箱须图,其绘制反映数据分布特征的统计量,能提供有关数据位置和分散情况的关键信息,尤其在比较不同特征时,更可表现其分散程度差异。箱线图利用数据中的 5 个统计量(最小值、第一四分位数、中位数、第三四分位数和最大值)

描述数据,它也可以粗略地看出数据是否具有对称性、分布的分散程度等信息,特别可以用于对几个样本的比较。

绘制箱线图的 boxplot()函数的格式为 matplotlib.pyplot.boxplot(x,notch=None,sym=None,vert=None,whis=None,positions=None,widths=None,patch_artist=None,meanline=None,labels=None,...)。

boxplot()函数的主要参数及其说明如表 2-26 所示。

表 2-26 boxplot()函数的主要参数及其说明

参数	说明
x	接收 array,表示用于绘制箱线图的数据,无默认
notch	接收布尔值,表示中间箱体是否有缺口,默认为 None
sym	接收特定 sting,指定异常点形状,默认为 None
vert	接收布尔值,表示图形是纵向或横向,默认为 None
positions	接收 array,表示图形位置,默认为 None
widths	接收 scalar 或 array,表示每个箱体的宽度,默认为 None
labels	接收 array,指定每一个箱线图的标签,默认为 None
meanline	接收布尔值,表示是否显示均值线,默认为 False

【例 2-96】 箱线图绘图示例。

```
In[96]:   np.random.seed(2)          #设置随机种子
          df = pd.DataFrame(np.random.rand(5,4),
          columns = ['A', 'B', 'C', 'D'])
          #生成 0~1 的 5×4 维度数据并存入 4 列 DataFrame 中
          plt.boxplot(df)
          plt.show()
```

输出结果如图 2-27 所示。

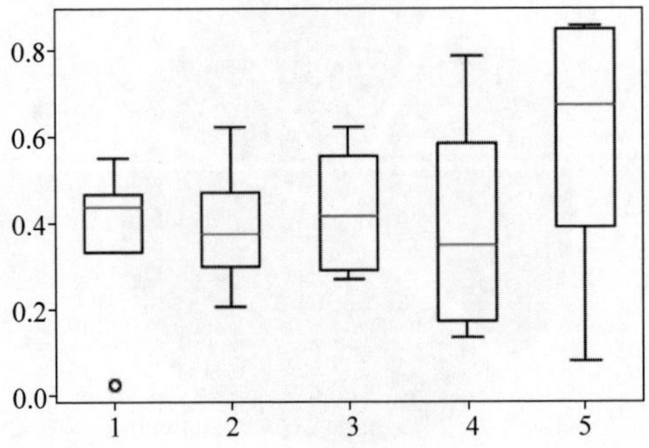

图 2-27 箱线图绘制

6. 概率图

概率图模型是图灵奖获得者 Pearl 提出的用来表示变量间概率依赖关系的理论。正态分布又名高斯分布。正态概率密度函数为 normpdf(x,mu,sigma),其中,x 为向量,mu 为均值,sigma 为标准差。

【例 2-97】 绘制概率图。

```
In[97]:    from scipy.stats import norm
           fig,ax = plt.subplots()
           plt.rcParams['font.family'] = ['SimHei']
           np.random.seed(1587554)
           mu = 100
           sigma = 15
           x = mu + sigma * np.random.randn(437)
           num_bins = 50
           n,bins,patches = ax.hist(x,num_bins,density = 1)
           y = norm.pdf(bins,mu,sigma)
           ax.plot(bins,y,'--')
           fig.tight_layout()
           plt.show()
```

输出结果如图 2-28 所示。

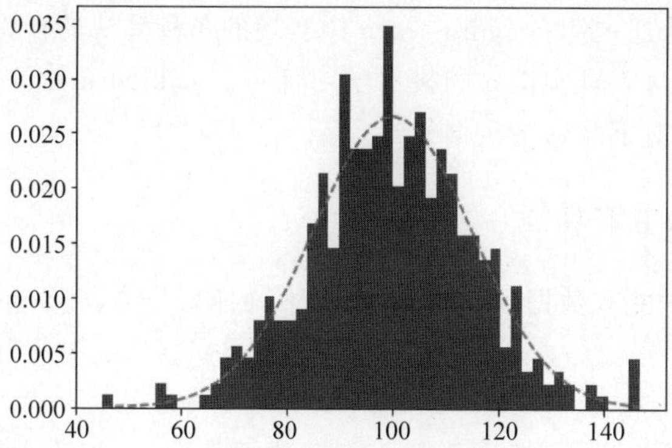

图 2-28　概率图绘制

2.6　scikit-learn

扫一扫
视频讲解

scikit-learn 简称 sklearn，是一组简单有效的工具集，依赖于 Python 的 NumPy、SciPy 和 Matplotlib 库，它封装了大量经典以及最新的机器学习模型。作为一款用于机器学习和实践的 Python 第三方开源数据库，具备出色的接口设计和高效的学习能力。

2.6.1　scikit-learn 简介

scikit-learn 提供了估计机器学习统计模型的功能，包括回归、降维、分类和聚集模型，以及数据处理和模型选择等功能，如表 2-27 所示。

表 2-27　scikit-learn 主要功能

内　容	应　用	算　法
回归(Regression)	价格预测、趋势预测等	线性回归、SVR 等
降维(Dimension Reduction)	可视化	PCA、NMF 等
分类(Classification)	异常检测、图像识别等	KNN、SVM 等
聚类(Clustering)	图像分割、群体划分等	K-Means、谱聚类等

2.6.2 scikit-learn中的数据集

在机器学习过程中，需要使用各种各样的数据集，scikit-learn内置有一些小型标准数据集，不需要从某个外部网站下载任何文件，一些常用的数据集如表2-28所示。

表2-28 scikit-learn提供的常用数据集

数 据 集	调 用 方 式	数 据 描 述
鸢尾花数据集	load_iris()	用于多分类任务的数据集
波士顿房价数据集	load_boston()	用于回归任务的经典数据集
乳腺癌数据集	load_breast_cancer()	用于二分类任务的数据集
体能训练数据集	load_linnerud()	用于多变量回归的数据集
酒的数据集	load_wine()	用于分类

这些数据集有助于快速说明在scikit-learn中实现的各种算法的行为。然而，它们的数据规模往往太小，无法代表真实世界的机器学习任务。scikit-learn也提供了加载较大数据集的工具，并在必要时下载这些数据集。

2.6.3 scikit-learn的主要功能

scikit-learn的主要功能有数据预处理、数据降维、回归、分类、聚类和模型选择。

1. 数据预处理

现实世界的数据极易受噪声、缺失值和不一致数据的侵扰，因为数据库太大且多半来自多种数据源。低质量的数据会导致低质量的数据分析与挖掘结果。数据预处理是提高数据质量的有效方法，主要包括数据清理(清除数据噪声，纠正不一致)、数据集成(将多个数据源合并成一致数据存储)、数据归约(通过如聚集、删除冗余特征或聚类降低数据规模)和数据变换(数据规范化)。

2. 数据降维

数据降维是用来减少随机数量个数的方法，常用于可视化处理、效率提升的应用场景中。主要的降维技术有主成分分析(Principal Component Analysis，PCA)和非负矩阵分解(Non-negative Matrix Factorization，NMF)等方法。

3. 回归

回归分析是一项预测性的建模技术。它的目的是通过建立模型研究因变量和自变量之间的显著关系，即多个自变量对因变量的影响强度，预测数值型的目标值。回归分析在管理、经济、社会学、医学、生物学等领域得到广泛应用。常用的回归方法主要有支持向量回归(Support Vector Regression，SVR)、脊回归(Ridge Regression)、Lasso回归(Lasso Regression)、弹性网络(Elastic Net)、最小角回归(Least Angle Regression，LARS)和贝叶斯回归(Bayesian Regression)等。

4. 分类

分类是对给定对象指定所属类别。分类属于监督学习，常用于垃圾邮件检测、图像识别等场景中。常用的分类算法有支持向量机(SVM)、K 近邻算法(KNN)、逻辑回归(Logistic Regression，LR)、随机森林(Random Forest，RF)、决策树(Decision Tree)等。

5. 聚类

聚类是自动识别具有相似属性的给定对象，并将其分组为集合。聚类属于无监督学习，常用于顾客细分、实验结果分组等场景中。主要的聚类方法主要有 K 均值(K-Means)聚类、谱聚类(Spectral Clustering)、均值偏移(Mean Shift)、分层聚类和基于密度的聚类 DBSCAN(Density-Based Spatial Clustering of Applications with Noise)等方法。

6. 模型选择

模型选择是对给定参数和模型的比较、验证和选择的方法。模型选择的目的是通过参数调整提升精度。已实现的模块包括格点搜索、交叉验证和各种针对预测误差评估的度量函数。

2.7　小结

(1) Python 是一个高层次的结合了解释性、编译性、互动性和面向对象的脚本语言，具有结构简单、语法定义清晰等特点。

(2) 在 Python 中，最基本的数据结构是序列。序列中的成员有序排列，可以通过下标偏移量访问它的一个或几个成员。除了字符串，最常见的序列是列表和元组。

(3) NumPy 是一个开源的 Python 科学计算库，它是 Python 科学计算库的基础库，许多著名的科学计算库(如 Pandas、scikit-learn 等)都要用到 NumPy 库的一些功能。

(4) Pandas 是基于 NumPy 的数据分析模块，它提供了大量标准数据模型和高效操作大型数据集所需的工具，可以说 Pandas 是使 Python 能够成为高效且强大的数据分析环境的重要因素之一。Pandas 基本的数据结构有 Series 和 DataFrame。

(5) Matplotlib 是 Python 的一套基于 NumPy 的绘图工具包。它提供了一整套在 Python 下实现的类 MATLAB 的纯 Python 的第三方库，其风格与 MATLAB 相似，同时也继承了 Python 简单明了的优点。Matplotlib 工具包中应用最广的是 matplotlib.pyplot 模块。

(6) scikit-learn 是一组简单有效的工具集，依赖于 Python 的 NumPy、SciPy 和 Matplotlib 库，支持支持向量机、随机森林、梯度提升树和 K-Means 聚类等学习算法。

扫一扫

自测题

习题 2

(1) Python 3 中的标准数据类型有哪些？元组和列表的区别是什么？

(2) NumPy 中创建数组的方式有哪些？数组的索引和切片访问的方法有哪些？

(3) Pandas 中对 DataFrame 的数据如何进行查询、编辑与分类汇总？

(4) Matplotlib 绘图过程中主要的参数设置方法有哪些？

(5) scikit-learn 中提供的主要功能有哪些？

本章实训：体检数据分析与可视化

对某职业人群体检数据进行分析与可视化。

1. 导入数据。

```
In[1]:    import pandas as pd
          import numpy as np
          import matplotlib.pyplot as plt
          import warnings
          %matplotlib inline
          plt.rcParams['font.sans-serif'] = ['SimHei']       #用来正常显示中文标签
          plt.rcParams['axes.unicode_minus'] = False         #用来正常显示负号
          warnings.filterwarnings('ignore')
          pd.set_option('display.precision', 3)
          pd.options.display.float_format = '{:.3f}'.format
          df = pd.read_excel('data/testdata.xls')
          print(df.shape)
          display(df.head())                                 #默认读取前5行数据
Out[1]:   (1234, 11)
```

	序号	性别	身份证号	是否吸烟	是否饮酒	开始从事某工作年份	体检年份	淋巴细胞计数	白细胞计数	细胞其他值	血小板计数
0	1	女	****1982080000	否	否	2009年	2024	2.400	8.500	NaN	248.000
1	2	女	****1984110000	否	否	2015年	2024	1.800	5.800	NaN	300.000
2	3	男	****1983060000	否	否	2013年	2024	2.000	5.600	NaN	195.000
3	4	男	****1985040000	否	否	2014年	2024	2.500	6.600	NaN	252.000
4	5	男	****1986040000	否	否	2014年	2024	1.300	5.200	NaN	169.000

2. 统计空缺数据。

```
In[2]:    df.isnull().sum()
Out[2]:   序号                0
          性别                0
          身份证号            72
          是否吸烟            2
          是否饮酒            2
          开始从事某工作年份  3
          体检年份            111
          淋巴细胞计数        122
```

```
白细胞计数                122
细胞其他值                1234
血小板计数                204
dtype: int64
```

3. 删除全为空的列及身份证号为空的行。

```
In[3]:    df.dropna(axis = 1, how = 'all',inplace = True)
          # 将全部项都是 nan 的列删除
          df.dropna(how = 'any',subset = ['身份证号'],inplace = True)
          df.shape
Out[3]:   (1162, 10)
```

4. 将"开始从事某工作年份"规范为4位数字年份,如"2018",并将列名修改为"参加工作时间"。

```
In[4]:    df.开始从事某工作年份 = df.开始从事某工作年份.str[0:4]
          df.rename(columns = {"开始从事某工作年份": "参加工作时间"},inplace = True)
          df.head()
Out[4]:
```

	序号	性别	身份证号	是否吸烟	是否饮酒	参加工作时间	体检年份	淋巴细胞计数	白细胞计数	血小板计数
0	1	女	****1982080000	否	否	2009	2024	2.400	8.500	248.000
1	2	女	****1984110000	否	否	2015	2024	1.800	5.800	300.000
2	3	男	****1983060000	否	否	2013	2024	2.000	5.600	195.000
3	4	男	****1985040000	否	否	2014	2024	2.500	6.600	252.000
4	5	男	****1986040000	否	否	2014	2024	1.300	5.200	169.000

5. 增加"工龄"(体检年份－参加工作时间)和"年龄"(体检时间－出生年份)两列。

```
In[5]:    df1 = df.dropna(subset = ['参加工作时间'],how = 'any')
          df2 = df1.dropna(subset = ['体检年份'],how = 'any')
          data = df2.copy()
          data.参加工作时间 = data.参加工作时间.astype('int64')
          data['体检年份'] = data.体检年份.astype('str')
          data.体检年份 = data.体检年份.str[0:4].astype("int64")
          data['出生年份'] = data.身份证号.str[4:8].astype('int64')
          data = data.eval('工龄 = 体检年份 - 参加工作时间')
          data = data.eval("年龄 = 体检年份 - 出生年份")
          data.head()
Out[5]:
```

	序号	性别	身份证号	是否吸烟	是否饮酒	参加工作时间	体检年份	淋巴细胞计数	白细胞计数	血小板计数	出生年份	工龄	年龄
0	1	女	****1982080000	否	否	2009	2024	2.400	8.500	248.000	1982	8	35
1	2	女	****1984110000	否	否	2015	2024	1.800	5.800	300.000	1984	2	33
2	3	男	****1983060000	否	否	2013	2024	2.000	5.600	195.000	1983	4	34
3	4	男	****1985040000	否	否	2014	2024	2.500	6.600	252.000	1985	3	32
4	5	男	****1986040000	否	否	2014	2024	1.300	5.200	169.000	1986	3	31

6. 统计不同性别的白细胞计数均值,并画出柱状图。

```
In[6]:    mean = data.groupby('性别')['白细胞计数'].mean()
          print(mean)
```

```
        fig = plt.figure(figsize = (3,2))
        # mean.plot(kind='bar') #series.plot(kind='bar')
        mean.plot.bar()
        plt.xticks(rotation=0)
        plt.ylabel("白细胞均值")
Out[6]: 性别
        女    5.459
        男    7.487
        Name: 白细胞计数, dtype: float64
        Text(0, 0.5, '白细胞均值')
```

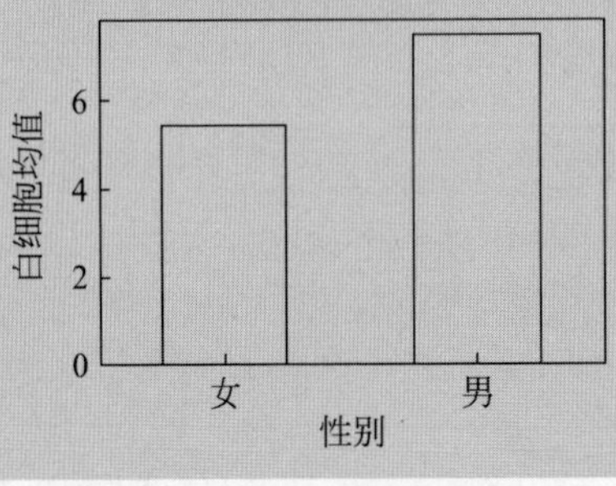

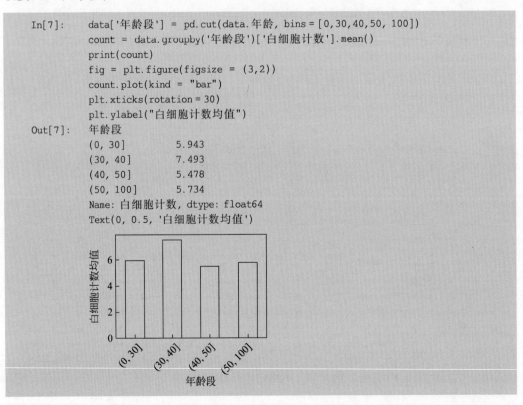

7. 统计不同年龄段的白细胞计数,并画出柱状图,年龄段划分为≤30、31～40、41～50以及>50四个段。

```
In[7]:  data['年龄段'] = pd.cut(data.年龄, bins=[0,30,40,50, 100])
        count = data.groupby('年龄段')['白细胞计数'].mean()
        print(count)
        fig = plt.figure(figsize = (3,2))
        count.plot(kind = "bar")
        plt.xticks(rotation=30)
        plt.ylabel("白细胞计数均值")
Out[7]: 年龄段
        (0, 30]       5.943
        (30, 40]      7.493
        (40, 50]      5.478
        (50, 100]     5.734
        Name: 白细胞计数, dtype: float64
        Text(0, 0.5, '白细胞计数均值')
```

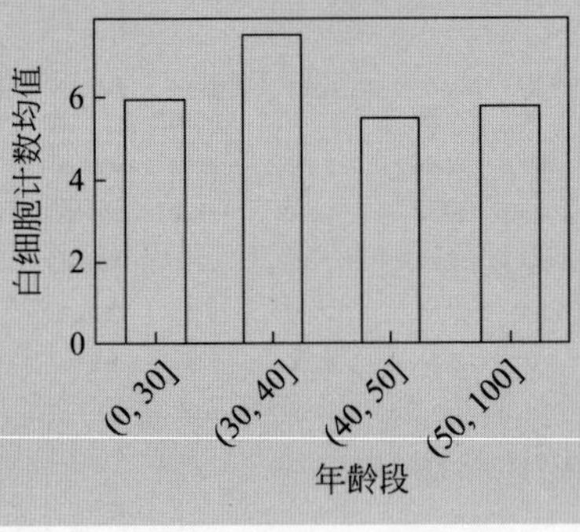

第 3 章

认识数据

数据集由数据对象组成，每个数据对象表示一个实体。例如，在选课数据库中，对象可以是教师、课程和学生；在医疗数据库中，对象可以是患者。数据对象又称为实例、样本或对象。如果数据对象存放在数据库中，则它们称为元组。一般数据库的行对应于数据对象，而列对应于属性。

扫一扫

视频讲解

3.1　属性及其类型

3.1.1　属性

属性(Attribute)是一个数据字段，表示数据对象的一个特征。在文献中，属性、维(Dimension)、特征(Feature)和变量(Variable)表示相同的含义，可以在不同场合互换使用。术语“维”一般用于数据仓库中；“特征”较多地用于机器学习领域；统计学中更多地使用“变量”；数据库和数据仓库领域一般使用“属性”或“字段”。例如，描述学生的属性可能包括学号、姓名、性别等。通常把描述对象的一组属性称作该对象的属性向量。

3.1.2　属性类型

属性的取值范围决定了属性的类型。属性类型一般分为两大类，一类是定性描述的属性，一般有标称属性、二元属性和序数属性；另一类是定量描述的属性，即数值属性，一般可以是整数或连续值。数据对象的属性类型划分如图 3-1 所示。

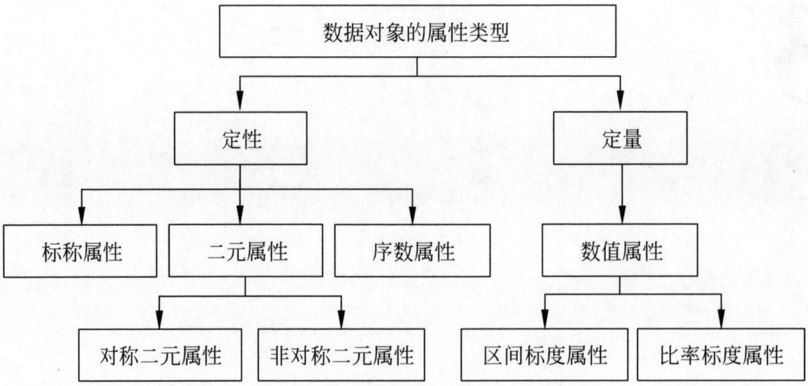

图 3-1　数据对象的属性类型

1. 标称属性

标称属性(Nominal Attribute)的值是一些符号或事物的名称。每个值代表某种类别、编码或状态,因此标称属性又可称为是分类的(Categorical)。标称属性的值是枚举的,可以用数字表示这些符号或名称。常见的标称属性有姓名、籍贯、邮政编码和婚姻状态等。标称属性的值不仅仅是不同的名字,它提供了足够的信息用于区分对象。鉴于标称属性值并不具有有意义的序,统计它的中位数和均值是没有意义的,但是可以找出某个出现次数最多的值。例如,出现次数最多的姓名,这个就可以用众数表示。因此,标称属性的中心趋势度量一般是众数。

2. 二元属性

二元属性(Binary Attribute)是标称属性的特例,也是一种布尔属性,对应 0 和 1 两个状态,分别表示 False 和 True。常见的二元属性有抛一枚硬币是正面朝上还是反面朝上、患者的检查结果是阴性还是阳性等。二元属性分为对称的和非对称的。如果属性的状态结果是同等重要的,如抛硬币的结果状态,则该属性是对称的二元属性。一个非对称的二元属性,其状态的结果不是同样重要的,如病毒检测的阳性和阴性结果,为了方便,用 1 对重要结果(通常是稀有的)编码,另一个用 0 编码。由于二元属性也是标称属性的一种,因此只能用众数统计二元属性。

3. 序数属性

序数属性(Ordinal Attribute)的可能值之间存在有意义的序或秩评定,但是相继值之间的差是未知的,常见的序数属性,如衣服的尺寸有 S、M、L、XL,可以用数字 1、2、3、4 分别对应属性的取值。由于序数属性是有序的,它的中位数是有意义的,因此序数属性的中心趋势度量可以是众数和中位数。

标称属性、二元属性和序数属性都是定性的。它们描述对象的特征而不给出实际大小或数量。这种定性属性的值通常是代表类别的词。如果使用整数描述,仅代表类别的编码,而不是可测量的值。

4. 数值属性

数值属性(Numeric Attribute)是可以度量的量,用整数或实数值表示,常见的数值属性有年龄等。数值属性可以是区间标度的或比率标度的。区分区间标度和比率标度属性的原则是该属性是否有固有的零点,如摄氏温度没有固有的零点,比值没有意义,所以是区间标度属性;而开式温度有固有的零点,比值有意义,所以是比率标度属性。数值属性的均值是有意义的,如某个城市人口的平均年龄可以看出这个城市的老龄化情况,因此,数值属性可以用众数、中位数、均值 3 个中心趋势度量进行统计。

数值属性是定量的,可以是离散的,也可以是连续的。标称属性、二元属性、序数属性都是定性的,且都是离散的。

3.2 数据的基本统计描述

扫一扫

视频讲解

把握数据的分布对于成功的数据预处理是至关重要的。基本的数据统计描述可以识别数据的性质,并判断哪些数据是噪声或离群点。

数据的描述性统计主要包括数据的集中趋势、离中趋势、相对离散程度和分布的形状 4 个方面。

3.2.1 中心趋势度量

中心趋势在统计学中是指一组数据向某一中心值靠拢的程度,它反映了一组数据中心点的位置所在。中心趋势度量就是寻找数据水平的代表值或中心值。中心趋势度量包括均值、中位数、众数和中列数。

1. 均值

数据集"中心"的最常用的数值度量是(算术)均值。设某属性 X 的 N 个观测值为 $x_1, x_2, \cdots, x_N$,则该集合的均值(Mean)为

$$\bar{x} = \frac{\sum_{i=1}^{N} x_i}{N} = \frac{x_1 + x_2 + \cdots + x_N}{N} \tag{3.1}$$

在实际问题中,每个 x_i 可以与一个权重 ω_i 关联。权重反映它们所依附的对应值的重要性或出现的频率。当各项权重不相等时,计算均值时就要采用加权均值(Weighed Mean),即

$$\bar{x} = \frac{\sum_{i=1}^{N} \omega_i x_i}{\sum_{i=1}^{N} \omega_i} = \frac{\omega_1 x_1 + \omega_2 x_2 + \cdots + \omega_N x_N}{\omega_1 + \omega_2 + \cdots + \omega_N} \tag{3.2}$$

加权均值的大小不仅取决于总体中各单位的数值的大小,而且取决于各数值出现的

次数(频数)。

均值是描述数据集的最常用统计量,但它并非度量数据中心的最佳方法,主要原因是均值对噪声数据很敏感。例如,一个班的某门课考试成绩的均值可能会被个别极低的分数拉低,或者某单位职工的平均工资会被个别高收入的工资抬高。为了减小少数极端值的影响,可以使用截尾均值(Trimmed Mean)。截尾均值是丢弃高低极端值后的均值,如对一幅图像的像素值可以按由小到大排列后去掉前后各2%。截尾均值要避免在两端去除太多数据,否则会丢失有价值的信息。

2. 中位数

中位数(Median)又称为中点数或中值。中位数是按顺序排列的一组数据中居于中间位置的数,即在这组数据中,有一半的数据比它大,另一半的数据比它小。在概率论与统计学中,中位数一般用于数值型数据。在数据挖掘中可以把中位数推广到序数型数据中。假定有某属性 X 的 N 个值按递增顺序排列,如果 N 是奇数,则中位数是该有序数列的中间值;如果 N 是偶数,则中位数是中间两个值的任意一个。对于数值型数据,一般约定中位数取中间两个数的平均值。

当数据量很大时,中位数的计算开销会很大,此时可以采用近似估计的方法。假定数据可以根据数值划分为区间,并且知道每个区间的数据个数,可以使用如下公式计算中位数。

$$\text{median} = L_1 + \left[\frac{\frac{N}{2} - \left(\sum f\right)_l}{f_{\text{median}}}\right]\text{width} \tag{3.3}$$

其中,L_1 为中位数区间的下界;N 为数据集中的数据个数;$\left(\sum f\right)_l$ 为低于中位数区间的所有区间频率和;f_{median} 为中位数区间的频率;width 为中位数区间的宽度。

【例 3-1】 某企业50名工人加工零件的数据如表3-1所示,计算加工零件数值的中位数。

表 3-1 加工零件数统计数据

按加工零件数目分组/个	频数/人	按加工零件数目分组/个	频数/人
105～110	3	125～130	10
110～115	5	130～135	6
115～120	8	135～140	4
120～125	14		

由表3-1中数据可知,中位数的位置为50/2=25,即中位数在120～125这一组,由此可以得到 $L_1=120$,$\left(\sum f\right)_l=16$,$f_{\text{median}}=14$,width=5,则近似计算的中位数 median 为123.31。

3. 众数

众数(Mode)是一组数据中出现次数最多的数值。可以对定性和定量型属性确定众数。有时众数在一组数中有好几个。具有一个、两个或 3 个众数的数据集分别称为单峰(Unimodal)、双峰(Bimodal)和三峰(Trimodal)。一般具有两个或以上众数的数据集是多峰的(Multimodal)。在极端情况下,如果每个数值只出现一次,则它没有众数。

对于非对称的单峰型数据集,一般有下面的经验关系。

$$\text{mean} - \text{mode} \approx 3 \times (\text{mean} - \text{median}) \tag{3.4}$$

4. 中列数

中列数(Midrange)是数据集中的最大值和最小值的均值,也可以度量数值数据的中心趋势。

【例 3-2】 利用 Pandas 统计中位数、均值和众数。

```
In[1]:    import pandas as pd
          df = pd.DataFrame([[1, 2], [7, -4],[3, 9], [4, -4],[1,3]],
          columns = ['one', 'two'])
          print('中位数: \n',df.median())
          print('均值: \n',df.mean(axis = 1))
          print('众数: \n',df.mode())
Out[1]:
          中位数:
          one    3.0
          two    2.0
          均值:
          0    1.5
          1    1.5
          2    6.0
          3    0.0
          4    2.0
          众数:
             one  two
          0    1   -4
```

3.2.2 数据散布度量

数据散布度量用于评估数值数据散布或发散的程度。散布度量的测定是对统计资料分散状况的测定,即找出各个变量值与集中趋势的偏离程度。通过度量散布趋势,可以清楚地了解一组变量值的分布情况。离散统计量越大,表示变量值与集中统计量的偏差越大,这组变量就越分散。这时,如果用集中量数去做估计,所出现的误差就较大。因此,散布趋势可以看作是中心趋势的补充说明。数据散布度量包括极差、分位数、四分位数、百分位数和四分位数极差。方差和标准差也可以描述数据分布的散布。

1. 极差、四分位数和四分位数极差

极差(Range)又称为范围误差或全距,是一组观测值的最大值与最小值之间的差距。极差是标志值变动的最大范围,它是测定标志变动的最简单的指标。

分位数又称为分位点,是指将一个随机变量的概率分布范围分为几个等份的数值点，常用的有中位数(即二分位数)、四分位数和百分位数等。

四分位数是将一组数据由小到大(或由大到小)排序后，用3个点将全部数据分为4等份，与这3个点位置上相对应的数值称为四分位数，分别记为Q_1(第一四分位数，说明数据中有25%的数据小于或等于Q_1)、Q_2(第二四分位数，即中位数，说明数据中有50%的数据小于或等于Q_2)和Q_3(第三四分位数，说明数据中有75%的数据小于或等于Q_3)。其中，Q_3到Q_1的距离的差的一半又称为分半四分位差，记为$(Q_3-Q_1)/2$。

第一四分位数和第三四分位数之间的距离是散布的一种简单度量，它给出被数据的中间一半所覆盖的范围。该距离称为四分位数极差(IQR)，定义为

$$\mathrm{IQR}=Q_3-Q_1 \tag{3.5}$$

四分位数是把排序的数据集划分为4个相等的部分的3个值，假设有12个观测值且已经排序，则该数据集的四分位数分别是该有序表的第3、第6和第9个数，四分位数极差是第9个数减去第3个数。

【例3-3】 统计数据的分位数等统计量。

```
In[2]:    import pandas as pd
          df = pd.DataFrame([[1, 2], [7, -4],[3, 9], [3, -4]],
              index = ['a', 'b', 'c', 'd'],columns = ['one', 'two'])
          display(df)
          df.describe()
```

输出结果如图3-2所示。

	one	two
a	1	2
b	7	-4
c	3	9
d	3	-4

	one	two
count	4.000000	4.000000
mean	3.500000	0.750000
std	2.516611	6.184658
min	1.000000	-4.000000
25%	2.500000	-4.000000
50%	3.000000	-1.000000
75%	4.000000	3.750000
max	7.000000	9.000000

图3-2 数据统计量

2. 五数概括、盒图与离群点

五数概括法即用5个数概括数据，分别为最小值、第一四分位数(Q_1)、中位数(Q_2)、第三四分位数(Q_3)和最大值。

盒图(Boxplot)又称为盒式图或箱线图，是一种用作显示一组数据分散情况资料的统计图，因形状如箱子而得名。盒图体现了五数概括。

(1) 盒图的边界分别为第一四分位数和第三四分位数；

(2) 在箱体上中位数即第二四分数处作垂线；

(3) 虚线称为触须线，触须线的端点为最小值和最大值。

利用四分位数间距$\mathrm{IQR}=Q_3-Q_1$，找到界限，超出即为异常值。

$$\mathrm{IQR}_{左}=Q_1-1.5\times\mathrm{IQR}$$

$$\mathrm{IQR}_{右}=Q_3+1.5\times\mathrm{IQR}$$

每个异常值的位置用符号标出。箱线图提供了另一种检测异常值的方法，但它和Z-分数检测出的异常值不一定相同，可选一种或两种。

如数据集的第一四分位数为42，第三四分位数为50，计算箱线图的上、下界限，并判

断数据值 65 是否应该认为是一个异常值。

箱线图上限为 50＋1.5×8＝62，由于 65 大于上限，可以判定是异常值。

【例 3-4】 利用 Matplotlib 绘制箱线图。

```
In[3]:    import numpy as np
          import matplotlib.pyplot as plt
          import pandas as pd
          np.random.seed(2)                 #设置随机种子
          df = pd.DataFrame(np.random.rand(5,4),
          columns = ['A', 'B', 'C', 'D'])
          #生成 0～1 的 5×4 维度数据并存入 4 列 DataFrame 中
          df.boxplot()
          plt.show()
```

输出结果如图 3-3 所示。

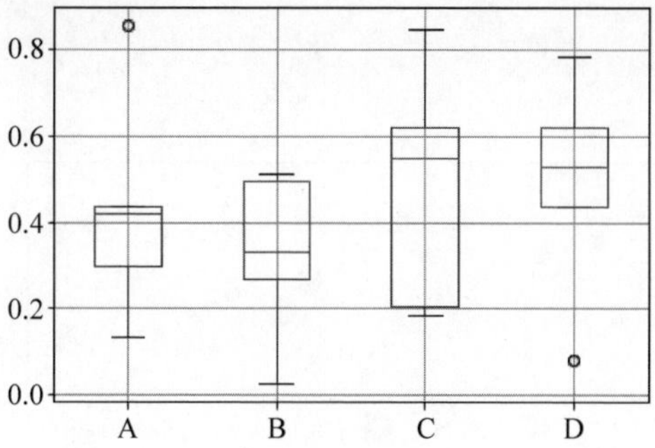

图 3-3 绘制箱线图

扫一扫

视频讲解

3.3 数据可视化

通过图形清晰有效地表达数据称为数据可视化(Data Visualization)。它将数据所包含的信息的综合体，包括属性和变量，抽象化为一些图表形式。有效的可视化能进一步帮助用户分析数据、推论事件和寻找规律，使复杂数据更容易被用户所理解和使用。

3.3.1 基于像素的可视化技术

基于像素的可视化方法是将对象的每一个数据属性映射到有限的屏幕空间内的一个像素点上，从而可视化尽可能多的数据对象，并且通过排列像素点体现出数据中所存在的模式。近年来，基于像素的可视化技术在很多具体场景中得到了广泛的应用，并且充分验证了方法的有效性。

3.3.2 几何投影可视化技术

几何投影技术可以帮助用户发现多维数据集的有趣投影。几何投影技术的难点在于在二维显示上可视化高维空间。散点图使用笛卡儿坐标显示二维数据点。使用不同颜色或形状表示不同的数据点,可以增加第三维。

【例 3-5】 Python 绘制散点图示例。

```
In[4]:    import matplotlib.pyplot as plt
          import numpy as np
          n = 50
          # 随机产生 50 个 0～2 的 x,y 坐标
          x = np.random.rand(n) * 2
          y = np.random.rand(n) * 2
          colors = np.random.rand(n)
          # 随机产生 50 个 0～1 的颜色值
          area = np.pi * (10 * np.random.rand(n)) ** 2
          # 点的半径范围:0～10
          plt.scatter(x, y, s = area, c = colors, alpha = 0.5, marker = 'o')
          plt.show()
```

输出结果如图 3-4 所示。

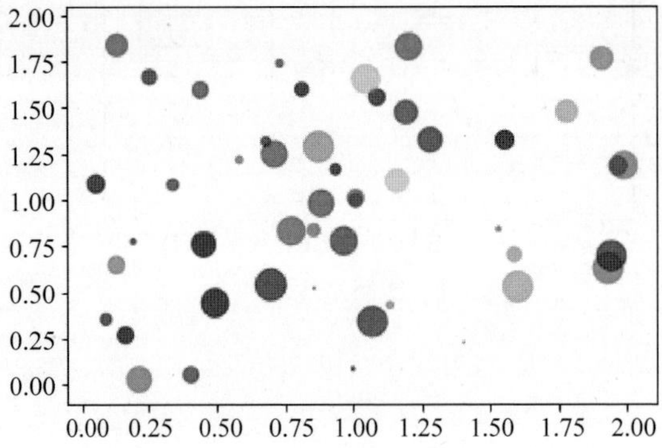

图 3-4　三维散点图

三维散点图使用笛卡儿坐标系的 3 个坐标轴。如果使用颜色信息,可以显示四维数据点。但对于超过四维的数据集,散点图一般不太有效。散点图矩阵是散点图的一种扩充,提供每个维与其他维的可视化。

【例 3-6】 Python 绘制散点图矩阵示例。

```
In[5]:    import seaborn as sns
          df_iris = sns.load_dataset('iris')
          sns.set(style = "ticks")
          g = sns.pairplot(df_iris,vars = ['sepal_length', 'petal_length'])
```

输出结果如图 3-5 所示。

随着维度的增加,散点图矩阵变得不太有效。平行坐标图(Parallel Coordinates Plot)是对于具有多个属性问题的一种可视化方法。在平行坐标图中,数据集的一行数据在平行坐标图中用一条折线表示,纵向是属性值,横向是属性类别(用索引表示)。

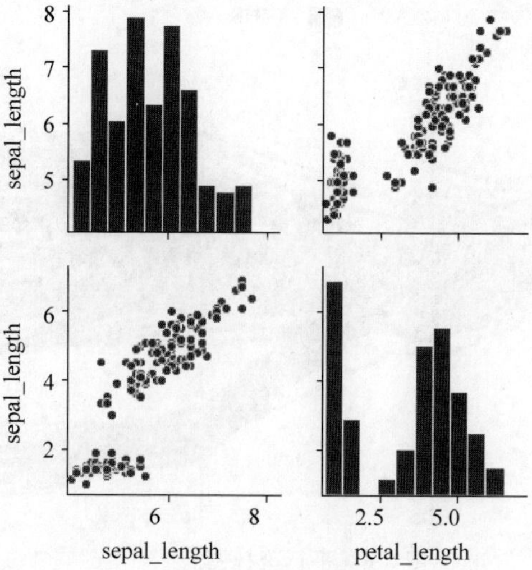

图 3-5 散点图矩阵

【例 3-7】 Python 绘制平行坐标图示例。

```
In[6]:  from pyecharts.charts import Parallel
        import pyecharts.options as opts
        import seaborn as sns
        import numpy as np
        data = sns.load_dataset('iris')
        data_1 = np.array(data[['sepal_length', 'sepal_width', 'petal_length',
        'petal_width']]).tolist()
        parallel_axis = [
            {"dim": 0, "name": "萼片长度"},
            {"dim": 1, "name": "萼片宽度"},
            {"dim": 2, "name": "花瓣长度"},
            {"dim": 3, "name": "花瓣宽度"},
        ]
        parallel = Parallel(init_opts = opts.InitOpts(width = "600px", height = "400px"))
        parallel.add_schema(schema = parallel_axis)
        # parallel.config(schema)
        parallel.add('iris平行图',data = data_1,linestyle_opts = opts.LineStyleOpts
        (width = 4, opacity = 0.5))
        parallel.render_notebook()
```

输出结果如图 3-6 所示。

3.3.3 基于图符的可视化技术

基于图符的(Icon-based)可视化技术使用少量图符表示多维数据值。有两种流行的基于图符的技术,即切尔诺夫脸和人物线条图。

1. 切尔诺夫脸

切尔诺夫脸(Chernoff Faces)是统计学家赫尔曼·切尔诺夫于 1973 年提出的,如

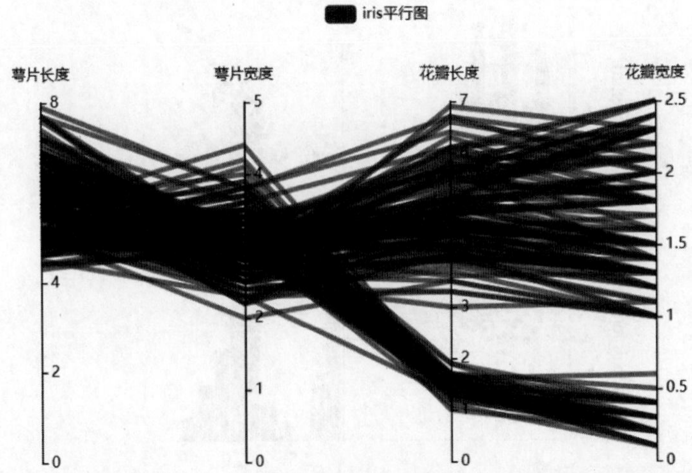

图 3-6　平行坐标图

图 3-7 所示。切尔诺夫脸把多达 18 个变量的多维数据通过卡通人物的脸显示出来，有助于揭示数据中的趋势。脸的要素有眼、耳、口和鼻等，用其形状、大小、位置和方向表示维度的值。切尔诺夫脸利用人的思维能力，识别面部特征的微小差异并且立即消化、理解许多面部特征。观察大型数据表可能是令人乏味的，切尔诺夫脸可以浓缩数据，从而更容易被消化理解，有助于数据的可视化。切尔诺夫脸有对称的切尔诺夫脸(18 维)和非对称的切尔诺夫脸(36 维)两种类型。

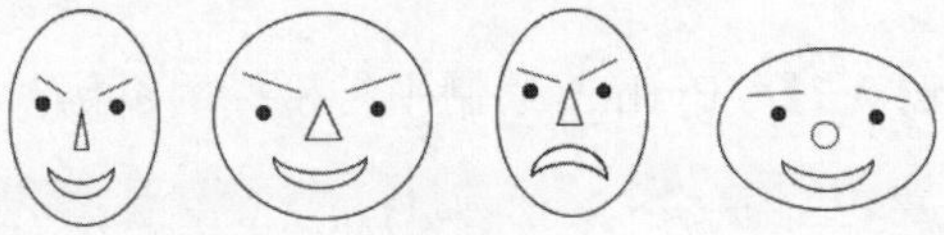

图 3-7　切尔诺夫脸(每张脸表示一个 N 维数据)

2. 人物线条图

人物线条画(Stick Figure)可视化技术把多维数据映射到 5 段人物线条画中，其中每幅画都有一个四肢和一个躯体。两个维度被映射到显示轴(x 轴和 y 轴)，而其余的被映射到四肢角度和长度。图 3-8 显示的是人口普查数据，其中 Age 和 Income 被映射到显示轴，而其他维被映射到人物线条画。如果数据项关于两个显示维相对稠密，则结果可视化显示纹理模式，从而反映数据趋势。

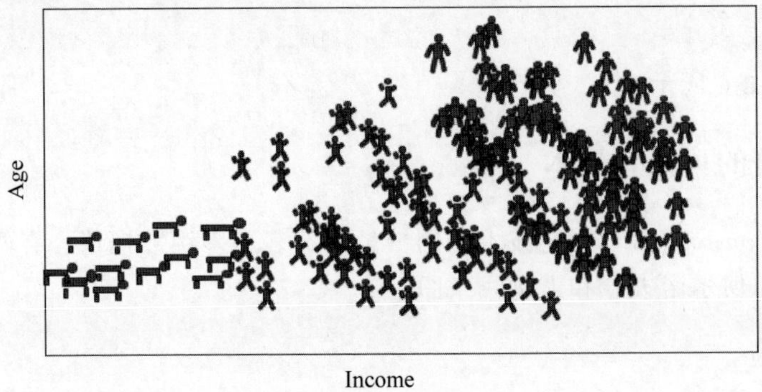

图 3-8　人物线条图

3.3.4　层次可视化技术

对于大型高维数据集很难实现可视化技术。层次可视化把大型的高维数据的所有维划分成子集(子空间),在这些子空间按层次可视化。

3.3.5　可视化复杂对象和关系

早期的可视化技术主要用于分析数值数据,然而现在出现了越来越多的非数值数据,如文本和社会网络数据,可视化这些非数值数据引起了更多广泛的关注。标签云是一种用户产生的标签统计量的可视化。在标签云中,标签通常按字母次序或用户指定的次序列举。标签云的方法主要有两种。

(1) 对于单个术语的标签云,根据不同用户使用该标签的次数显示该标签的大小。

(2) 在多个术语上可视化标签统计量时,该标签被使用得越多,就使它显示得越大。

除了复杂的数据之外,数据项之间的复杂关系也对可视化提出了挑战。例如,使用疾病影响图可视化疾病之间的相关性,图中的节点代表疾病,节点的大小与对应疾病的流行程度成正比,如果对应疾病具有强相关性,则两个节点可以用一条边来连接,边的宽度与对应的疾病相关强度成正比。

3.3.6　高维数据可视化

无论是在日常生活中还是在科学研究中,高维数据处处可见。例如,一件简单的商品就包含了型号、厂家、价格、性能和售后服务等多种属性;再如,为了找到与致癌相关的基因,需要分析不同病人成百上千的基因表达。一般很难直观快速理解三维以上的数据,而将数据转换为可视的形式,可以帮助理解和分析高维空间中的数据特性。高维数据可视化旨在用图形表现高维度的数据,并辅以交互手段,帮助人们分析和理解高维数据。

高维数据可视化主要分为降维方法和非降维方法。

1. 降维方法

降维方法将高维数据投影到低维空间,尽量保留高维空间中原有的特性和聚类关系。常见的降维方法有主成分分析(Principal Components Analysis,PCA)、多维度分析(Multi-Dimensional Scaling,MDS)和自组织图(Self-Organization Map,SOM)等。这些方法通过数学方法将高维数据降维,进而在低维屏幕空间中显示。通常,数据在高维空间中的距离越近,在投影图中两点的距离也越近。高维投影图可以很好地展示高维数据间的相似度以及聚类情况等,但并不能表示数据在每个维度上的信息,也不能表现维度间的关系。高维投影图损失了数据在原始维度上的细节信息,但直观地提供了数据之间宏观的结构。

常用的数据降维方法如图 3-9 所示。

- 数据降维
  - 线性方法
    - PCA
    - LDA
  - 非线性方法
    - 保留局部特征
      - 基于重建权值：LLE
      - 邻接图：Laplacian Eigenmaps
      - 基于切空间
        - Hession LLE
        - LTSA
    - 保留全局特征
      - 基于距离保持
        - 基于欧氏距离：MDS
        - 基于测地线距离：isomap
        - 基于分散距离：diffusionmaps
      - 基于核：核PCA
      - 基于神经网络：多层自动编码

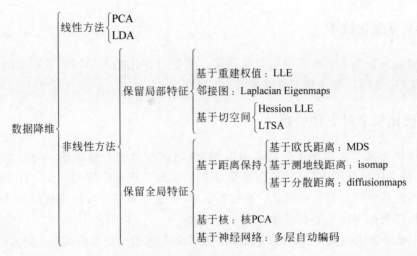

图 3-9 常用的数据降维方法

2. 非降维方法

非降维方法保留了高维数据在每个维度上的信息，可以展示所有的维度。各种非降维方法的主要区别在于如何对不同的维度进行数据到图像属性的映射。当维度较少时，可以直接通过与位置、颜色、形状等多种视觉属性相结合的方式对高维数据进行编码。当维度数量增多，数据量变大，或对数据呈现精度的需要提高时，这些方法难以满足需要。

3.3.7 Python 可视化

1. 简介

Python 在数据科学中的地位，不仅仅是因为 NumPy、SciPy、Pandas 和 scikit-learn 这些高效易用、接口统一的科学计算包，其强大的数据可视化工具也是重要组成部分。在 Python 中，使用最多的数据可视化工具是 Matplotlib，除此之外，还有很多其他可选的可视化工具包，主要包括以下几类。

(1) Matplotlib 以及基于 Matplotlib 开发的工具包：Pandas 中的封装 Matplotlib API 的画图功能，Seaborn 和 networkx 等；

(2) 基于 JavaScript 和 d3.js 开发的可视化工具，如 plotly 等，这类工具可以显示动态图且具有一定的交互性；

(3) 其他提供了 Python 调用接口的可视化工具，如 OpenGL、GraphViz 等，这一类工具各有特点且在特定领域应用广泛。

对于数据科学，用得比较多的是 Matplotlib 和 Seaborn，对数据进行动态或交互式展示时会用到 plotly。

2. Python 数据可视化示例

【例 3-8】 Python 词云绘制示例。

```
In[7]:    from pyecharts import options as opts
          from pyecharts.charts import Page, WordCloud
          from pyecharts.globals import SymbolType
          words = [
              ("牛肉面", 7800),("黄河", 6181),
              ("«读者»杂志", 4386), ("甜胚子", 3055),
              ("甘肃省博物馆", 2055),("莫高窟", 8067),("兰州大学", 4244),
              ("西北师范大学", 1868),("中山桥", 3484),
              ("月牙泉", 1112),("五泉山", 980),
              ("五彩丹霞", 865),("黄河母亲", 847),("崆峒山",678),
              ("羊皮筏子", 1582),("兴隆山",868),
              ("兰州交通大学", 1555),("白塔山", 2550),("五泉山", 2550)]
          c = WordCloud()
          c.add("", words, word_size_range=[20, 80])
          c.set_global_opts(title_opts=opts.TitleOpts(title="WordCloud-基本示例"))
          c.render_notebook()
```

输出结果如图 3-10 所示。

绘制回归图可以揭示两个变量间的线性关系。Seaborn 中使用 regplot()函数绘制回归图。

【例 3-9】 使用 regplot()函数绘制回归图。

```
In[8]:    import seaborn as sns
          df_iris = sns.load_dataset('iris')
          df_iris.head()
          # sns.barplot(x = df_iris['species'],y=df_iris['petal_length'],
                      data=df_iris)
          sns.regplot(x = 'petal_length',y = 'petal_width',data = df_iris)
```

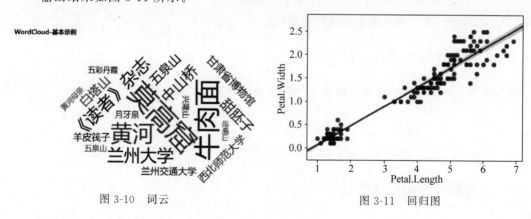

输出结果如图 3-11 所示。

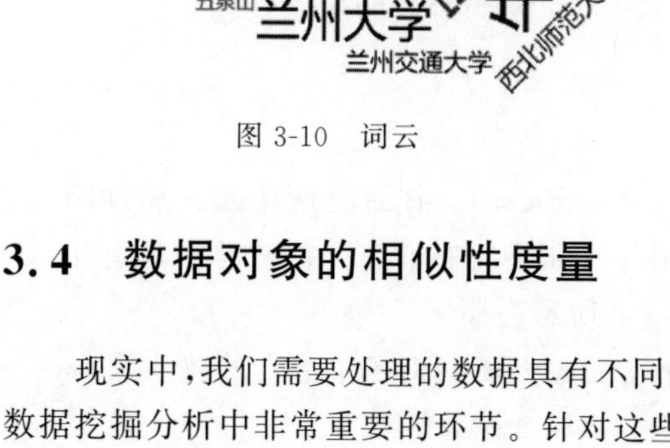

图 3-10 词云

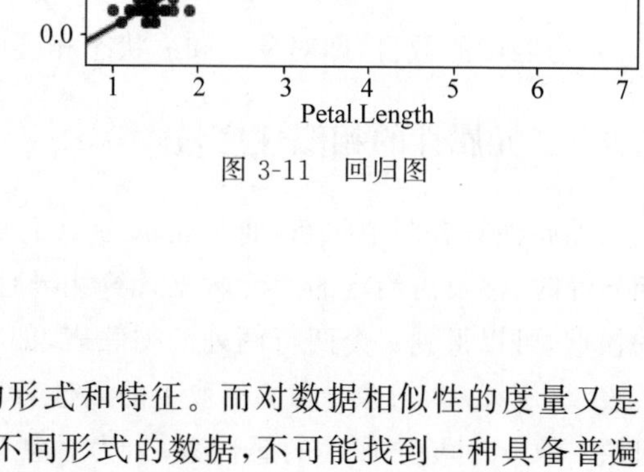

图 3-11 回归图

3.4 数据对象的相似性度量

扫一扫

视频讲解

现实中,我们需要处理的数据具有不同的形式和特征。而对数据相似性的度量又是数据挖掘分析中非常重要的环节。针对这些不同形式的数据,不可能找到一种具备普遍意义的相似性度量算法,甚至可以说,每种类型的数据都有它对应的相似度度量标准。

3.4.1 数据矩阵和相异性矩阵

数据矩阵(Data Matrix)又称为对象-属性结构,这种数据结构用关系表的形式或 $n\times p$ (n 个对象,p 个属性)矩阵存放 n 个数据对象,每行对应一个对象。数据矩阵如下所示。

$$\begin{bmatrix} O_{11} & \cdots & O_{1f} & \cdots & O_{1p} \\ \cdots & \cdots & \cdots & \cdots & \cdots \\ O_{i1} & \cdots & O_{if} & \cdots & O_{ip} \\ \cdots & \cdots & \cdots & \cdots & \cdots \\ O_{n1} & \cdots & O_{nf} & \cdots & O_{np} \end{bmatrix}$$

相异性矩阵(Dissimilarity Matrix)也称为对象-对象结构,存放 n 个对象两两之间的邻近度,是 $n\times n$ 的矩阵,如下所示。

$$\begin{bmatrix} 0 & d(1,2) & & & \\ d(2,1) & 0 & & & \\ d(3,1) & d(3,2) & 0 & & \\ \vdots & \vdots & \vdots & & \\ d(n,1) & d(n,2) & \cdots & \cdots & 0 \end{bmatrix}$$

其中,$d(i,j)$为对象 i 和对象 j 之间的相异性的度量,且 $d(i,j)=d(j,i)$,因此相异性矩阵是对称矩阵。一般来说,$d(i,j)$是一个非负数。当 i 和 j 高度相似或"接近"时,它的值接近于0;反之,差异越大时,这个值也越大。

相似性度量可以表示成相异性度量的函数,如式(3.6)所示。

$$\mathrm{sim}(i,j)=1-d(i,j) \tag{3.6}$$

其中,$\mathrm{sim}(i,j)$为对象 i 和对象 j 之间的相似性。

3.4.2 标称属性的相似性度量

两个对象 i 和 j 之间的相异性根据不匹配率进行计算,如式(3.7)所示。

$$d(i,j)=\frac{p-m}{p}=1-\frac{m}{p} \tag{3.7}$$

其中,m 为匹配的数目,即对象 i 和 j 状态相同的属性数;p 为对象的属性总数。

3.4.3 二元属性的相似性度量

二元属性只有两个状态,通常表示为1(True)或0(False)。在计算两个二元属性间的相异性时,涉及由给定的二元数据计算相异性矩阵。如果所有的二元都被看作具有相同的权重,可以得到一个两行两列的列联表,如表3-2所示。

表3-2中,q 为对象 i 和 j 都取1的属性数;r 为对象 i 取1,对象 j 取0的属性数;s 为对象 i 取0,对象 j 取1的属性数;t 为对象 i 和 j 都取0的属性数。

表 3-2　二元属性的列联表

对象 i	对象 j		
	1	**0**	**sum**
1	q	r	$q+r$
0	s	t	$s+t$
sum	$q+s$	$r+t$	p

对于对称的二元属性，两个状态是同等重要的。如果对象 i 和 j 都用对称的二元属性刻画，则 i 和 j 的相异性定义为

$$d(i,j)=\frac{r+s}{q+r+s+t} \tag{3.8}$$

对于非对称二元属性，只关心“正匹配”的情况，也就是只关心两个对象属性都取 1 的情况，因此负匹配数 t 被认为是不重要的，可以忽略，如式(3.9)所示。

$$d(i,j)=\frac{r+s}{q+r+s} \tag{3.9}$$

互补地，可以用基于相似性而不是相异性度量两个二元属性的差别。对象 i 和 j 之间的非对称的二元相似性可以表示为

$$\mathrm{sim}(i,j)=1-d(i,j)=\frac{q}{q+r+s} \tag{3.10}$$

如果把两个对象看作两个集合，相当于两个集合的交集比两个集合的并集。所以，式(3.10)不仅可以应用于二元属性，也可以应用于对两个集合相似度的度量，这个公式也叫作 Jaccard 系数。比较普遍的写法如式(3.11)所示。

$$\mathrm{sim}(U,V)=\frac{|U\cap V|}{|U\cup V|} \tag{3.11}$$

其中，U 和 V 代表两个集合，不一定具有相同数量的元素。

【例 3-10】 表 3-3 给出了居民家庭情况调查，包括属性姓名、婚姻状况、是否有房、是否有车 4 个属性。计算 3 名对象间的相异性。

表 3-3　居民家庭情况调查表

姓　名	婚姻状况	是否有房	是否有车
Zhang	Y	N	Y
Li	N	Y	Y
Wang	Y	Y	N

由数据可以看出，对象的二元属性是对称的，因此，根据式(3.8)得到 3 名对象间的相异性分别为

$$d(\mathrm{Zhang},\mathrm{Li})=\frac{1+1}{1+1+1}=0.67$$

$$d(\mathrm{Zhang},\mathrm{Wang})=\frac{1+1}{1+1+1}=0.67$$

$$d(\mathrm{Li},\mathrm{Wang})=\frac{1+1}{1+1+1}=0.67$$

3.4.4 数值属性的相似性度量

对于属性可以定量的属性类型，就叫作数值属性，关于这些属性值的分析可以说是最多的，常见的均值、众数、中位数等，就是处理这些属性的。数值属性的对象相似度一般用数据对象间的距离度量。

1. 欧氏距离

欧氏距离(Euclidean Distance)又称为直线距离。$i=(x_{i1},x_{i2},\cdots,x_{ip})$和$j=(x_{j1},x_{j2},\cdots,x_{jp})$表示两个数值属性描述的对象。对象$i$和$j$之间的欧氏距离为

$$d(i,j)=\sqrt{(x_{i1}-x_{j1})^2+(x_{i2}-x_{j2})^2+\cdots+(x_{ip}-x_{jp})^2} \tag{3.12}$$

2. 曼哈顿距离

曼哈顿距离(Manhattan Distance)又称为城市块距离，名称的由来是计量由方块形构成的曼哈顿街区的距离，因为街区不能横穿，只能按照方格走到。对象i和j之间的曼哈顿距离为

$$d(i,j)=|x_{i1}-x_{j1}|+|x_{i2}-x_{j2}|+\cdots+|x_{ip}-x_{jp}| \tag{3.13}$$

3. 切比雪夫距离

切比雪夫距离(Chebyshev Distance)是向量空间中的一种度量，两个数据对象i和j之间的切比雪夫距离定义为

$$d(i,j)=\lim_{k\to\infty}\left(\sum_{f=1}^{p}|x_{if}-x_{jf}|^k\right)^{1/k}=\max_{f\to p}|x_{if}-x_{jf}| \tag{3.14}$$

4. 闵可夫斯基距离

将曼哈顿距离与欧氏距离推广，可以得到闵可夫斯基距离(Minkowski Distance)，如式(3.15)所示。

$$d(i,j)=\sqrt[q]{|x_{i1}-x_{j1}|^q+|x_{i2}-x_{j2}|^q+\cdots+|x_{ip}-x_{jp}|^q} \tag{3.15}$$

曼哈顿距离与欧氏距离是闵可夫斯基距离的两种特殊情形。

5. 汉明距离

两个等长字符串之间的汉明距离(Hamming Distance)定义为将其中一个变为另外一个所需要做的最小替换次数。例如，字符串"1111"与"1001"之间的汉明距离为2。

3.4.5 序数属性的相似性度量

序数属性的每个属性值都代表了一种次序，所以，无论使用数字还是文字性的叙述，都可以表示成数字的形式。令序数属性可能的状态数为M，这些有序的状态定义了一个

排位 $1,2,\cdots,M_f$。

假设 f 是用于描述 n 个对象的一组序数属性之一，关于 f 的计算过程如下。

(1) 第 i 个对象的 f 值为 x_{if}，属性 f 有 M_f 个有序的状态，表示排位 $1,2,\cdots,M_f$。用对应的排位 r_{if} 取代 x_{if}。

(2) 由于每个序数属性都可以有不同的状态数，所以通常将每个属性的取值映射到 $[0,1]$上。通过用 z_{if} 代替第 i 个对象的 r_{if} 实现数据规格化，如式(3.16)所示。

$$z_{if}=\frac{r_{if}-1}{M_f-1} \tag{3.16}$$

(3) 相异性用任一种数值属性的距离度量，使用 z_{if} 作为第 i 个对象的 f 值。

3.4.6　混合类型属性的相似性

以上几种情况都是针对数据库中单一类型的数据，但是很多时候，遇到的一组数据可能拥有多种类型的属性，也就是混合类型属性。混合类型属性的相异性计算方法如式(3.17)所示。

$$d(i,j)=\frac{\sum_{f=1}^{p}\delta_{ij}^{(f)}d_{ij}^{(f)}}{\sum_{f=1}^{p}\delta_{ij}^{(f)}} \tag{3.17}$$

其中，$\delta_{ij}^{(f)}$ 为指示符，如果对象 i 或对象 j 没有属性 f 的度量值，或 $x_{if}=x_{jf}=0$ 时，$\delta_{ij}^{(f)}=0$，否则 $\delta_{ij}^{(f)}=1$。

3.4.7　余弦相似性

针对文档数据的相似度测量一般使用余弦相似性。在处理文档的时候，一般采用文档所拥有的关键词刻画一个文档的特征。容易想象，如果能定义一个字典(所谓字典，就是包含了所处理文档集中所有可能的关键词的一个有序集合)，那么就能通过字典为每个文档生成一个布尔型的向量，这个向量与字典等长，每个位置用 0/1 表示字典中对应的关键词在该文档的存在性。

这种方式与二元属性基本相同。但是，如果为了实现一种更准确的度量，需要给这个二元向量加个权重，如每个词的词频，这时使用之前提到的任何度量方法就都不太合适。例如，如果用欧氏距离判断相似度，因为这种向量很多位都是 0，即很稀疏，这就导致大部分词是两个文档所不共有的，从而判断结果是两个文档很不相似。对于这种文档-关键词的特殊情形一般采用余弦相似度，如式(3.18)所示。

$$\mathrm{sim}(\boldsymbol{x},\boldsymbol{y})=\frac{\boldsymbol{x}\cdot\boldsymbol{y}}{\|\boldsymbol{x}\|\cdot\|\boldsymbol{y}\|} \tag{3.18}$$

其中，$\boldsymbol{x}$ 和 $\boldsymbol{y}$ 是两个文档解析出来的词频向量。

假设有两个词频向量，$\boldsymbol{x}=\{3,0,4,2,0,6,2\}$，$\boldsymbol{y}=\{1,0,3,1,1,4,1\}$，则两个向量的余弦相似性计算为

$$\boldsymbol{x} \cdot \boldsymbol{y} = 3\times1+0\times0+4\times3+2\times1+0\times1+6\times4+2\times1=43$$

$$\|\boldsymbol{x}\| = \sqrt{3^2+0^2+4^2+2^2+0^2+6^2+2^2} \approx 8.31$$

$$\|\boldsymbol{y}\| = \sqrt{1^2+0^2+3^2+1^2+1^2+4^2+1^2} \approx 5.39$$

$$\text{sim}(\boldsymbol{x},\boldsymbol{y}) = 0.96$$

由此得到两个向量的余弦相似度为0.96,说明两篇文档具有较高的相似性。

3.4.8 距离度量Python实现

【例3-11】 设 x 和 y 为两个向量,长度都为 N,求它们之间的距离 d。

1. 用NumPy实现常见的距离度量

```
In[9]:  import numpy as np
        #欧氏距离(Euclidean distance)
        def euclidean(x, y):
            return np.sqrt(np.sum((x - y) ** 2))
        #曼哈顿距离(Manhattan distance)
        def manhattan(x,y):
            return np.sum(np.abs(x - y))
        #切比雪夫距离(Chebyshev distance)
        def chebyshev(x,y):
            return np.max(np.abs(x - y))
        #闵可夫斯基距离(Minkowski distance)
        def minkowski(x,y,p):
            return np.sum(np.abs(x - y) ** p) ** (1/p)
        #汉明距离(Hamming distance)
        def hamming(x, y):
            return np.sum(x!= y)/len(x)
        #余弦距离
        def cos_similarity(x, y):
            return np.dot(x,y)/(np.linalg.norm(x) * np.linalg.norm(y))
```

2. 使用SciPy的pdist()方法进行数据对象的距离计算

代码格式为:scipy.spatial.distance.pdist(X, metric='euclidean', *args, **kwargs)。参数X为 m 个在 n 维空间上的观测值,参数metric为使用的距离度量,常用的取值有'canberra''chebyshev''cityblock''correlation''cosine''dice''euclidean''hamming''jaccard''jensenshannon''kulsinski''mahalanobis''matching'和'minkowski'等。

```
In[10]: import numpy as np
        from scipy.spatial.distance import pdist
        x = (0.7,0.9,0.2,0.3,0.8,0.4,0.6,0,0.5)
        y = (0.6,0.8,0.5,0.4,0.3,0.5,0.7,0.2,0.6)
        X = np.vstack([x,y])
        d1 = pdist(X, 'euclidean')
        print('欧氏距离:',d1)
```

```
            d2 = pdist(X,'cityblock')
            print('曼哈顿距离：',d2)
            d3 = pdist(X,'chebyshev')
            print('切比雪夫距离：',d3)
            d4 = pdist(X,'minkowski',p = 2)
            print('闵可夫斯基距离：',d4)
            d5 = pdist(X,'cosine')
            print('余弦相似性：',1 - d5)
Out[10]:    欧氏距离：[0.66332496]
            曼哈顿距离：[1.6]
            切比雪夫距离：[0.5]
            闵可夫斯基距离：[0.66332496]
            余弦相似性：[0.92032116]
```

3.5　小结

(1) 数据集由数据对象组成。数据对象代表实体,用属性描述。

(2) 数据属性有标称的、二元的、序数的或数值的。标称属性的值是一些符号或事物的名称,但可以用数字表示这些符号或名称,标称属性的值是枚举的；二元属性是标称属性的特例,也是一种布尔属性,对应 0 和 1 两个状态；序数属性的可能值之间存在有意义的序或秩评定,但是相继值之间的差是未知的；数值属性是可以度量的量,用整数或实数值表示,数值属性可以是区间标度的或比率标度的。

(3) 数据的基本统计描述为数据预处理提供了分析的基础。数据概括的基本统计量包括度量数据中心趋势的均值、加权均值、中位数和众数,以及度量数据散布的极差、分位数、四分位数、四分位数极差、方差和标准差等。

(4) 数据可视化技术主要有基于像素的、几何投影、基于图符的和层次化方法。

(5) 数据对象的相似性度量用于聚类、离群点分析等应用中。相似度度量基于相似性矩阵,对每种属性类型或其组合进行相似度计算。

习题 3

扫一扫

自测题

(1) 假设有数据属性取值(以递增序)为 5,9,13,15,16,17,19,21,22,22,25,26,26,29,30,32,39,52。分别计算该列数的均值、中位数、众数,并粗略估计第一四分位数和第三四分位数,绘制该数据的箱线图。

(2) 数据的可视化技术主要有哪些？简述高维数据可视化方法。

(3) 计算数据对象 $x=(2,4,3,6,8,2)$ 和 $y=(1,4,2,7,5,3)$ 之间的欧氏距离、曼哈顿距离和闵可夫斯基距离,其中闵可夫斯基距离中的 p 取值为 3。

(4) 简述标称属性、非对称二元属性、数值属性和词频向量的相似度评价方法。

本章实训：数据探索性分析

对鸢尾花数据进行探索与分析。

1. 导入数据

```
In[1]:    import numpy as np
          import pandas as pd
          from sklearn.datasets import load_iris
          import warnings
          warnings.filterwarnings('ignore')
          iris_data = load_iris()
          iris_df = pd.DataFrame(iris_data.data, columns = iris_data.feature_names)
          print(iris_df.shape)
          iris_df.head()
Out[1]:   (150, 4)
```

	sepal length (cm)	sepal width (cm)	petal length (cm)	petal width (cm)
0	5.1	3.5	1.4	0.2
1	4.9	3.0	1.4	0.2
2	4.7	3.2	1.3	0.2
3	4.6	3.1	1.5	0.2
4	5.0	3.6	1.4	0.2

2. 显示数据集基本信息

```
In[2]:    iris_df.info()
Out[2]:   <class 'pandas.core.frame.DataFrame'>
          RangeIndex: 150 entries, 0 to 149
          Data columns (total 4 columns):
           #    Column              Non-Null Count    Dtype
          ---   ------              --------------    -----
           0    sepal length (cm)   150 non-null      float64
           1    sepal width (cm)    150 non-null      float64
           2    petal length (cm)   150 non-null      float64
           3    petal width (cm)    150 non-null      float64
          dtypes: float64(4)
          memory usage: 4.8 KB
```

3. 显示数据基本统计信息

```
In[3]:    iris_df.describe()
Out[3]:
```

	sepal length (cm)	sepal width (cm)	petal length (cm)	petal width (cm)
count	150.000000	150.000000	150.000000	150.000000
mean	5.843333	3.057333	3.758000	1.199333
std	0.828066	0.435866	1.765298	0.762238
min	4.300000	2.000000	1.000000	0.100000
25%	5.100000	2.800000	1.600000	0.300000
50%	5.800000	3.000000	4.350000	1.300000
75%	6.400000	3.300000	5.100000	1.800000
max	7.900000	4.400000	6.900000	2.500000

4. 计算每个属性的均值和中位数

```
In[4]:    print('均值:',np.mean(iris_data.data,axis = 0))
          print('中位数:',np.median(iris_data.data,axis = 0))
Out[4]:   均值: [5.84333333 3.05733333 3.758      1.19933333]
          中位数: [5.8  3.   4.35 1.3 ]
```

5. 对属性1(花萼长度)进行统计分析

```
In[5]:    feature_1 = iris_data.data[:,0]
          ptp = feature_1.max() - feature_1.min()
          print('花萼长度的极差:','%.3f' % ptp)
          Q3 = np.percentile(feature_1,75)
          print('分位数 Q3 =',Q3)
          Q1 = np.percentile(feature_1,25)
          print('分位数 Q1 =',Q1)
          IQR = Q3 - Q1
          print('四分位数极差 IQR =','%.3f' % IQR)
          min_value = feature_1.min()
          max_value = feature_1.max()
          feature = np.msort(feature_1)
          median_value = (feature[int((150 - 1)/2)] + feature[int(150/2)]) /2
          five = [min_value, Q1, median_value, Q3, max_value]
          print('花萼长度数据的五数概括:',five)
          mean_feature = np.mean(feature_1)             #平均值
          devs = feature_1 - mean_feature               #离差
          var = (devs ** 2).mean()                      #方差:离差平方和的平均值
          print('花萼长度的方差:','%.4f' % var)
          #var = np.var(feature_1)
          # feature_1 的标准差
          std = np.std(feature_1)
          print('花萼长度的标准差:','%.4f' % std)
Out[5]:   花萼长度的极差: 3.600
          分位数 Q3 = 6.4
          分位数 Q1 = 5.1
          四分位数极差 IQR = 1.300
          花萼长度数据的五数概括: [4.3, 5.1, 5.8, 6.4, 7.9]
          花萼长度的方差: 0.6811
          花萼长度的标准差: 0.8253
```

6. 显示各特征的盒图

```
In[6]:    import matplotlib.pyplot as plt
          %matplotlib notebook
          # plt.figure(figsize = (12,9))
          fig, axes = plt.subplots(1,4)
          iris_df.plot(kind = 'box', ax = axes, subplots = True, title = 'All feature boxplots')
          axes[0].set_ylabel(iris_df.columns[0])
          axes[1].set_ylabel(iris_df.columns[1])
          axes[2].set_ylabel(iris_df.columns[2])
          axes[3].set_ylabel(iris_df.columns[3])
          fig.subplots_adjust(wspace = 1, hspace = 1)
          fig.show()
```

Out[6]:

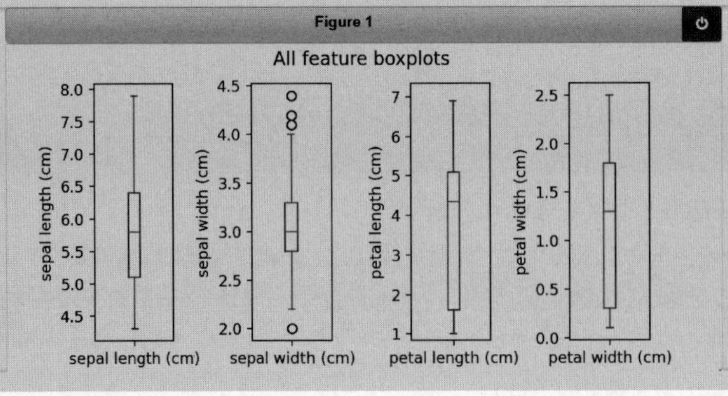

7. 显示各类别鸢尾花的饼图

```
In[7]:  print(iris_data.target_names)
        counts = np.bincount(iris_data.target)
        print('各类型数量: ',counts)
        labels = iris_data.target_names
        sizes = np.bincount(iris_data.target)
        explode = (0.1, 0, 0)
        fig1, ax1 = plt.subplots()
        ax1.pie(sizes, explode = explode, labels = labels, autopct = '%1.2f%%',shadow
        = True, startangle = 0)
        ax1.axis('equal')
        # Equal aspect ratio ensures that pie is drawn as a circle.
        plt.legend(loc = 'upper left')
        plt.show()
Out[7]:
```

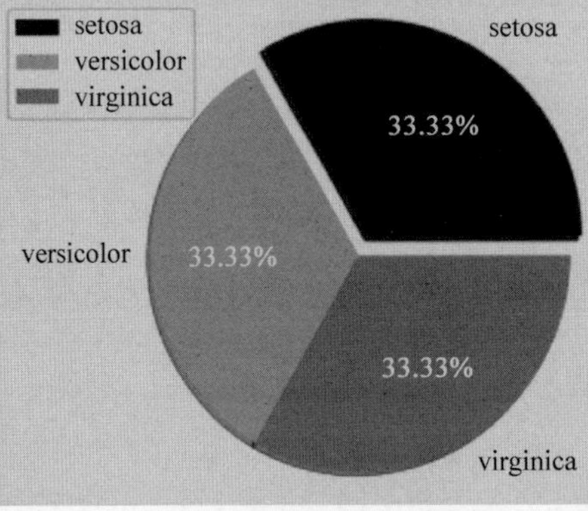

8. 自定义计算欧氏距离的函数,并计算 sample_1 和 sample_2 的距离

```
In[8]:  sample_1 = iris_data.data[0,:]
        sample_2 = iris_data.data[1,:]
        dist = np.sqrt(np.sum(np.square(sample_1 - sample_2)))
        print('%.4f'%dist)
Out[8]: 0.5385
```

9. 自定义闵可夫斯基距离的函数,并计算 sample_1 和 sample_2 的距离

```
In[9]:    def minkowski_distance(vec_1, vec_2, ord = 3):
              return np.linalg.norm(vec_1 - vec_2,ord = ord)
          dist = minkowski_distance(sample_1,sample_2,ord = 2) #p=2
          print('闵可夫斯基距离(p=2): ','%.4f'%dist)
          dist = minkowski_distance(sample_1,sample_2,ord = 4) #p=4
          print('闵可夫斯基距离(p=4): ','%.4f'%dist)
Out[9]:   闵可夫斯基距离(p=2):  0.5385
          闵可夫斯基距离(p=4):  0.5032
```

第 4 章

数据预处理

现实中获得的数据极易受到噪声、缺失值和不一致数据的影响。数据预处理是数据挖掘过程的第一个步骤，主要有数据清洗、数据集成、数据归约和数据变换等方法。

扫一扫

视频讲解

4.1 数据预处理的必要性

数据的质量决定了数据挖掘的效果，因此，在数据挖掘之前要对数据进行预处理以提高数据质量，从而改善数据挖掘的效果。

4.1.1 原始数据中存在的问题

现实世界中的数据大多都是“脏”的，主要存在以下方面的问题。

1. 数据的不一致

原始数据是从各种实际应用系统中获取的。由于各应用系统的数据缺乏统一的标准和定义，数据结构也有较大的差异，因此各系统间的数据存在严重的不一致性。例如，某数据库中不同表中的数据采用了不同的计量单位。

2. 噪声数据

收集数据时很难得到精确的数据，数据采集设备可能会出现故障、数据传输过程中可能会出现错误或存储介质损坏等情况，这些都会导致噪声数据的出现。

3. 缺失值

由于系统设计时可能存在缺陷或在系统使用过程中人为因素的影响，数据记录中可能出现有些数据属性值丢失或不确定的情况，从而造成数据的不完整。例如，数据采集传感器出现故障，导致一部分数据无法采集。

4.1.2　数据质量要求

数据挖掘需要的数据必须是高质量的数据，即数据挖掘所处理的数据必须具有准确性(Correctness)、完整性(Completeness)和一致性(Consistency)等性质。此外，时效性(Timeliness)、可信性(Believability)和可解释性(Interpretability)也会影响数据的质量。

1. 准确性

准确性是指数据记录的信息是否存在异常或错误。

2. 完整性

完整性是指数据信息是否存在缺失的情况。数据缺失可能是整条数据记录的缺失，也可能是数据中某个属性值的缺失。

3. 一致性

一致性是指数据是否遵循了统一的规范，数据集合是否保持了统一的格式。

4. 时效性

时效性是指某些数据是否能及时更新。更新时间越短，时效性越强。

5. 可信性

可信性是指用户信赖的数据的数量。用户信赖的数据越多，可信性越强。

6. 可解释性

可解释性是指数据自身是否易于理解。数据的自身越容易被人理解，可解释性越强。

针对数据中存在的问题和数据质量要求，数据预处理过程主要包括数据清洗、数据集成、数据归约和数据变换等方法。

4.2　数据清洗

现实世界中的数据一般是不完整的、有噪声的或不一致的“脏”数据，无法直接进行数据挖掘或挖掘结果无法令人满意。数据清洗试图填充缺失的数据值、光滑噪声、识别离群点并纠正数据中的不一致。

扫一扫

视频讲解

4.2.1 数据清洗方法

1. 缺失值的处理

数据在收集和保存过程中，由于机械故障或人为的主观失误、历史局限或有意隐瞒等因素，会造成数据的缺失。对缺失值的处理主要有以下方法。

1）忽略元组

一般缺少类标号时直接忽略元组。除非元组有多个属性缺少值，否则该方法不是很有效。当每个属性缺失值的百分比变化很大时，它的性能特别差。采用忽略元组的方法会导致不能使用该元组的剩余属性值，而这些数据可能对数据分析是有用的。

2）人工填写缺失值

一般来说，该方法很费时，并且当数据集很大、缺失很多值时，该方法不太可行。

3）使用一个全局常量填充缺失值

将缺失的属性值用同一个常量（如 Unknown 或 $-\infty$）填充。如果缺失值都用 Unknown 替换，则挖掘程序可能误以为它们形成了一个有趣的概念，因为它们都具有相同的值。因此，尽管该方法简单，但是并不十分可靠。

4）使用属性的中心趋势度量（如均值或中位数）填充缺失值

中心趋势度量指示数据分布的“中间”值。对于正常的“对称的”数据分布，可以使用均值；对于倾斜数据分布应该使用中位数填充。例如，假定有一个员工收入数据表，其中包含“年龄”和“年收入”字段。如果数据中员工的年收入数据分布是对称的，则可以用所有员工的年收入平均值填充“年收入”字段的缺失值。

5）使用与给定元组属于同一类的所有样本的属性均值或中位数填充缺失值

例如，可以将员工按照年龄进行分类，然后使用处于相同年龄段员工的年收入均值填充“年收入”字段的缺失值。如果给定类的数据分布是倾斜的，则中位数是更好的选择。

6）使用最可能的值填充缺失值

可以用回归、贝叶斯形式化方法的基于推理的工具或决策树归纳确定。例如，利用数据集中其他顾客的属性，可以构造一棵决策树，来预测缺失值。

2. 噪声数据的处理

噪声（Noise）是被测量的随机误差或方差。噪声的处理方法一般有分箱、回归和离群点分析等。

1）分箱

分箱（Binning）方法通过考查数据的“近邻”（即周围的值）来光滑有序数据值。这些有序的数值被划分到一些“桶”或“箱”中。由于分箱方法考查近邻的值，因此它进行的是局部光滑。类似地，可以使用箱中数据的中位数光滑，此时，箱中的每一个值都被替换为该箱中的中位数。对于用箱边界光滑，给定箱中的最大值和最小值同样被视为箱边界，而箱中的每一个值都被替换为箱边界值。一般而言，宽度越大，光滑效果越明显。

2）回归

回归（Regression）用一个函数拟合数据来光滑数据。线性回归涉及找出拟合两个属性(或变量)的“最佳”直线,使一个属性可以用来预测另一个。多元线性回归是线性回归的扩充,其中涉及的属性多于两个,并且数据被拟合到一个多维曲面。

3) 离群点分析

离群点分析(Outlier Analysis)可以通过聚类等方法检测离群点。聚类将类似的值组织成群或簇。直观地,将落在簇集合之外的值视为离群点。

扫一扫

视频讲解

4.2.2 利用 Pandas 进行数据清洗

在许多数据分析工作中,经常会有缺失数据的情况。Pandas 的目标之一就是尽量轻松地处理缺失数据。

1. 缺失值的检测与统计

Pandas 对象的所有描述性统计默认都不包括缺失数据。对于数值数据,Pandas 使用浮点值 NaN 表示缺失数据。

1) 缺失值的检测与统计

isnull()函数可以直接判断该列中的哪个数据为 NaN。

【例 4-1】 利用 isnull()函数检测缺失值。

```
In[1]:    string_data = pd.Series(['aardvark', 'artichoke', np.nan, 'avocado'])
          print(string_data)
          string_data.isnull()
Out[1]:   0      aardvark
          1      artichoke
          2          NaN
          3       avocado
          dtype: object
          0    False
          1    False
          2    True
          3    False
          dtype: bool
```

在 Pandas 中,缺失值表示为 NA,它表示不可用(Not Available)。在统计应用中,NA 数据可能是不存在的数据,或者是存在却没有观察到的数据(如数据采集中发生了问题)。当清洗数据用于分析时,最好直接对缺失数据进行分析,以判断数据采集问题或缺失数据可能导致的偏差。Python 内置的 None 值也会被当作 NA 处理。

【例 4-2】 Series 中的 None 值处理。

```
In[2]:    string_data = pd.Series(['aardvark', 'artichoke',np.nan, 'avocado'])
          string_data.isnull()
Out[2]:   0    False
          1    False
          2    True
          3    False
          dtype: bool
```

2）缺失值的统计

【例 4-3】 利用 isnull(). sum()方法统计缺失值。

```
In[3]:    df = pd.DataFrame(np.arange(12).reshape(3,4),columns = ['A','B','C','D'])
          df.iloc[2,:] = np.nan
          df[3] = np.nan
          print(df)
          df.isnull().sum()
Out[3]:        A    B    C    D    3
          0  0.0  1.0  2.0  3.0  NaN
          1  4.0  5.0  6.0  7.0  NaN
          2  NaN  NaN  NaN  NaN  NaN
          A    1
          B    1
          C    1
          D    1
          3    3
          dtype: int64
```

另外,通过 info()方法,也可以查看 DataFrame 每列数据的缺失情况。

【例 4-4】 利用 info()方法查看 DataFrame 的缺失值。

```
In[4]:    df.info()
Out[4]:   <class 'pandas.core.frame.DataFrame'>
          RangeIndex: 3 entries, 0 to 2
          Data columns (total 5 columns):
          A    2 non-null float64
          B    2 non-null float64
          C    2 non-null float64
          D    2 non-null float64
          3    0 non-null float64
          dtypes: float64(5)
          memory usage: 200.0 bytes
```

2. 缺失值的处理

1）删除缺失值

在缺失值的处理方法中,删除缺失值是常用的方法之一。通过 dropna()函数可以删除具有缺失值的行。

dropna()函数的语法格式为

```
dropna(axis = 0, how = 'any', thresh = None, subset = None, inplace = False)
```

dropna()函数的主要参数及其说明如表 4-1 所示。

表 4-1 dropna()函数的主要参数及其说明

参　数	说　明
axis	默认为 axis=0,当某行出现缺失值时,将该行丢弃并返回；当 axis=1 时,为某列出现缺失值,将该列丢弃

续表

参　数	说　明
how	确定缺失值个数，默认 how='any'表明，只要某行有缺失值就将该行丢弃；how='all'表明某行全部为缺失值才将其丢弃
thresh	阈值设定，行列中非默认值的数量小于给定的值，就将该行丢弃
subset	部分标签中删除某行列，如 subset=['a','d']，即丢弃子列 a 和 d 中含有缺失值的行
inplace	布尔值，默认为 False，当 inplace=True 时，即对原数据操作，无返回值

对于 Series，dropna()函数返回一个仅含非空数据和索引值的 Series。

【例 4-5】 Series 的 dropna()函数用法。

```
In[5]:    from numpy import nan as NA
          data = pd.Series([1, NA, 3.5, NA, 7])
          print(data)
          print(data.dropna())
Out[5]:   0    1.0
          1    NaN
          2    3.5
          3    NaN
          4    7.0
          dtype: float64
          0    1.0
          2    3.5
          4    7.0
          dtype: float64
```

当然，也可以通过布尔型索引达到这个目的。

【例 4-6】 布尔型索引选择过滤非缺失值。

```
In[6]:    not_null = data.notnull()
          print(not_null)
          print(data[not_null])
Out[6]:   0     True
          1    False
          2     True
          3    False
          4     True
          dtype: bool
          0    1.0
          2    3.5
          4    7.0
          dtype: float64
```

对于 DataFrame 对象，dropna()函数默认丢弃任何含有缺失值的行。

【例 4-7】 DataFrame 对象的 dropna()函数默认参数使用。

```
In[7]:    from numpy import nan as NA
          data = pd.DataFrame([[1., 5.5, 3.], [1., NA, NA],[NA, NA, NA],
          [NA, 5.5, 3.]])
          print(data)
```

```
        cleaned = data.dropna()
        print('删除缺失值后的:\n',cleaned)

Out[7]:      0    1    2
        0  1.0  5.5  3.0
        1  1.0  NaN  NaN
        2  NaN  NaN  NaN
        3  NaN  5.5  3.0
        删除缺失值后的:
             0    1    2
        0  1.0  5.5  3.0
```

传入 how='all'将只丢弃全为 NA 的那些行。

【例 4-8】 传入参数 how='all'。

```
In[8]:  data = pd.DataFrame([[1., 5.5, 3.], [1., NA, NA],[NA, NA, NA],
        [NA, 5.5, 3.]])
        print(data)
        print(data.dropna(how = 'all'))
Out[8]:      0    1    2
        0  1.0  5.5  3.0
        1  1.0  NaN  NaN
        2  NaN  NaN  NaN
        3  NaN  5.5  3.0

             0    1    2
        0  1.0  5.5  3.0
        1  1.0  NaN  NaN
        3  NaN  5.5  3.0
```

如果用同样的方式丢弃 DataFrame 的列,只须传入 axis=1 即可。

【例 4-9】 dropna()函数中的 axis 参数应用。

```
In[9]:  data = pd.DataFrame([[1., 5.5, NA], [1., NA, NA],[NA, NA, NA], [NA, 5.5, NA]])
        print(data)
        print(data.dropna(axis = 1, how = 'all'))
Out[9]:      0    1    2
        0  1.0  5.5  NaN
        1  1.0  NaN  NaN
        2  NaN  NaN  NaN
        3  NaN  5.5  NaN

             0    1
        0  1.0  5.5
        1  1.0  NaN
        2  NaN  NaN
        3  NaN  5.5
```

可以使用 thresh 参数,当传入 thresh=N 时,表示要求一行至少具有 N 个非 NaN 才能保留。

【例 4-10】 dropna()函数的 thresh 参数应用。

```
In[10]:     df = pd.DataFrame(np.random.randn(7, 3))
            df.iloc[:4, 1] = NA
            df.iloc[:2, 2] = NA
            print(df)
            print(df.dropna(thresh = 2))
Out[10]:             0          1          2
            0   0.176209        NaN        NaN
            1  -0.871199        NaN        NaN
            2   1.624651        NaN   0.829676
            3  -0.286038        NaN  -1.809713
            4  -0.640662   0.666998  -0.032702
            5  -0.453412  -0.708945   1.043190
            6  -0.040305  -0.290658  -0.089056

                     0          1          2
            2   1.624651        NaN   0.829676
            3  -0.286038        NaN  -1.809713
            4  -0.640662   0.666998  -0.032702
            5  -0.453412  -0.708945   1.043190
            6  -0.040305  -0.290658  -0.089056
```

2）填充缺失值

直接删除缺失值并不是一种很好的方法，可以用一个特定的值替换缺失值。缺失值所在的特征为数值型时，通常利用其均值、中位数和众数等描述其集中趋势的统计量填充；缺失值所在特征为类别型数据时，则选择众数填充。Pandas 库中提供了缺失值替换的方法 fillna()。

fillna()函数的格式如下，主要参数及其说明如表 4-2 所示。

```
pandas.DataFrame.fillna(value = None, method = None, axis = None, inplace = False, limit = None)
```

表 4-2 fillna()函数的主要参数及其说明

参 数	说 明
value	用于填充缺失值的标量值或字典对象
method	插值方式
axis	待填充的轴，默认 axis=0
inplace	修改调用者对象而不产生副本
limit	（对于前向和后向填充）可以连续填充的最大数量

通过对一个常数调用 fillna()函数，就会将缺失值替换为这个常数值，如 df.fillna(0)为用零代替缺失值。也可以对一个字典调用 fillna()，就可以实现对不同的列填充不同的值。

【例 4-11】 通过字典形式填充缺失值。

```
In[11]:     df = pd.DataFrame(np.random.randn(5,3))
            df.loc[:3,1] = NA
            df.loc[:2,2] = NA
```

```
            print(df)
            print(df.fillna({1:0.88,2:0.66}))
Out[11]:           0          1          2
            0   0.861692        NaN        NaN
            1   0.911292        NaN        NaN
            2   0.465258        NaN        NaN
            3  -0.797297        NaN  -0.342404
            4   0.658408   0.872754  -0.108814

                   0          1          2
            0   0.861692   0.880000   0.660000
            1   0.911292   0.880000   0.660000
            2   0.465258   0.880000   0.660000
            3  -0.797297   0.880000  -0.342404
            4   0.658408   0.872754  -0.108814
```

fillna()函数默认返回新对象，但也可以通过设置参数 inplace=True 对现有对象进行就地修改。对 reindex()函数有效的那些插值方法也可用于 fillna()函数。

【例 4-12】 fillna()函数中参数 method 的应用。

```
In[12]:     df = pd.DataFrame(np.random.randn(6, 3))
            df.iloc[2:, 1] = NA
            df.iloc[4:, 2] = NA
            print(df)
            print(df.fillna(method = 'ffill'))
Out[12]:           0          1          2
            0  -1.180338  -0.663622   0.952264
            1  -0.219780  -1.356420   0.742720
            2  -2.169303        NaN   1.129426
            3   0.139349        NaN  -1.463485
            4   1.327619        NaN        NaN
            5   0.834232        NaN        NaN

                   0          1          2
            0  -1.180338  -0.663622   0.952264
            1  -0.219780  -1.356420   0.742720
            2  -2.169303  -1.356420   1.129426
            3   0.139349  -1.356420  -1.463485
            4   1.327619  -1.356420  -1.463485
            5   0.834232  -1.356420  -1.463485
```

可以利用 fillna()函数实现许多别的功能，如传入 Series 的均值或中位数。

【例 4-13】 用 Series 的均值填充。

```
In[13]:     data = pd.Series([1., NA, 3.5, NA, 7])
            data.fillna(data.mean())
Out[13]:    0    1.000000
            1    3.833333
            2    3.500000
            3    3.833333
            4    7.000000
            dtype: float64
```

【例 4-14】 DataFrame 中用均值填充。

```
In[14]:    df = pd.DataFrame(np.random.randn(4, 3))
           df.iloc[2:, 1] = NA
           df.iloc[3:, 2] = NA
           print(df)
           df[1] = df[1].fillna(df[1].mean())
           print(df)
Out[14]:           0         1         2
           0  0.656155  0.008442  0.025324
           1  0.160845  0.829127  1.065358
           2 -0.321155       NaN -0.955008
           3  0.953510       NaN       NaN

                   0         1         2
           0  0.656155  0.008442  0.025324
           1  0.160845  0.829127  1.065358
           2 -0.321155  0.418785 -0.955008
           3  0.953510  0.418785       NaN
```

3. 数据值替换

数据值替换是将查询到的数据替换为指定数据。在 Pandas 中通过 replace()方法进行数据值的替换。

【例 4-15】 使用 replace()方法替换数据值。

```
In[15]:    data = {'姓名':['张三','小明','马芳','国志'],'性别':['0','1','0','1'],
           '籍贯':['北京','甘肃','','上海']}
           df = pd.DataFrame(data)
           df = df.replace('','不详')
           print(df)
Out[15]:     姓名  性别  籍贯
           0 张三    0   北京
           1 小明    1   甘肃
           2 马芳    0   不详
           3 国志    1   上海
```

也可以同时对不同值进行多值替换，参数传入的方式可以是列表，也可以是字典。传入的列表中，第一个列表为被替换的值，第二个列表为对应替换的值。

【例 4-16】 传入列表实现多值替换。

```
In[16]:    df = df.replace(['不详','甘肃'],['兰州','兰州'])
           print(df)
Out[16]:     姓名  性别  籍贯
           0 张三    0   北京
           1 小明    1   兰州
           2 马芳    0   兰州
           3 国志    1   上海
```

【例 4-17】 传入字典实现多值替换。

```
In[17]:     df = df.replace({'1':'男','0':'女'})
            print(df)
Out[17]:      姓名   性别   籍贯
            0 张三    女   北京
            1 小明    男   兰州
            2 马芳    女   兰州
            3 国志    男   上海
```

4. 利用函数或映射进行数据转换

在数据分析中,经常需要进行数据的映射或转换,在 Pandas 中可以自定义函数,然后通过 map()方法实现。

【例 4-18】 map()方法映射数据。

```
In[18]:     data = {'姓名':['张三','小明','马芳','国志'],'性别':['0','1','0','1'],
            '籍贯':['北京','兰州','兰州','上海']}
            df = pd.DataFrame(data)
            df['成绩'] = [58,86,91,78]
            print(df)
            def grade(x):
                if x>=90:
                    return '优'
                elif 70<=x<90:
                    return '良'
                elif 60<=x<70:
                    return '中'
                else:
                    return '差'
            df['等级'] = df['成绩'].map(grade)
            print(df)
Out[18]:      姓名 性别  籍贯  成绩
            0 张三   0  北京   58
            1 小明   1  兰州   86
            2 马芳   0  兰州   91
            3 国志   1  上海   78

              姓名 性别  籍贯  成绩  等级
            0 张三   0  北京   58   差
            1 小明   1  兰州   86   良
            2 马芳   0  兰州   91   优
            3 国志   1  上海   78   良
```

5. 异常值的检测与处理

异常值是指数据中存在的数值明显偏离其余数据的值。异常值的存在会严重干扰数据分析的结果,因此经常要检验数据中是否有输入错误或含有不合理的数据。在利用简单的数据统计方法中,一般常用散点图、箱线图和 3σ 法则检测异常值。

1）散点图方法

通过数据分布的散点图可以发现异常值。

【例 4-19】 利用散点图检测异常值。

```
In[19]:    wdf = pd.DataFrame(np.arange(20),columns = ['W'])
           wdf['Y'] = wdf['W'] * 1.5 + 2
           wdf.iloc[3,1] = 128
           wdf.iloc[18,1] = 150
           wdf.plot(kind = 'scatter',x = 'W',y = 'Y')
```

输出结果如图 4-1 所示。

<matplotlib.axes._subplots.AxesSubplot at 0x2680853ca20>

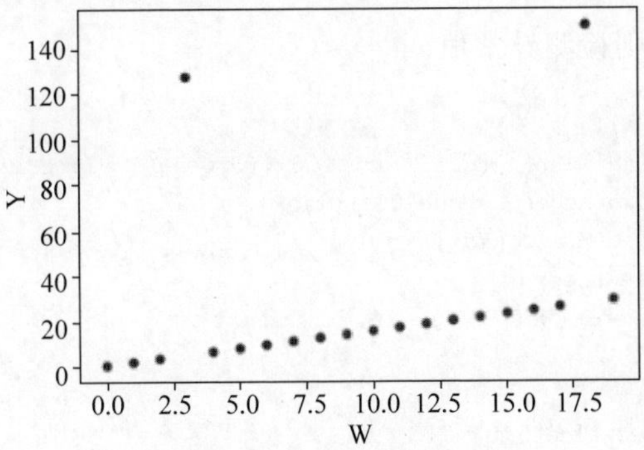

图 4-1　散点图检测异常值

2）箱线图分析

箱线图利用数据中的 5 个统计量（最小值、第一四分位数 Q_1、中位数 Q_2、第三四分位数 Q_3 和最大值）描述数据，它也可以粗略地看出数据是否具有对称性、分布的分散程度等信息。利用箱线图检测异常值时，将最大（最小）值设置为与四分位数 Q_3 和 Q_2 间距为 1.5 个 IQR（$IQR=Q_3-Q_1$）的值，即 $min=Q_1-1.5IQR$，$max=Q_3+1.5IQR$，小于 min 和大于 max 的值被认为是异常值。

【例 4-20】 利用箱线图分析异常值。

```
In[20]:    fig= wdf.boxplot(column = ['Y'],return_type = 'dict')
           min = fig['caps'][0].get_ydata()[0]        #获取下边缘值
           max = fig['caps'][1].get_ydata()[0]        #获取上边缘值
           print('max = ',max,'; min = ',min)
           print('离群点的索引是：')
           print(wdf[(wdf['Y']< min)|(wdf['Y']> max)].index)
```

输出结果如图 4-2 所示。

3）3σ 法则

如果数据服从正态分布，在 3σ 法则下，异常值被定义为一组测定值中与均值的偏差超过 3 倍标准差（σ）的值，因为在正态分布的假设下，距离均值 3σ 之外的值出现的概率小于 0.003。因此，根据小概率事件，可以认为超出 3σ 之外的值为异常数据。

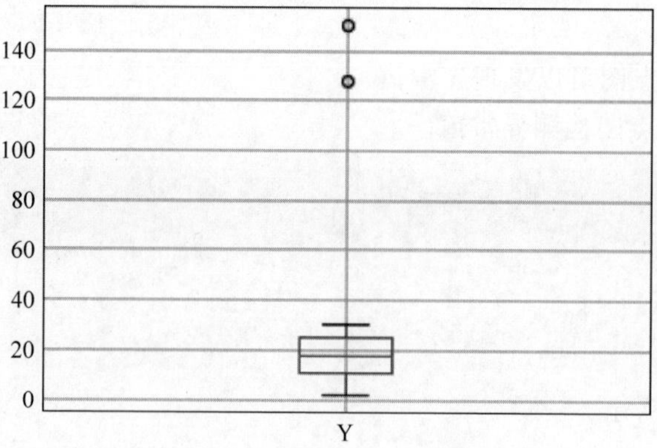

图 4-2　箱线图分析异常值

【例 4-21】　利用 3σ 法则检测异常值。

```
In[21]:    def outRange(S):
               blidx = (S.mean() - 3 * S.std()> S)|(S.mean() + 3 * S.std()< S)
               idx = np.arange(S.shape[0])[blidx]
               outRange = S.iloc[idx]
               return outRange
           outier = outRange(wdf['Y'])
           outier
Out[21]:   18    150.0
           Name: Y, dtype: float64
```

检测到异常值后,需要对其进一步处理。常用的异常值处理方法一般有以下几种。

(1) 删除记录。直接将含有异常值的数据删除。

(2) 视为缺失值。将异常值视为缺失值,利用处理缺失值的方法进行处理。

(3) 平均值修正。可以用前后两个观测值的平均值修正该异常值。

(4) 不处理。直接在具有异常值的数据集上进行数据分析与挖掘。

是否要删除异常值可根据实际情况考虑,因为有些模型对异常值不敏感,即使有异常值也不影响模型效果,但是有些模型,如逻辑回归和决策树等模型,对异常值很敏感,如果不进行处理,会出现过拟合等影响。

4.3　数据集成

有时需要挖掘的数据可能来自多个数据源,导致数据存在冗余与不一致的情况,此时就需要对数据进行集成。数据集成是将多个数据源中的数据合并,存放于一个一致的数据存储中。

扫一扫

视频讲解

4.3.1　数据集成过程中的关键问题

1. 实体识别

实体识别问题是数据集成中的首要问题,因为来自多个信息源的现实世界的等价实体才能匹配。例如，在数据集成中如何判断一个数据库中的 customer_id 和另一数据库中的 cust_no 是指相同的属性？每个属性的元数据包含了属性名称、数据类型和属性的取值范围，因此，元数据可以用来避免模式集成的错误。在数据集成过程中，当一个数据库的属性与另一个数据库的属性匹配时，必须注意数据的结构，以确保源系统中函数依赖和参数约束与目标系统中的匹配。

2. 数据冗余和相关分析

冗余是数据集成的另一重要问题。如果一个属性能由另一个或另一组属性值“推导”出，则这个属性可能是冗余的。属性命名不一致也会导致结果数据集中的冗余。有些冗余可以被相关分析检测到，对于标称属性，使用 χ^2（卡方）检验；对于数值属性，可以使用相关系数（Correlation Coefficient）和协方差（Covariance）评估属性间的相关性。

1）标称属性的 χ^2 检验

对于标称属性 A 和 B 之间的相关性，可以通过 χ^2 检验进行分析。假设 A 有 c 个不同的取值 $a_1, a_2, \cdots, a_c$，B 有 r 个不同的取值 $b_1, b_2, \cdots, b_r$。用 A 和 B 描述的数据元组可以用一个相依表显示，其中 A 的 c 个值构成列，B 的 r 个值构成行。令 (A_i, B_j) 表示属性 A 取 a_i，B 取 b_j 的联合事件，即 $(A=a_i, B=b_j)$。χ^2 值（又称为 Pearson χ^2 统计量）的计算式为

$$\chi^2 = \sum_{i=1}^{c}\sum_{j=1}^{r}\frac{(o_{ij}-e_{ij})^2}{e_{ij}} \tag{4.1}$$

其中，o_{ij} 为联合事件 (A_i, B_j) 的观测频度；e_{ij} 为 (A_i, B_j) 的期望频度，计算式为

$$e_{ij} = \frac{\text{count}(A=a_i)\times\text{count}(B=b_j)}{n} \tag{4.2}$$

其中，n 为数据元组个数；$\text{count}(A=a_i)$ 为 A 上具有值 a_i 的元组个数；$\text{count}(B=b_j)$ 为 B 上具有值 b_j 的元组个数。

2）数值属性的相关系数

对于数值数据，可以通过计算属性 A 和 B 的相关系数（又称为 Pearson 积矩系数）分析其相关性。相关系数 $r_{A,B}$ 定义为

$$r_{A,B} = \frac{\sum_{1}^{n}(a_i-\bar{A})(b_i-\bar{B})}{n\sigma_A\sigma_B} = \frac{\sum_{1}^{n}(a_ib_i)-n\bar{A}\bar{B}}{n\sigma_A\sigma_B} \tag{4.3}$$

其中，n 为元组个数；a_i 和 b_i 为元组 i 在 A 和 B 上的值；$\bar{A}$ 和 $\bar{B}$ 为 A 和 B 的均值；σ_A 和 σ_B 为 A 和 B 的标准差。$-1\leqslant r_{A,B}\leqslant 1$，如果相关系数 $r_{A,B}=0$，则 A 与 B 是独立的，它们之间不存在相关性；如果 $r_{A,B}<0$，则 A 与 B 负相关，一个值随另一个值减少而增加；如果 $r_{A,B}>0$，则 A 与 B 正相关，一个值随另一个值增加而增加，值越大，相关性越强。

3）数值属性的协方差

在概率论和统计学中，协方差用于衡量两个变量的总体误差。而方差是协方差的一种特殊情况，即当两个变量相同时的情况。

期望值分别为 $E[X]$ 和 $E[Y]$ 的两个随机变量 X 和 Y 之间的协方差 $\mathrm{Cov}(X,Y)$ 定义为

$$\mathrm{Cov}(X,Y)=E[(X-E(X))(Y-E(Y))]=E(XY)-E(X)E(Y) \quad (4.4)$$

如果两个变量的变化趋势一致,也就是说其中一个变量大于自身的期望值时,另一个变量也大于自身的期望值,那么两个变量之间的协方差就是正值;如果两个变量的变化趋势相反,即其中一个变量大于自身的期望值时,另一个变量却小于自身的期望值,那么两个变量之间的协方差就是负值。

【例 4-22】 利用 Python 计算属性间的相关性。

```
In[22]:    import pandas as pd
           import numpy as np
           a = [47, 83, 81, 18, 72, 41, 50, 66, 47, 20, 96, 21, 16, 60, 37, 59, 22, 16, 32, 63]
           b = [56, 96, 84, 21, 87, 67, 43, 64, 85, 67, 68, 64, 95, 58, 56, 75, 6, 11, 68, 63]
           data = np.array([a, b]).T
           dfab = pd.DataFrame(data, columns = ['A', 'B'])
           # display(dfab)
           print('属性 A 和 B 的协方差: ',dfab.A.cov(dfab.B))
           print('属性 A 和 B 的相关系数: ',dfab.A.corr(dfab.B))
Out[22]:   属性 A 和 B 的协方差: 310.2157894736842
           属性 A 和 B 的相关系数: 0.49924871046524394
```

3. 元组重复

除了检查属性的冗余之外,还要检测重复的元组,如给定唯一的数据实体,存在两个或多个相同元组的现象。

4. 数据值冲突检测与处理

数据集成还涉及数据值冲突检测与处理。例如,不同学校的学生交换信息时,由于不同学校有各自的课程计划和评分方案,同一门课的成绩采取的评分形式也有可能不同,如十分制或百分制,这样会使信息交换非常困难。

扫一扫

视频讲解

4.3.2 利用 Pandas 合并数据

在实际的数据分析中,可能有不同的数据来源,因此,需要对数据进行合并处理。

1. 使用 merge()函数进行数据合并

Python 中的 merge()函数通过一个或多个键将两个 DataFrame 按行合并起来,与 SQL 中的 join 用法类似。Pandas 中的 merge()函数的语法格式为

```
merge(left, right, how = 'inner', on = None, left_on = None, right_on = None, left_index =
False, right_index = False, sort = False, suffixes = ('_x', '_y'), copy = True, indicator =
False, validate = None)
```

merge()函数的主要参数及其说明如表 4-3 所示。

表 4-3　merge()函数的主要参数及其说明

参　数	说　明
left	参与合并的左侧 DataFrame
right	参与合并的右侧 DataFrame
how	连接方法：inner、left、right、outer
on	用于连接的列名
left_on	左侧 DataFrame 中用于连接键的列
right_on	右侧 DataFrame 中用于连接键的列
left_index	左侧 DataFrame 中行索引作为连接键
right_index	右侧 DataFrame 中行索引作为连接键
sort	合并后会对数据排序，默认为 True
suffixes	修改重复名

【例 4-23】　merge()函数的默认合并数据。

```
In[23]:   price = pd.DataFrame({'fruit':['apple','grape',
          'orange','orange'],'price':[8,7,9,11]})
          amount = pd.DataFrame({'fruit':['apple','grape',
          'orange'],'amount':[5,11,8]})
          display(price,amount,pd.merge(price,amount))
```

输出结果如图 4-3 所示。

	fruit	price
0	apple	8
1	grape	7
2	orange	9
3	orange	11

	fruit	amout
0	apple	5
1	grape	11
2	orange	8

	fruit	price	amout
0	apple	8	5
1	grape	7	11
2	orange	9	8
3	orange	11	8

图 4-3　merge()函数的默认合并数据

由于两个 DataFrame 都有 fruit 列，所以默认按照该列进行合并，默认 how='inner'，即 pd. merge(amount,price,on='fruit',how='inner')。如果两个 DataFrame 的列名不同，可以单独指定。

【例 4-24】　指定合并时的列名。

```
In[24]:   display(pd.merge(price,amount,left_on = 'fruit',right_on = 'fruit'))
```

输出结果如图 4-4 所示。

合并时默认是内连接(inner),即返回交集。通过 how 参数可以选择连接方法：左连接(left)、右连接(right)和外连接(outer)。

【例 4-25】 左连接。

```
In[25]:    display(pd.merge(price,amount,how = 'left'))
```

输出结果如图 4-5 所示。

【例 4-26】 右连接。

```
In[26]:    display(pd.merge(price,amount,how = 'right'))
```

输出结果如图 4-6 所示。

	fruit	price	amout
0	apple	8	5
1	grape	7	11
2	orange	9	8
3	orange	11	8

图 4-4 指定合并时的列名

	fruit	price	amout
0	apple	8	5
1	grape	7	11
2	orange	9	8
3	orange	11	8

图 4-5 左连接

	fruit	price	amout
0	apple	8	5
1	grape	7	11
2	orange	9	8
3	orange	11	8

图 4-6 右连接

也可以通过多个键进行合并。

【例 4-27】 通过多个键合并。

```
In[27]:    left = pd.DataFrame({'key1':['one','one','two'],
           'key2':['a','b','a'],'value1':range(3)})
           right = pd.DataFrame({'key1':['one','one','two','two'],
           'key2':['a','a','a','b'],'value2':range(4)})
           display(left,right,pd.merge(left,right,on = ['key1','key2'],how = 'left'))
```

输出结果如图 4-7 所示。

	key1	key2	value1
0	one	a	0
1	one	b	1
2	two	a	2

	key1	key2	value2
0	one	a	0
1	one	a	1
2	two	a	2
3	two	b	3

	key1	key2	value1	value2
0	one	a	0	0.0
1	one	a	0	1.0
2	one	b	1	NaN
3	two	a	2	2.0

图 4-7 通过多个键合并

在合并时会出现重复列名,虽然可以人为进行重复列名的修改,但 merge()函数提供了 suffixes 参数,用于处理该问题。

【例 4-28】 merge()函数中 suffixes 参数的应用。

```
In[28]:    print(pd.merge(left,right,on = 'key1'))
           print(pd.merge(left,right,on = 'key1',suffixes = ('_left','_right')))
Out[28]:     key1  key2_x   value1  key2_y  value2
           0  one      a        0      a       0
           1  one      a        0      a       1
           2  one      b        1      a       0
           3  one      b        1      a       1
           4  two      a        2      a       2
           5  two      a        2      b       3
             key1  key2_left value1 key2_right value2
           0  one      a        0      a       0
           1  one      a        0      a       1
           2  one      b        1      a       0
           3  one      b        1      a       1
           4  two      a        2      a       2
           5  two      a        2      b       3
```

2. 使用 concat()函数进行数据连接

如果要合并的 DataFrame 之间没有连接键，就无法使用 merge()函数。Pandas 中的 concat()函数可以实现，默认情况下会按行的方向堆叠数据。如果要在列向上连接，设置 axis=1 即可。

【例 4-29】 两个 Series 的数据连接。

```
In[29]:    s1 = pd.Series([0,1],index = ['a','b'])
           s2 = pd.Series([2,3,4],index = ['a','d','e'])
           s3 = pd.Series([5,6],index = ['f','g'])
           print(pd.concat([s1,s2,s3]))              #Series 行合并
Out[29]:   a    0
           b    1
           a    2
           d    3
           e    4
           f    5
           g    6
           dtype: int64
```

【例 4-30】 两个 DataFrame 的数据连接。

```
In[30]:    data1 = pd.DataFrame(np.arange(6).reshape(2,3),columns = list('abc'))
           data2 = pd.DataFrame(np.arange(20,26).reshape(2,3),columns = list('ayz'))
           data = pd.concat([data1,data2],axis = 0)
           display(data1,data2,data)
```

输出结果如图 4-8 所示。

可以看出，连接方式为外连接(并集)，通过传入 join='inner'可以实现内连接，join 缺省为“outer”。

【例 4-31】 指定索引顺序。

```
In[31]:    import pandas as pd
           s1 = pd.Series([0,1],index = ['a','b'])
           s2 = pd.Series([2,3,4],index = ['a','d','e'])
           s3 = pd.Series([5,6],index = ['f','g'])
           s4 = pd.concat([s1 * 5,s3],sort = False)
           s5 = pd.concat([s1,s4],axis = 1,sort = False)
           s6 = pd.concat([s1,s4],axis = 1,join = 'inner',sort = False)
           display(s5,s6)
```

输出结果如图 4-9 所示。

	a	b	c
0	0	1	2
1	3	4	5

	a	y	z
0	20	21	22
1	23	24	25

	a	b	c	y	z
0	0	1.0	2.0	NaN	NaN
1	3	4.0	5.0	NaN	NaN
0	20	NaN	NaN	21.0	22.0
1	23	NaN	NaN	24.0	25.0

图 4-8 两个 DataFrame 的数据连接

	0	1
a	0.0	0
b	1.0	5
f	NaN	5
g	NaN	6

	0	1
a	0	0
b	1	5

图 4-9 指定索引顺序

3. 使用 combine_first()函数合并数据

如果需要合并的两个 DataFrame 存在重复索引，则使用 merge()和 concat()函数都无法正确合并，此时需要使用 combine_first()函数。数据 w1 和 w2 如图 4-10 所示。

【例 4-32】 使用 combine_first()函数合并 w1 和 w2。

```
In[32]:    w1.combine_first(w2)
```

输出结果如图 4-11 所示。

	0	1
a	0	0
b	1	5

(a) w1

	0	1
a	0.0	0
b	1.0	5
f	NaN	5
g	NaN	6

(b) w2

图 4-10 数据 w1 和 w2

	0	1
a	0.0	0.0
b	1.0	5.0
f	NaN	5.0
g	NaN	6.0

图 4-11 使用 combine_first()函数合并 w1 和 w2

4.4 数据标准化

不同特征往往具有不同的量纲，由此造成数值间的差异很大。因此，为了消除特征之间量纲和取值范围的差异可能造成的影响，需要对数据进行标准化处理。

4.4.1 离差标准化数据

离差标准化是对原始数据所做的一种线性变换，将原始数据的数值映射到[0,1]区间，如式(4.5)所示。

$$x_1 = \frac{x - \min}{\max - \min} \tag{4.5}$$

【例 4-33】 数据的离差标准化。

```
In[33]:    def MinMaxScale(data):
               data = (data - data.min())/(data.max() - data.min())
               return data
           x = np.array([[ 1., -1.,  2.],[ 2.,  0.,  0.],[ 0.,  1., -1.]])
           print('原始数据为: \n',x)
           x_scaled = MinMaxScale(x)
           print('标准化后矩阵为:\n',x_scaled,end = '\n')
Out[33]:   原始数据为:
            [[ 1. -1.  2.]
            [ 2.  0.  0.]
            [ 0.  1. -1.]]
           标准化后矩阵为:
            [[0.66666667 0.         1.        ]
            [1.         0.33333333 0.33333333]
            [0.33333333 0.66666667 0.        ]]
```

4.4.2 标准差标准化数据

标准差标准化又称为零均值标准化或 z 分数标准化，是当前使用最广泛的数据标准化方法。经过该方法处理的数据均值为 0，标准差为 1，如式(4.6)所示。

$$x_1 = \frac{x - \text{mean}}{\text{std}} \tag{4.6}$$

【例 4-34】 数据的标准差标准化。

```
In[34]:    def StandardScale(data):
               data = (data - data.mean())/data.std()
               return data
           x = np.array([[ 1., -1.,  2.],[ 2., 0., 0.],[ 0., 1., -1.]])
           print('原始数据为: \n',x)
           x_scaled = StandardScale(x)
           print('标准化后矩阵为:\n',x_scaled,end = '\n')
```

```
Out[34]:    原始数据为:
             [[ 1.  -1.   2.]
             [ 2.   0.   0.]
             [ 0.   1.  -1.]]
            标准化后矩阵为:
             [[ 0.52128604 -1.35534369  1.4596009 ]
             [ 1.4596009  -0.41702883 -0.41702883]
             [-0.41702883  0.52128604 -1.35534369]]
```

数据归一化/标准化的目的是获得某种“无关性”,如偏置无关、尺度无关和长度无关等。当归一化/标准化方法背后的物理意义和几何含义与当前问题的需要相契合时,会对解决该问题有正向作用,反之则会起反作用。因此,如何选择标准化方法取决于待解决的问题。一般来说,涉及或隐含距离计算以及损失函数中含有正则项的算法,例如K-Means、KNN、PCA、SVM等,需要进行数据标准化;与距离计算无关的概率模型和树模型,如朴素贝叶斯、决策树和随机森林等,则不需要进行数据标准化。

扫一扫

视频讲解

4.5 数据归约

现实中数据集可能会很大,在海量数据集上进行数据挖掘需要很长的时间,因此,要对数据进行归约。数据归约(Data Reduction)是指在尽可能保持数据完整性的基础上得到数据的归约表示。也就是说,在归约后的数据集上挖掘将更有效,而且仍会产生相同或相似的分析结果。数据归约包括维归约、数量归约和数据压缩。

4.5.1 维归约

维归约(Dimensionality Reduction)的思路是减少所考虑的随机变量或属性的个数,使用的方法有属性子集选择、小波变换和主成分分析。属性子集选择是一种维归约方法,其中不相关、弱相关或冗余的属性(或维)被检测或删除;后两种方法是将原始数据变换或投影到较小的空间。

1. 属性子集选择

属性子集选择通过删除不相关或冗余属性(或维)减少数据量。属性选择的目的是找出最小属性集,使数据类的概率分布尽可能接近使用所有属性得到的原分布。在缩小的属性集上挖掘可以减少出现在发现模式上的属性数目,使模式容易理解。

如何找出原来属性的一个“好的”子集?对于 n 个属性,有 2^n 个可能的子集。穷举搜索找出最佳子集是不现实的。因此,通常使用压缩搜索空间的启发式算法进行“最佳”子集选取。它的策略是做局部最优选择,期望由此导出全局最优解。基本启发式方法包括以下技术。

1) 逐步向前选择

逐步向前选择过程由空属性集作为归约集的起始,确定原属性集中最好的属性并添加到归约集中，迭代将剩余的原属性集中最好的属性添加到该集合中。

2）逐步向后删除

逐步向后删除过程由整个属性集开始，在每次迭代中删除尚在属性集中最差的属性。

3）逐步向前选择和逐步向后删除的结合

该方法将逐步向前选择和逐步向后删除相结合，每一步选择一个最好的属性，并在属性中删除一个最差的属性。

4）决策树归纳

决策树算法构造一个类似于流程图的结构，每个内部节点表示一个属性上的测试，每个分支对应测试的一个结果。在每个节点上选择"最好"的属性，将数据划分成类。利用决策树进行子集选择时，由给定的数据构造决策树，不出现在树中的所有属性假定是不相关的，出现在树中的属性形成归约后的属性子集。

这些方法的结束条件可以不同，可以使用一个度量阈值决定何时终止属性选择过程。

在有些情况下，可以基于已有属性构造一些新属性，以提高准确性和对高维数据结构的理解，如根据已有的属性"高度"和"宽度"构造新属性"面积"。通过组合属性，属性构造可以发现关于数据属性间联系的缺失信息。

2. 小波变换

小波变换是一种新的变换分析方法，它继承和发展了短时傅里叶变换局部化的思想，同时又克服了窗口大小不随频率变化等缺点，能够提供一个随频率改变的时间-频率窗口，是进行信号时频分析和处理的理想工具。对随机信号进行小波变换可以得到与原数据长度相等的频域系数，由于在频域，信号能量主要集中在低频，因此可以截取中低频的系数保留近似的压缩数据。

【例 4-35】 对图像进行小波变换并显示。

```
In[35]:  import numpy as np
         import pywt
         import cv2 as cv
         import matplotlib.pyplot as plt
         img = cv.imread("lena_color_256.tif")
         img = cv.resize(img, (448, 448))
         # 将多通道图像变为单通道图像
         img = cv.cvtColor(img, cv2.COLOR_BGR2GRAY).astype(np.float32)
         plt.figure('二维小波一级变换')
         coeffs = pywt.dwt2(img, 'haar')
         cA, (cH, cV, cD) = coeffs
         # 将各个子图进行拼接，最后得到一张图
         AH = np.concatenate([cA, cH + 255], axis = 1)
         VD = np.concatenate([cV + 255, cD + 255], axis = 1)
         img = np.concatenate([AH, VD], axis = 0)
         # 显示为灰度图
```

```
plt.axis('off')
plt.imshow(img,'gray')
plt.title('result')
plt.show()
```

输出结果如图 4-12 所示。

图 4-12 图像的小波变换

3. 主成分分析

1）算法原理

主成分分析(Principal Component Analysis,PCA)又称 Karhunen-Loeve 或 K-L 方法,用于搜索 k 个最能代表数据的 n 维正交向量,是一种常用的数据降维方法。PCA 通常用于高维数据集的探索与可视化,还可以用作数据压缩和预处理等,而且在数据压缩消除冗余和消除数据噪声等领域也有广泛的应用。PCA 的主要目的是找出数据中最主要的方面代替原始数据。具体地,假如数据集由 m 个 n 维数据构成,即($x(1)$,$x(2)$,…,$x(m)$),希望将这 m 个数据的维度从 n 维降到 n'维,这 m 个 n'维的数据集尽可能地代表原始数据集。

2）PCA 算法

输入:n 维样本集 $D=(x(1),x(2),\cdots,x(m))$,要降维到的维数 n'
输出:降维后的样本集 D'
方法:

(1) 对所有的样本进行中心化:$x(i)=x(i)-\frac{1}{m}\sum_{j=1}^{m}x(j)$。
(2) 计算样本的协方差矩阵 $\boldsymbol{XX}^{\mathrm{T}}$。
(3) 对矩阵 $\boldsymbol{XX}^{\mathrm{T}}$ 进行特征值分解。
(4) 取出最大的 n'个特征值对应的特征向量($w_1,w_2,\cdots,w_{n'}$),将所有的特征向量标准化后,组成特征向量矩阵 $\boldsymbol{W}$。
(5) 将样本集中的每个样本 $x(i)$转化为新的样本 $z(i)=\boldsymbol{W}^{\mathrm{T}}x(i)$。
(6) 得到输出样本集 $D'=(z(1),z(2),\cdots,z(m))$。

【例 4-36】 现有如下 5 个二维样本组成的数据 $\boldsymbol{C}$,利用 PCA 方法将数据降为一维数据。

$$\boldsymbol{D}=\begin{bmatrix}-1 & -1 & 0 & 2 & 0\\ -2 & 0 & 0 & 1 & 1\end{bmatrix}$$

由于数据 $\boldsymbol{D}$ 的每行已经是零均值,因此直接求 $\boldsymbol{D}$ 的协方差矩阵 $\boldsymbol{C}$ 为:

$$\boldsymbol{C}=\frac{1}{5}\begin{bmatrix}-1 & -1 & 0 & 2 & 0\\ -2 & 0 & 0 & 1 & 1\end{bmatrix}\begin{bmatrix}-1 & -2\\ -1 & 0\\ 0 & 0\\ 2 & 1\\ 0 & 1\end{bmatrix}=\begin{bmatrix}\frac{6}{5} & \frac{4}{5}\\ \frac{4}{5} & \frac{6}{5}\end{bmatrix}$$

求解协方差矩阵 $\boldsymbol{C}$ 的特征值为 $\lambda_1=2$，$\lambda_2=2/5$，对应标准化的特征向量为：

$$\begin{bmatrix}1/\sqrt{2}\\1/\sqrt{2}\end{bmatrix},\begin{bmatrix}-1/\sqrt{2}\\1/\sqrt{2}\end{bmatrix}$$

由此得到矩阵

$$\boldsymbol{P}=\begin{bmatrix}1/\sqrt{2} & 1/\sqrt{2}\\-1/\sqrt{2} & 1/\sqrt{2}\end{bmatrix}$$

最后用矩阵 $\boldsymbol{P}$ 的第一行数据乘以矩阵 $\boldsymbol{D}$，即得降维后的 1 维数据 Y 为：

$$Y=(1/\sqrt{2}\quad 1/\sqrt{2})\begin{bmatrix}-1 & -1 & 0 & 2 & 0\\-2 & 0 & 0 & 1 & 1\end{bmatrix}=(-3/\sqrt{2}\quad -1/\sqrt{2}\quad 0\quad 3/\sqrt{2}\quad -1/\sqrt{2})$$

在 scikit-learn 中，与 PCA 相关的类都在 sklearn. decomposition 包中，其中最常用的 PCA 类是 sklearn. decomposition. PCA。PCA 类基本不需要调参，一般只需要指定降维后的维度，或者希望降维后主成分的方差和占原始维度所有特征方差和的比例阈值就可以了。运行 sklearn. decomposition. PCA 会返回两个值，一个是 explained_variance_，代表降维后的各主成分的方差值，该值越大，说明越是重要的主成分；另一个是 explained_variance_ratio_，代表降维后的各主成分的方差值占总方差值的比例，该比例越大，越是重要的主成分。

【例 4-37】 scikit-learn 实现鸢尾花数据进行降维，将原来 4 维的数据降维为二维。

```
In[36]:   import matplotlib.pyplot as plt
          from sklearn.decomposition import PCA
          from sklearn.datasets import load_iris
          data = load_iris()
          y = data.target
          x = data.data
          pca = PCA(n_components = 2)
          #加载 PCA 算法，设置降维后主成分数目为 2
          reduced_x = pca.fit_transform(x)             #对样本进行降维
          print("前两个主成分的方差占总方差的比例：\n",pca.explained_variance_ratio_)
          #在平面中画出降维后的样本点的分布
          red_x,red_y = [],[]
          blue_x,blue_y = [],[]
          green_x,green_y = [],[]
          for i in range(len(reduced_x)):
              if y[i] == 0:
                  red_x.append(reduced_x[i][0])
                  red_y.append(reduced_x[i][1])
              elif y[i] == 1:
                  blue_x.append(reduced_x[i][0])
                  blue_y.append(reduced_x[i][1])
              else:
                  green_x.append(reduced_x[i][0])
                  green_y.append(reduced_x[i][1])
          plt.scatter(red_x,red_y,c = 'r',marker = 'x')
          plt.scatter(blue_x,blue_y,c = 'b',marker = 'D')
          plt.scatter(green_x,green_y,c = 'g',marker = '.')
          plt.show()
```

代码运行后显示前两个主成分的方差占总方差的比例为[0.92461872 0.05306648]，表示第一个特征占总方差比例的92.4%。降维后的样本点分布如图4-13所示。

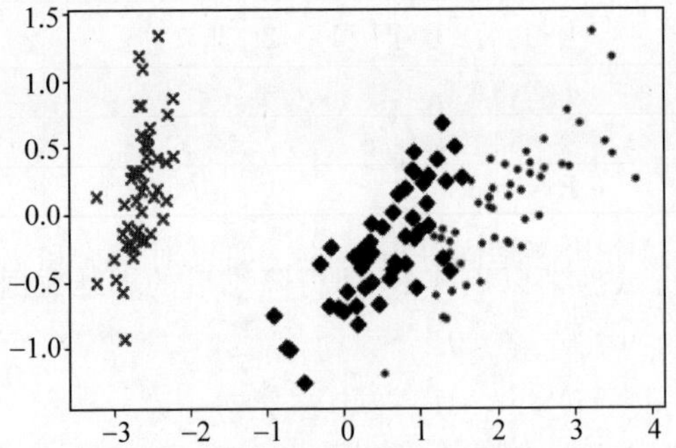

图4-13 降维后的样本点分布

4.5.2 数量归约

数量归约(Numerosity Reduction)是指用替代的、较小的数据表示形式换原始数据。这些方法可以是参数或非参数的。参数方法使用模型估计数据，使一般只需要存放模型参数而不是实际数据(离群点须存放)，如回归和对数-线性模型；非参数方法包括直方图、聚类、抽样和数据立方体聚类。

1. 回归和对数线性模型

回归和对数线性模型可以用来近似给定的数据。在(简单)线性模型中，对数据拟合得到一条直线，多元回归是(简单)线性回归的扩展，用两个或多个自变量的线性函数对因变量建模。

对数线性模型近似离散的多维概率分布，是用于离散型数据或整理成列联表格式的计数资料的统计分析工具。给定 n 维元组的集合，把每个元组看作 n 维空间中的点。对于离散属性集，可以使用对数线性模型基于维组合的一个较小子集估计多维空间中每个点的概论。因此，将高维数据空间由较低维空间构造。

2. 直方图

直方图使用分箱思路近似数据分布。用直方图归约数据，就是将直方图中的桶的个数由观测值的数量 n 减少到 k 个，使数据变成一块一块地呈现。为了压缩数据，通常让一个桶代表给定属性的一个连续值域。桶的划分可以是等宽的，也可以是等频的。

3. 聚类

聚类算法是将数据划分为簇，使簇内的数据对象尽可能“相似”，而簇间的数据对象尽可能“相异”。在数据归约中，用每个数据簇中的代表替换实际数据，以达到数据归约的效果。

4. 抽样

抽样通过选取随机样本(子集),实现用小数据代表大数据的过程。抽样的方法包括简单随机抽样、簇抽样和分层抽样等。

5. 数据立方体聚类

数据立方体聚类用于从低粒度的数据分析聚合成汇总粒度的数据分析。一般认为最细的粒度是一个最小的立方体,在此上每个高层次的抽象都能形成一个更大的立方体。数据立方体聚类就是将细粒度的属性聚集到粗粒度的属性。

4.5.3 数据压缩

数据压缩(Data Compression)使用变换,以便得到原始数据的归约或"压缩"表示。如果数据可以在压缩后重构,而不损失信息,则该数据归约被称为无损的;如果是近似重构原数据,则称为有损的。基于小波变换的数据压缩是一种非常重要的有损压缩方法。

小波变换(Wavelet Transform)是20世纪80年代后期发展起来的继傅里叶变换用于信息处理与分析的强大工具。对数据向量 $\boldsymbol{X}$ 进行小波变换,会得到具有相同长度的小波系数;对小波系数进行小波逆变换,会还原数据向量 $\boldsymbol{X}$。由于数据的主要能量集中在低频区域,因此仅存储一小部分最强(低频部分)的小波系数,就能保留近似的压缩数据。给定一组系数,使用相应的小波逆变换可以构造原数据的近似。

扫一扫

视频讲解

4.6 数据变换与数据离散化

在数据预处理过程中,不同的数据适合不同的数据挖掘算法。数据变换是一种将原始数据变换成较好数据格式的方法,以便作为数据处理前特定数据挖掘算法的输入。数据离散化是一种数据变换的形式。

4.6.1 数据变换的策略

在数据变换中,数据被变换成适合数据挖掘的形式。数据变换主要有以下几种方法。

1. 光滑

数据光滑用于去除数据中的噪声。常用的数据光滑方法有分箱、回归和聚类等。

2. 属性构造

属性构造是通过给定的属性构造新的属性并添加到属性集中,以帮助数据挖掘。

3. 聚集

聚集是对数据进行汇总或聚集。例如,可以聚集日销售数据,计算月和年销售量。

通常,聚集用来为多个抽象层的数据分析构造数据立方体。

4. 规范化

把属性数据按比例缩放,使之落入一个特定的小区间,如[$-1.0,1.0$]。

1) 最小-最大规范化

最小-最大规范化对原始数据进行线性变换。假设 $\min_A$ 和 $\max_A$ 分别为属性 A 的最小值和最大值。最小-最大规范化的计算式为

$$v'_i=\frac{v_i-\min_A}{\max_A-\min_A}(\text{new\_max}_A-\text{new\_min}_A)+\text{new\_min}_A \tag{4.7}$$

把属性 A 的值 v_i 映射到[$\text{new\_min}_A,\text{new\_max}_A$]中的 v'_i。最小-最大规范化保持原始数据值之间的联系。如果输入实例落在原数据值域之外,则该方法将面临“越界”错误。

2) z 分数规范化

在 z 分数(z-score)规范化(或零均值规范化)中,属性 A 的值 v_i 被映射为 v'_i 的方式为

$$v'_i=\frac{v_i-\bar{A}}{\sigma_A} \tag{4.8}$$

其中,$\bar{A}$ 和 σ_A 分别为属性 A 的均值和标准差。

3) 小数定标

小数定标规范化通过移动属性 A 的值的小数点位置进行规范化。小数点的移动位数依赖于 A 的最大绝对值。属性 A 的值 v_i 映射为 v'_i 的计算式为

$$v'_i=\frac{v_i}{10^j} \tag{4.9}$$

其中,j 为使 $\max(|v'_i|)<1$ 的最小整数。

5. 离散化

数值属性(如年龄)的原始值用区间标签(如 0～10、11～20 等)或概念标签(如青年、中年、老年)替换。这些标签可以递归地组织成更高层概念,形成数值属性的概念分层,以适应不同用户的需要。

1) 通过分箱离散化

分箱是一种基于指定的箱个数的自顶向下的分裂技术。例如,使用等宽或等频分箱,然后用箱均值或中位数替换箱中的每个值,可以将属性值离散化。分箱对用户指定的箱个数很敏感,也易受离群点的影响。

2) 通过直方图离散化

直方图把属性 A 的值划分为不相交的区间,称为桶或箱。可以使用各种划分规则定义直方图。例如,在等宽直方图中,将值分成相等分区或区间。直方图分析算法可以递归地用于每个分区,自动地产生多级概念分层,直到达到一个预先设定的概念层数,过程终止。

3）通过聚类、决策树和相关性分析离散化

聚类、决策树和相关性分析可以用于数据离散化。通过将属性 A 的值划分为簇或组，聚类算法可以用来离散化数值属性 A。聚类考虑 A 的分布以及数据点的邻近性，因此可以产生高质量的离散化结果。遵循自顶向下的划分策略或自底向上的合并策略，聚类可以用来产生 A 的概念分层，其中每个簇形成概念分层的一个节点。在前一种策略中，每个初始簇或分区可以进一步分解成若干子簇，形成较低的概念层；在后一种策略中，通过反复地对邻近簇进行分组，形成较高的概念层。

6. 由标称数据产生概念分层

对于标称数据，概念分层可以基于模式定义以及每个属性的不同值个数产生。使用概念分层变换数据可以发现较高层的知识模式，它允许在多个抽象层进行挖掘。

4.6.2 Python 数据变换与离散化

1. 数据的规范化

数据分析的预处理除了数据清洗、数据合并和标准化之外，还包括数据变换的过程，如类别型数据变换和连续型数据的离散化。

【例 4-38】 数据规范化示例。

```
In[37]:    import pandas as pd
           import numpy as np
           a = [47, 83, 81, 18, 72, 41]
           b = [56, 96, 84, 21, 87, 67]
           data = np.array([a, b]).T
           dfab = pd.DataFrame(data, columns = ['A', 'B'])
           print('最小 - 最大规范化:\n',(dfab - dfab.min())/(dfab.max() - dfab.min()))
           print('零均值规范化: \n',(dfab - dfab.mean())/dfab.std())
Out[37]:   最小 - 最大规范化:
                  A         B
           0  0.446154  0.466667
           1  1.000000  1.000000
           2  0.969231  0.840000
           3  0.000000  0.000000
           4  0.830769  0.880000
           5  0.353846  0.613333
           零均值规范化:
                    A           B
           0  - 0.386103  - 0.456223
           1    1.003868    1.003690
           2    0.926648    0.565716
           3  - 1.505803  - 1.733646
           4    0.579155    0.675209
           5  - 0.617765  - 0.054747
```

2. 类别型数据的哑变量处理

类别型数据是数据分析中十分常见的特征变量,但是在进行建模时,Python 不能像 R 语言那样直接处理非数值型的变量,因此,往往需要对这些类别型变量进行一系列转换,如哑变量。

哑变量(Dummy Variables)是用来反映质的属性的一个人工变量,是量化了的自变量,通常取值为 0 或 1。Python 中利用 Pandas 库中的 get_dummies()函数对类别型数据进行哑变量处理。

【例 4-39】 数据的哑变量处理。

```
In[38]:   df = pd.DataFrame([
                   ['green', 'M', 10.1, 'class1'],
                   ['red', 'L', 13.5, 'class2'],
                   ['blue', 'XL', 14.3, 'class1']])
          df.columns = ['color', 'size', 'prize','class label']
          print(df)
          pd.get_dummies(df)
Out[38]:     color  size  prize  class label
          0  green     M   10.1       class1
          1    red     L   13.5       class2
          2   blue    XL   15.3       class1
```

输出结果如图 4-14 所示。

	prize	color_blue	color_green	color_red	size_L	size_M	size_XL	class label_class1	class label_class2
0	10.1	0	1	0	0	1	0	1	0
1	13.5	0	0	1	1	0	0	0	1
2	15.3	1	0	0	0	0	1	1	0

图 4-14 哑变量处理

对于一个类别型数据,若取值有 m 个,则经过哑变量处理后就变成了 m 个二元互斥特征,每次只有一个激活,使数据变得稀疏。

3. 连续型变量的离散化

数据分析和统计的预处理阶段,经常会碰到年龄、消费等连续型数值,而很多模型算法(尤其是分类算法)都要求数据是离散的,因此要将数值进行离散化分段统计,提高数据区分度。

常用的离散化方法主要有等宽法、等频法和聚类分析法。

1)等宽法

将数据的值域划分成具有相同宽度的区间,区间个数由数据本身的特点决定或用户指定。Pandas 提供了 cut()函数,可以进行连续型数据的等宽离散化。cut()函数的基础语法格式为

```
pandas.cut(x,bins,right = True,labels = None,retbins = False,precision = 3)
```

cut()函数的主要参数及其说明如表 4-4 所示。

表 4-4 cut()函数的主要参数及其说明

参　　数	说　　明
x	接收 array 或 Series，待离散化的数据
bins	接收 int、list、array 和 tuple。若为 int，指离散化后的类别数目；若为序列型，则表示进行切分的区间，每两个数的间隔为一个区间
right	接收 boolean，代表右侧是否为闭区间，默认为 True
labels	接收 list、array，表示离散化后各个类别的名称，默认为空
retbins	接收 boolean，代表是否返回区间标签，默认为 False
precision	接收 int，显示标签的精度，默认为 3

【例 4-40】 cut()函数的应用。

```
In[39]:     np.random.seed(666)
            score_list = np.random.randint(25, 100, size = 10)
            print('原始数据：\n',score_list)
            bins = [0, 59, 70, 80, 100]
            score_cut = pd.cut(score_list, bins)
            print(pd.value_counts(score_cut))
Out[39]:    原始数据：
             [27 70 55 87 95 98 55 61 86 76]
            (80, 100]     4
            (0, 59]       3
            (59, 70]      2
            (70, 80]      1
            dtype: int64
```

使用等宽法离散化对数据分布具有较高的要求，若数据分布不均匀，那么各个类的数目也会变得不均匀。

2) 等频法

cut()函数虽然不能直接实现等频离散化，但可以通过定义将相同数量的记录放进每个区间。

【例 4-41】 等频法离散化连续型数据。

```
In[40]:     def SameRateCut(data,k):
                k = 2
                w = data.quantile(np.arange(0,1 + 1.0/k,1.0/k))
                data = pd.cut(data,w)
                return data
            result = SameRateCut(pd.Series(score_list),3)
            result.value_counts()
Out[40]:    (73.0, 97.0]     5
            (27.0, 73.0]     4
            dtype: int64
```

相比于等宽法，等频法避免了类分布不均匀的问题，但同时也有可能将数值非常接近的两个值分到不同的区间以满足每个区间对数据个数的要求。

3）聚类分析法

一维聚类的方法包括两步，首先将连续型数据用聚类算法（如 K-Means 算法等）进行聚类，然后处理聚类得到的簇，为合并到一个簇的连续型数据做同一标记。聚类分析的离散化需要用户指定簇的个数，用来决定产生的区间数。

4.7 利用 scikit-learn 进行数据预处理

sklearn. preprocessing 包提供了一些常用的数据预处理实用函数和转换器类，以将原始特征向量转换为更适合数据挖掘的表示。

scikit-learn 提供的数据预处理相关的功能如图 4-15 所示。

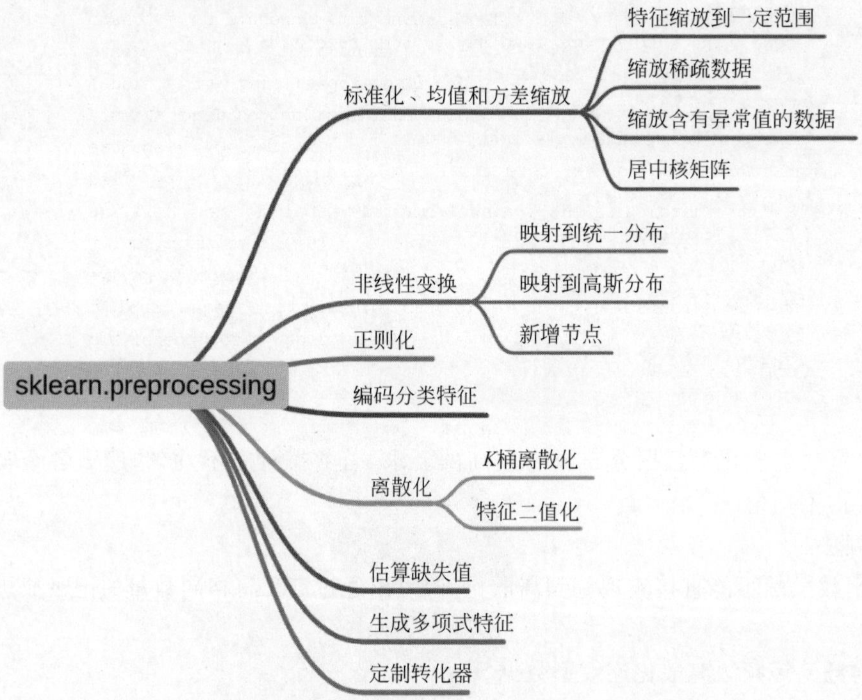

图 4-15 scikit-learn 提供的数据预处理相关的功能

1. 数据标准化、均值和方差缩放

scale()函数提供一种在单个类似数组的数据集上执行此操作的快速简便方法，其格式为

```
sklearn.preprocessing.scale(X, axis = 0, with_mean = True, with_std = True, copy = True)
```

其主要参数及其说明如表 4-5 所示。

表 4-5 scikit-learn. preprocessing. scale()函数的主要参数及其说明

参 数	数据类型	意 义
X	{array-like, sparse matrix}	以此数据为中心缩放
axis	int (0 by default)	轴向设置,置为 0 表示独立地标准化每个特征,1 表示标准化每个样本(即行)
with_mean	boolean, True by default	如果是 True,则缩放之前先中心化数据
with_std	boolean, True by default	如果是 True,以单位方差法缩放数据(或者等价地,单位标准差)
copy	boolean, optional, default True	如果是 False,则原地执行行标准化并避免复制

【例 4-42】 数据的标准化、均值和标准差求解示例。

```
In[41]:   from sklearn import preprocessing
          import numpy as np
          X_train = np.array([[ 1., -2.,  1.5],[ 2.2,  1.3, 0.5],[ 0.3,  1., -1.5]])
          X_scaled = preprocessing.scale(X_train)
          print('X_train:\n',X_train)
          print('X_scaled:\n',X_scaled)
          print('均值: ',X_scaled.mean(axis = 0))
          print('标准差: ',X_scaled.std(axis = 0))
Out[41]:  X_train:
           [[ 1.   -2.   1.5]
           [ 2.2  1.3  0.5]
           [ 0.3  1.   -1.5]]
          X_scaled:
           [[ -0.21242964 -1.40942772   1.06904497]
           [   1.31706379   0.80538727   0.26726124]
           [  -1.10463415   0.60404045  -1.33630621]]
          均值: [0. 0. 0.]
          标准差: [1. 1. 1.]
```

preprocessing 模块还提供了一个实用程序类 StandardScaler,用以实现 TransformerAPI 计算训练集的均值和标准差,以便以后能够在测试集上重新应用相同的转换。scikit-learn 的转换器通常与分类器、回归器或其他评估器组合以构建复合评估器。

【例 4-43】 数据的标准化计算示例。

```
In[42]:     scaler = preprocessing.StandardScaler().fit(X_train)
            print('scaler.scale_ :',scaler.scale_)
            print('scaler.mean_ :',scaler.mean_)
            scaler.transform(X_train)
Out[42]:    scaler.scale_ : [0.78457349 1.48996644 1.24721913]
            scaler.mean_ : [1.16666667 0.1          0.16666667]
            array([[ 1. , -2. ,  1.5],
                   [ 2.2,  1.3,  0.5],
                   [ 0.3,  1. , -1.5]])
```

然后在新数据上使用 Scaler 实例,像在训练集上那样转换它。

```
In[43]:    X_test = [[ -1., 1., 0.]]
           scaler.transform(X_test)
Out[43]:   array([[ -2.76158538,  0.60404045, -0.13363062]])
```

通过将 with_mean＝False 或 with_std＝False 传递给 StandardScaler 的构造函数，可以禁用置中或缩放。

2. 特征缩放

另一种标准化是特征缩放，使其介于给定的最小值和最大值之间，通常介于 0 和 1 之间，或者使每个特征的最大绝对值被缩放到单位大小。

1）一般特征值缩放

可以通过 MinMaxScaler 或 MaxAbsScaler 进行一般特征值缩放，具体语句格式为

```
sklearn.preprocessing.minmax_scale(X, feature_range=(0, 1), axis=0, copy=True)
```

【例 4-44】 数据的缩放示例。

```
In[44]:    X_train = np.array([[ 1., -1.,  2.],[ 2.,  0.,  0.],[ 0.,  1., -1.]])
           min_max_scaler = preprocessing.MinMaxScaler()
           X_train_minmax = min_max_scaler.fit_transform(X_train)
           print('原数据:\n',X_train)
           print('归一化:\n',X_train_minmax)
Out[44]:   原数据:
            [[ 1. -1.  2.]
            [ 2.  0.  0.]
            [ 0.  1. -1.]]
           归一化:
            [[0.5        0.         1.        ]
            [1.         0.5        0.33333333]
            [0.         1.         0.        ]]
```

然后可以在新数据上使用 Scaler 实例，像在训练集上那样转换它。

```
In[45]:    X_test = np.array([[ -3., -1.,  4.]])
           X_test_minmax = min_max_scaler.transform(X_test)
           print('测试数据:',X_test)
           print('归一化的测试数据:\n',X_test_minmax)
           print('',min_max_scaler.scale_)
           print('',min_max_scaler.min_)
Out[45]:   测试数据:[[ -3. -1.  4.]]
           归一化的测试数据:
            [[ -1.5       0.         1.66666667]]
            [0.5        0.5        0.33333333]
            [0.         0.5        0.33333333]
```

MinMaxScaler 默认转换为[0.0, 1.0]，如果 MinMaxScaler 给出一个显式范围 feature_range＝(min, max)，完整的表达式为

```
X_std = (X - X.min(axis = 0))/(X.max(axis = 0) - X.min(axis = 0))
X_scaled = X_std * (max - min) + min
```

MaxAbsScaler 的工作方式类似，但通过除以每个特征中的最大值将训练数据置于[−1,1]范围内。它适用于已经零中心化数据或稀疏数据。

【例 4-45】 利用 MaxAbsScaler 将数据归一化。

```
In[46]:   X_train = np.array([[ 1., -1.,  2.],[ 2.,  0.,  0.],[ 0.,  1., -1.]])
          max_Abs_scaler = preprocessing.MaxAbsScaler()
          X_train_minmax = max_Abs_scaler.fit_transform(X_train)
          print('原数据: \n',X_train)
          print('归一化: \n',X_train_minmax)
Out[46]:  原数据:
           [[ 1.  -1.   2.]
            [ 2.   0.   0.]
            [ 0.   1.  -1.]]
          归一化:
           [[ 0.5 -1.    1. ]
            [ 1.    0.    0. ]
            [ 0.    1.   -0.5]]
```

然后可以在新数据上使用 Scaler 实例，像在训练集上那样转换它。

```
In[47]:   X_test = np.array([[ -3., -1.,  4.]])
          X_test_maxAbs = max_Abs_scaler.transform(X_test)
          print('测试数据: ',X_test)
          print('归一化的测试数据: ',X_test_maxAbs)
Out[47]:  测试数据: [[ -3.  -1.   4.]]
          归一化的测试数据: [[ -1.5 -1.    2. ]]
```

2）缩放稀疏数据

将稀疏数据置中会破坏数据中的稀疏结构，但是缩放稀疏矩阵又是有意义的，特别是当特征处于不同的缩放比例时。

MaxAbsScaler 和 maxabs_scale 适用于缩放稀疏数据。此外，scale 和 StandardScaler 能够处理 scipy.sparse 矩阵作为输入的情况，此时需要将 with_mean 设置为 False，否则默认的置中操作将会破坏数据的稀疏型，会抛出一个 ValueError 错误，而且内存可能会被大量占用造成内存溢出。

需要注意的是，缩放器接受压缩的稀疏行和压缩的稀疏列格式（参见 scipy.sparse.csr_matrix 和 scipy.sparse.csc_matrix）。任何其他稀疏输入都将转换为"压缩稀疏行"表示形式。为避免不必要的内存复制，建议选择上游的 CSR（Compressed Sparse Row）或 CSC（Compressed Sparse Column）表示形式。最后，如果期望居中的数据足够小，则使用稀疏矩阵的 toarray()方法将输入显式转换为数组是另一种选择。

3）带异常值的缩放数据

如果数据中包含许多异常值，那么使用数据的均值和方差进行缩放可能效果不会很好。在这种情况下，可以使用 robust_scale 和 RobustScaler 作为替代，它们对数据的中心和范围使用了更可靠的估计。

3. 非线性变换

非线性变换有分位数变换和幂变换。分位数变换和幂变换都是基于特征的单调变换,从而保持每个特征值的秩。分位数变换将所有特征置于相同的期望分布中。幂变换是一类参数变换,其目的是将数据从任意分布映射到接近高斯分布的位置。

1）映射到均匀分布

QuantileTransformer()方法和 quantile_transform 提供非参数转换,将数据映射到值为 0～1 的均匀分布。

【例 4-46】 将数据映射到值为 0～1 的均匀分布。

```
In[48]:   from sklearn.datasets import load_iris
          from sklearn.model_selection import train_test_split
          X, y = load_iris(return_X_y = True)
          X_train, X_test, y_train, y_test = train_test_split(X, y, random_state = 0)
          quantile_transformer = preprocessing.QuantileTransformer(random_state = 0)
          X_train_trans = quantile_transformer.fit_transform(X_train)
          X_test_trans = quantile_transformer.transform(X_test)
          print(np.percentile(X_train[:, 0], [0, 25, 50, 75, 100]) )
          # 此特征对应于以厘米为单位的萼片长度
          print(np.percentile(X_train_trans[:, 0], [0, 25, 50, 75, 100]))
Out[48]:  [4.3 5.1 5.8 6.5 7.9]
          [0.         0.23873874 0.50900901 0.74324324 1.        ]
```

2）映射到高斯分布

在许多建模场景中,数据集中的特性是正常的。幂变换是一类参数的单调变换,其目的是将数据从任意分布映射到尽可能接近高斯分布,以稳定方差和最小化偏度。PowerTransformer 目前提供了两种这样的幂变换：Yeo-Johnson 变换和 Box-Cox 变换。

Box-Cox 变换仅可应用于严格的正数据。在这两种方法中,变换均通过 lambda 进行参数化,通过最大似然估计来确定。

【例 4-47】 使用 Box-Cox 变换将对数正态分布绘制的样本映射到正态分布的示例。

```
In[49]:   pt = preprocessing.PowerTransformer(method = 'box - cox', standardize = False)
          X_lognormal = np.random.RandomState(616).lognormal(size = (3, 3))
          print(X_lognormal)
          T = pt.fit_transform(X_lognormal)
          print(T)
Out[49]:  [[1.28331718  1.18092228  0.84160269]
           [0.94293279  1.60960836  0.3879099 ]
           [1.35235668  0.21715673  1.09977091]]
          [[  0.49024349    0.17881995  - 0.1563781 ]
           [ - 0.05102892   0.58863195  - 0.57612414]
           [   0.69420009  - 0.84857822   0.10051454]]
```

当在本例中设置 standardize＝False,PowerTransformer 默认情况下将对变换后的输出应用零均值、单位方差归一化。还可以使用 QuantileTransformer()方法通过设置 output_distribution＝'normal'将数据映射到正态分布。

【例 4-48】 使用 QuantileTransformer()方法进行数据映射。

```
In[50]:   from sklearn.datasets import load_iris
          from sklearn.model_selection import train_test_split
```

```
          X, y = load_iris(return_X_y = True)
          quantile_transformer =
          preprocessing.QuantileTransformer(output_distribution = 'normal',
          random_state = 0)
          X_trans = quantile_transformer.fit_transform(X)
          quantile_transformer.quantiles_
Out[50]:  array([[4.3, 2. , 1. , 0.1],
                 [4.4, 2.2, 1.1, 0.1],
                 [4.4, 2.2, 1.2, 0.1],
                 [4.4, 2.2, 1.2, 0.1],
                 [4.5, 2.3, 1.3, 0.1],
                 [4.6, 2.3, 1.3, 0.2],...])
```

4. 正则化

正则化的过程是将单个样本缩放到单位范数(每个样本的范数为1)。如果计划使用点积或任何其他核的二次形式量化任意一对样本的相似性,此过程可能会很有用。该假设是向量空间模型的基础,该向量空间模型经常用于文本分类和聚类中。

【例 4-49】 数据正则化示例。

```
In[51]:   X = [[ 1., -1.,  2.],[ 2.,  0.,  0.],[ 0.,  1., -1.]]
          X_normalized = preprocessing.normalize(X, norm = 'l2')
          X_normalized
Out[51]:  array([[ 0.40824829, -0.40824829,  0.81649658],
                 [ 1.        ,  0.        ,  0.        ],
                 [ 0.        ,  0.70710678, -0.70710678]])
```

预处理模块还提供了一个实用程序类 Normalizer,该类使用 Transformer API 实现相同的操作。

5. 编码分类特征

通常,特征不是作为连续的值,而是以绝对的形式给出的。例如,一个人的头发颜色可以有特征["black", "gray","white"],这些特性可以有效地编码为整数,如取值分别为[0, 1, 2]。若要将分类功能转换为此类整数代码,可以使用 OrdinalEncoder。该估计器将每个范畴特征转换为整数的一个新特征。

【例 4-50】 数据编码示例。

```
In[52]:   enc = preprocessing.OrdinalEncoder()
          X = [['male', 'from US', 'uses Safari'], ['female', 'from Europe', 'uses Firefox']]
          enc.fit(X)
          enc.transform([['female', 'from US', 'uses Safari']])
Out[52]:  array([[0., 1., 1.]])
```

将分类特征转换为可以与 scikit-learn 估计器一起使用的特征的编码方法称为 One-Hot 编码或 Dummy 编码。可以使用 OneHotEncoder 获得这种类型的编码,该编码器将具有 n_categories 个可能值的每个分类特征转换为 n_categories 个二进制特征,其中一个为1,其他为0。

【例 4-51】 使用 OneHotEncoder 进行分类特征编码示例。

```
In[53]:    enc = preprocessing.OneHotEncoder()
           X = [['male', 'from US', 'uses Safari'], ['female', 'from Europe', 'uses Firefox']]
           enc.fit(X)
           R = enc.transform([['female', 'from US', 'uses Safari'],['male', 'from Europe',
           'uses Safari']]).toarray()
           display(R)
Out[53]:   array([[1., 0., 0., 1., 0., 1.],
                  [0., 1., 1., 0., 0., 1.]])
```

【例 4-52】 类型数据变换示例,数据集中有两种性别、4 个可能的大洲和 4 个网络浏览器。

```
In[54]:    genders = ['female', 'male']
           locations = ['from Africa', 'from Asia', 'from Europe', 'from US']
           browsers = ['uses Chrome', 'uses Firefox', 'uses IE', 'uses Safari']
           enc = preprocessing.OneHotEncoder(categories = [genders, locations, browsers])
           X = [['male', 'from US', 'uses Safari'], ['female', 'from Europe', 'uses Firefox']]
           enc.fit(X)
           enc.transform([['female', 'from Asia', 'uses Chrome']]).toarray()
Out[54]:   array([[1., 0., 0., 1., 0., 0., 1., 0., 0., 0.]])
```

6. 离散化

离散化(也称为量化或绑定)提供了一种将连续特征划分为离散值的方法。某些具有连续特征的数据集可能受益于离散化,因为离散化可以将连续属性的数据集转换为仅具有名义属性的数据集。

One-Hot 编码的离散特征可以使模型更有表现力,同时保持可解释性。例如,用离散化器进行预处理可以将非线性引入线性模型。

1) K 桶离散化

KBinsDiscretizer 将特征离散到 K 个桶(Bin)中。

【例 4-53】 数据的 K 桶离散化示例。

```
In[55]:    X = np.array([[ -3., 5., 15 ],[  0., 6., 14 ],[  6., 3., 11 ]])
           est = preprocessing.KBinsDiscretizer(n_bins = [3, 2, 2],
           encode = 'ordinal').fit(X)
           est.transform(X)
Out[55]:   array([[0., 1., 1.],
                  [1., 1., 1.],
                  [2., 0., 0.]])
```

2) 特征二值化

特征二值化是对数字特征进行阈值化以获得布尔值的过程。

【例 4-54】 特征二值化示例。

```
In[56]:   X = [[ 1., -1.,  2.],[ 2.,  0.,  0.],[ 0.,  1., -1.]]
          binarizer = preprocessing.Binarizer().fit(X)
          Y1 = binarizer.transform(X)
          print(Y1)
          # 可以调整阈值
          binarizer = preprocessing.Binarizer(threshold = 1.1)
          Y2 = binarizer.transform(X)
          print(Y2)
Out[56]:  [[1. 0. 1.]
           [1. 0. 0.]
           [0. 1. 0.]]
          [[0. 0. 1.]
           [1. 0. 0.]
           [0. 0. 0.]]
```

4.8 小结

(1) 现实中获得的数据极易受到噪声、缺失值和不一致数据的影响。数据的质量决定了数据挖掘的效果，因此在数据挖掘之前要对数据进行预处理，提高数据质量，从而改善数据挖掘的效果。数据质量可用准确性、完整性、一致性、时效性、可信性和可解释性定义。

(2) 数据清洗用于填补缺失的值、光滑噪声，同时识别离群点，并纠正数据的不一致性。数据清洗通常是一个两步的迭代过程，即偏差检测和数据变换。

(3) 数据集成将来自多个数据源的数据集成为一致的数据存储。实体识别问题、属性的相关性分析是数据集成中的主要问题。

(4) 数据标准化用于消除特征之间量纲和取值范围的差异可能会造成的影响，主要包括离差标准化和标准差标准化。

(5) 数据归约用于在尽可能保持数据完整性的基础上得到数据的归约表示，主要包括维归约、数量归约和数据压缩等方法。

(6) 数据变换是一种将原始数据变换为较好数据格式的方法，以便作为数据处理前特定数据挖掘算法的输入。数据离散化是一种数据变换的形式。

(7) 利用 Python 中的 Pandas 和 scikit-learn 可以方便地实现数据预处理。

习题 4

扫一扫

自测题

(1) 数据处理中为何要进行数据变换？数据变换的方法主要有哪些？

(2) 请分别介绍均值、中位数和截断均值在反映数据中心方面的特点。

(3) 现有某班 20 名同学“数据挖掘”课程的成绩，分别为 58,61,67,70,71,75,75,75,76,77,78,79,79,80,80,81,82,84,88,95，求该组成绩的中位数、众数和极差，并画出该组成绩的箱线图。

(4) 数值属性的相似性度量方法有哪些？各自的优缺点是什么？

(5) 在数据清洗中，处理数据缺失值的方法有哪些？如何去掉数据的噪声？

(6) 数据离散化的意义是什么？主要有哪些数据离散化方法？

(7) 什么是数据规范化？有哪些常用的数据规范化方法？

本章实训：用电量数据预处理

对用户日用电量数据 data1、用户基本数据 data2 和行业用电量数据 data3 进行数据预处理。

1. 导入用户日用电量数据。

```
In[1]:  import numpy as np
        import pandas as pd
        import matplotlib.pyplot as plot
        import warnings
        warnings.filterwarnings('ignore')
        # 读取用户日用电量数据
        data1 = pd.read_csv('data/data1.txt')
        pd.set_option('display.float_format',lambda x:'%.3f' % x)
        print(data1.shape)
        data1.head()
Out[1]: (1820190, 7)
```

	user_id	sum_date	d_kwh_quantity	d_kwh_j	d_kwh_f	d_kwh_p	d_kwh_g
0	1000007	2020-10-01 00:00:00	7.230	0.000	5.040	0.000	2.200
1	1000009	2020-10-01 00:00:00	4.300	0.000	2.730	0.000	1.570
2	1000015	2020-10-01 00:00:00	9.070	0.000	6.410	0.000	2.650
3	1000035	2020-10-01 00:00:00	6.300	0.000	3.880	0.000	2.410
4	1000037	2020-10-01 00:00:00	5.280	NaN	NaN	NaN	NaN

2. 显示数据基本信息。

```
In[2]:  data1.describe()
Out[2]:
```

	user_id	d_kwh_quantity	d_kwh_j	d_kwh_f	d_kwh_p	d_kwh_g
count	1820190.000	1753006.000	1707633.000	1707634.000	1707632.000	1707635.000
mean	1011566.112	71.809	0.002	41.197	35.683	35.202
std	6291.825	3685.224	3.063	17285.297	17184.929	16769.492
min	1000001.000	0.000	0.000	0.000	0.000	0.000
25%	1006431.000	0.410	0.000	0.010	0.000	0.000
50%	1011806.000	5.030	0.000	2.880	0.000	1.400
75%	1017009.000	9.960	0.000	6.490	0.000	3.130
max	1022375.000	778518.400	4000.000	22529120.000	22399320.000	21851220.000

3. 数据缺失值统计。

```
In[3]:  data1.isnull().sum()
Out[3]: user_id              0
        sum_date             0
        d_kwh_quantity       67184
```

```
        d_kwh_j             112557
        d_kwh_f             112556
        d_kwh_p             112558
        d_kwh_g             112555
        dtype: int64
```

4. 删除值全为空的、重复的和有空缺字段的数据。

```
In[4]:    data1.dropna(axis = 0, how = 'all', subset = None, inplace = True)
          data1.drop_duplicates(inplace = True)
          data1.dropna(axis = 0,how = 'any',inplace = True)
          data1.shape
Out[4]:   (1707622, 7)
```

5. 导入用户基本信息表。

```
In[5]:    data2 = pd.read_csv('data/data2.txt')
          print(data2.shape)
          data2.head()
Out[5]:   (23363, 11)
```

	user_id	county_code	volt_name	elec_type_name	status_name	trade_code	trade_name	build_date	contract_cap	run_cap	flag
0	1000001	3540119	交流10kV	学校教学和学生生活用电	正常用电客户	M000	公共服务及管理组织	2009-05-15 00:00:00	200.000	200.000	0
1	1000002	3540117	交流380V	普通工业	正常用电客户	3AA0	医药、化学纤维及橡胶塑料制造业	2009-06-08 00:00:00	50.000	50.000	0
2	1000003	3540119	交流220V	城镇居民生活用电	正常用电客户	9900	城乡居民生活用电	2009-04-30 00:00:00	8.000	8.000	0
3	1000004	3540119	交流220V	城镇居民生活用电	正常用电客户	9900	城乡居民生活用电	2009-04-30 00:00:00	8.000	8.000	0
4	1000005	3540119	交流220V	城镇居民生活用电	正常用电客户	9900	城乡居民生活用电	2009-04-30 00:00:00	8.000	8.000	0

6. 删除各属性全为空的数据并填充部分属性为空的数据。

```
In[6]:    data2 = data2.dropna(axis = 0, how = 'all', subset = None, inplace = False)
          means = data2.mean()
          # 使用平均值填充空缺值
          data2.fillna(means, inplace = True)
          print(data2.shape)
          data2.head()
Out[6]:   (23363, 11)
```

	user_id	county_code	volt_name	elec_type_name	status_name	trade_code	trade_name	build_date	contract_cap	run_cap	flag
0	1000001	3540119	交流10kV	学校教学和学生生活用电	正常用电客户	M000	公共服务及管理组织	2009-05-15 00:00:00	200.000	200.000	0
1	1000002	3540117	交流380V	普通工业	正常用电客户	3AA0	医药、化学纤维及橡胶塑料制造业	2009-06-08 00:00:00	50.000	50.000	0
2	1000003	3540119	交流220V	城镇居民生活用电	正常用电客户	9900	城乡居民生活用电	2009-04-30 00:00:00	8.000	8.000	0
3	1000004	3540119	交流220V	城镇居民生活用电	正常用电客户	9900	城乡居民生活用电	2009-04-30 00:00:00	8.000	8.000	0
4	1000005	3540119	交流220V	城镇居民生活用电	正常用电客户	9900	城乡居民生活用电	2009-04-30 00:00:00	8.000	8.000	0

7. 导入行业户均用电量。

```
In[7]:    data3 = pd.read_csv('data/data3.txt')
          print(data3.shape)
          data3.head()
```

Out[7]: (1262, 5)

	sum_month	trade_code	trade_name	county_code	avg_settle_pq
0	202010	0100	农业	3540106	2843.978
1	202010	0100	农业	3540107	4888.162
2	202010	0200	林业	3540107	2035.289
3	202010	0200	林业	3540111	8050.067
4	202010	2500	石油化工、金属冶炼及矿物制品业	3540108	417634.438

8. 合并数据。

```
In[8]:  merged_df = pd.merge(data1, data2, on = 'user_id')
        merged_df = pd.merge(merged_df,data3,on = 'trade_code',how = 'left')
        merged_df.head()
```

Out[8]:

	user_id	sum_date	d_kwh_quantity	d_kwh_j	d_kwh_f	d_kwh_p	d_kwh_g	county_code_x	volt_name	elec_type_name	...	trade_code	trade_name_x	buil
0	1000007	2020-10-01 00:00:00	7.230	0.000	5.040	0.000	2.200	3540119	交流220V	城镇居民生活用电	...	9900	城乡居民生活用电	20 0C
1	1000007	2020-10-01 00:00:00	7.230	0.000	5.040	0.000	2.200	3540119	交流220V	城镇居民生活用电	...	9900	城乡居民生活用电	20 0C
2	1000007	2020-10-01 00:00:00	7.230	0.000	5.040	0.000	2.200	3540119	交流220V	城镇居民生活用电	...	9900	城乡居民生活用电	20 0C
3	1000007	2020-10-01 00:00:00	7.230	0.000	5.040	0.000	2.200	3540119	交流220V	城镇居民生活用电	...	9900	城乡居民生活用电	20 0C
4	1000007	2020-10-01 00:00:00	7.230	0.000	5.040	0.000	2.200	3540119	交流220V	城镇居民生活用电	...	9900	城乡居民生活用电	20 0C

5 rows × 21 columns

第 5 章

回归分析

生活中存在很多相互制约又相互依赖的关系，这些关系主要有确定关系和非确定关系。确定关系指变量之间存在明确的函数关系，如圆的周长(L)与半径(r)之间的关系为 $L=2\pi r$。非确定关系指各变量之间虽然有制约/依赖关系，但无法用确定的函数表达式来表示，如人的血压与体重之间存在密切关系，但无法找到一个能准确表达其关系的函数，变量之间存在的这种非确定关系，称为相对关系。

事实上，有一些确定关系，由于测量误差的影响，也经常表现出某种程度的不确定性。对于非确定关系，通过大量观测数值，可以发现其中变量间存在的统计规律。通过回归分析，可以发现自变量和因变量之间的显著关系或多个自变量对一个因变量的影响强度。回归问题在形式上与分类问题十分相似，但是在分类问题中，预测值 y 是一个离散变量，它代表通过特征 x 所预测出来的类别；而在回归问题中，y 是一个连续变量。

扫一扫

视频讲解

5.1 回归分析概述

5.1.1 回归分析的定义与分类

回归分析是一种预测性的建模技术，它研究的是因变量(目标)和自变量(预测器)之间的关系。具体来说，回归分析是指利用数据统计原理，对大量统计数据进行数学处理，并确定因变量与某些自变量的相关关系，建立一个相关性较好的回归方程(函数表达式)，并加以外推，用于预测今后因变量变化的分析。回归分析通常用于预测分析时间序列模型以及发现变量之间的因果关系。目前回归分析的研究范围如图 5-1 所示。

- 回归分析
  - 线性回归
    - 一元线性回归
    - 多元线性回归
    - 多个因变量与多个自变量的回归
  - 回归诊断
    - 从数据推断回归模型基本假设的合理性
    - 基本假设不成立时数据的修正
    - 回归方程拟合效果的判断
    - 回归函数形式的选择
  - 回归变量选择
    - 选择自变量的标准
    - 逐步回归分析法
  - 改进的参数估计方法
    - 偏最小二乘回归
    - 岭回归
    - 主成分回归
  - 非线性回归
    - 一元非线性回归
    - 分段回归
    - 多元非线性回归
  - 含有定性变量的回归
    - 自变量含有定性变量
    - 因变量含有定性变量

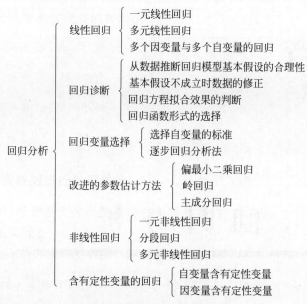

图 5-1 回归分析的研究范围

回归分析有许多分类方式,根据因变量和自变量的个数可分为一元回归分析、多元回归分析、逻辑回归分析和其他回归分析;根据因变量和自变量的函数表达式可分为线性回归分析和非线性回归分析。线性回归是回归分析中最基本的方法。对于非线性回归,可以借助数学手段将其转化为线性回归,一旦线性回归问题得到解决,非线性回归问题也就迎刃而解。常用的回归分析技术有线性回归、逻辑回归、多项式回归和岭回归等。

5.1.2 回归分析的过程

可以将回归分析简单地理解为数据分析与预测,通过对数据进行分析实现预测,也就是适当扩大已有自变量的取值范围,并承认该回归方程在扩大的定义域内成立。一般来说,回归分析的主要过程如下。

(1) 收集一组包含因变量和自变量的数据;

(2) 根据因变量和自变量之间的关系,初步设定回归模型;

(3) 求解合理的回归系数;

(4) 进行相关性检验,确定相关系数;

(5) 利用模型对因变量作出预测或解释,并计算预测值的置信区间。

5.1.3 回归算法的评价

在评价线性回归算法时,将样本分为训练集(Train Set)和测试集(Test Set),使用训练集进行回归模型的参数求解,使用测试集上的相关指标评价模型的好坏。

1. 回归算法的评价指标

1) 平均绝对误差

平均绝对误差(Mean Absolute Error,MAE)也称为 L1 损失,通过取预测值和实际值之间的绝对差值并在整个数据集中取平均值来计算。MAE 越低，模型的准确性就越高。

$$\mathrm{MAE}=\frac{1}{m}\sum_{i=1}^{m}\left| y_{\text{test}}^{(i)}-\hat{y}_{\text{test}}^{(i)}\right| \tag{5.1}$$

2）均方误差

均方误差（Mean Squared Error，MSE）也称为 L2 损失，通过取预测值和实际值之间的差平方并在整个数据集中对其进行平均来计算误差。MSE 为异常值赋予更高的权重，从而为小误差产生平滑的梯度。

$$\mathrm{MSE}=\frac{1}{m}\sum_{i=1}^{m}(y_{\text{test}}^{(i)}-\hat{y}_{\text{test}}^{(i)})^2 \tag{5.2}$$

3）均方根误差

均方根误差（Root Mean Squared Error，RMSE）也称为均方根偏差，通过取 MSE 的平方根来计算。RMSE 测量误差的平均幅度，并关注与实际值的偏差。RMSE 越低，模型及其预测就越好。

$$\mathrm{RMSE}=\sqrt{\frac{1}{m}\sum_{i=1}^{m}(y_{\text{test}}^{(i)}-\hat{y}_{\text{test}}^{(i)})^2}=\sqrt{\mathrm{MSE}_{\text{test}}} \tag{5.3}$$

4）R^2（R Squared）

MSE、RMSE、MAE 都难以解决在不同问题的模型中有一个统一的评判尺度问题，因此引入 R^2，计算方法如下：

$$R^2=\frac{\sum_{i=1}^{m}(\hat{y}_{\text{test}}^{(i)}-\bar{y}_{\text{test}})^2}{\sum_{i=1}^{m}(y_{\text{test}}^{(i)}-\bar{y}_{\text{test}})^2}=1-\frac{\sum_{i=1}^{m}(y_{\text{test}}^{(i)}-\hat{y}_{\text{test}}^{(i)})^2}{\sum_{i=1}^{m}(y_{\text{test}}^{(i)}-\bar{y}_{\text{test}})^2} \tag{5.4}$$

其中：

$$\sum_{i=1}^{m}(y_{\text{test}}^{(i)}-\bar{y}_{\text{test}})^2=\text{TSS(Total Squared Sum，总离差平方和)}$$

$$\sum_{i=1}^{m}(y_{\text{test}}^{(i)}-\hat{y}_{\text{test}}^{(i)})^2=\text{RSS(Resudual Squared Sum，残差平方和)}$$

$$\sum_{i=1}^{m}(\hat{y}_{\text{test}}^{(i)}-\bar{y}_{\text{test}})^2=\text{ESS(Explain Squared Sum，解释平方和)}$$

$R^2\leqslant 1$，R^2 越大越好，当预测模型不出任何错误时，$R^2=1$。如果 $R^2<0$，很可能数据不存在任何线性关系。

2. sklearn 中的回归分析评价

```
from sklearn.metrics import mean_squared_error as s_mean_squared_error
from sklearn.metrics import mean_absolute_error as s_mean_absolute_error
from sklearn.metrics import r2_score as s_r2_score
s_mean_squared_error(y_test, y_test_predict)
s_mean_absolute_error(y_test, y_test_predict)
s_r2_score(y_test, y_test_predict)
```

扫一扫

视频讲解

5.2 一元线性回归分析

5.2.1 一元线性回归方法

一元线性回归方法是根据自变量 x 和因变量 y 的相关关系,建立 x 与 y 的线性回归方程进行预测的方法。由于市场现象一般是受多种因素的影响,而并不是仅受一个因素的影响,所以应用一元线性回归方法,必须对影响市场现象的多种因素进行全面分析。只有当诸多的影响因素中确实存在一个对因变量影响作用明显高于其他因素的变量,才能将它作为自变量,应用一元回归分析进行预测。

设 x 和 y 为两个变量,因变量 y 受自变量 x 的影响。将 y 和 x 间的关系表示为

$$y = f(x,\theta) + \varepsilon \tag{5.5}$$

式(5.5)称为一元回归模型。其中,f 为满足一定条件的函数,称为回归函数;θ 为参数,称为回归模型参数;ε 为随机变量,称为误差项或扰动项,它反映了除 x 和 y 之间的线性关系之外的随机因素对 y 的影响,而且,ε 是不能由 x 和 y 之间的线性关系所解释的变异性。

在简单的回归模型中,回归函数是解释变量的线性函数,回归模型则称为一元线性回归模型,表达式为

$$y = \beta_0 + \beta_1 x + \varepsilon \tag{5.6}$$

其中,β_0 和 β_1 为回归系数,β_0 为常数项,也称为截距,β_1 为斜率;随机误差 ε 满足期望 $E(\varepsilon)=0$,方差 $D(\varepsilon)=\sigma^2$。

回归模型的设定给出了回归函数的形式,但模型中的回归参数是未知的。要对模型参数进行估计和统计推断,需要从总体样本中抽样获得数据。设从总体中抽取 n 个样本 (x_i, y_i),$i=1,2,\cdots,n$,将回归模型应用于每个样本,得到

$$y_i = \beta_0 + \beta_1 x_i + \varepsilon_i, \quad i=1,2,\cdots,n \tag{5.7}$$

式(5.7)称为样本回归模型。其中,来自同一总体的不同样本,其回归模型具有不同的误差项 ε_i。

【例 5-1】 分析预测房屋面积(平方英尺)和房价(美元)之间的对应关系。数据如下:

$$y = [6450, 7450, 8450, 94501, 11450, 15450, 18450]$$
$$x = [150, 200, 250, 300, 350, 400, 600]$$

```
In[1]:  import pandas as pd
        import matplotlib.pyplot as plt
        %matplotlib inline
        plt.rcParams['font.sans-serif'] = ['SimHei']
        plt.rcParams['font.size'] = 13
        y = [6450, 7450, 8450, 9450, 11450, 15450, 18450]
        x = [150, 200, 250, 300, 350, 400, 600]
        plt.scatter(x,y)
```

```
plt.xlabel('面积(平方英尺)')
plt.ylabel('售价(美元)')
plt.show()
```

输出结果如图 5-2 所示。

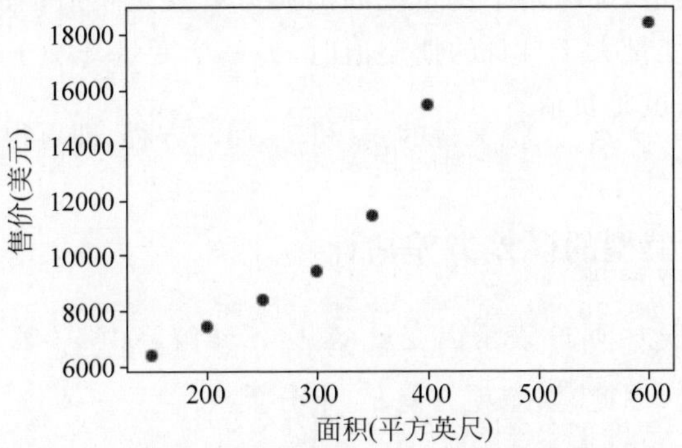

图 5-2 房屋面积与房价散点图

如果散点图的趋势大概呈现线性关系,可以建立线性方程;如果不呈线性分布,可以建立其他回归模型。从图 5-2 可以看出,房屋面积和房价之间存在明显的线性关系。获得样本后,要对回归模型进行参数估计和统计推断。

5.2.2 一元线性回归模型的参数估计

一元线性回归模型的参数估计方法有最小二乘法、矩方法和极大似然法,这里仅介绍最小二乘法。最小二乘法(Least Square Estimation, LSE)又称为最小平方法,它通过最小化误差的平方和寻找数据的最佳函数匹配。

普通最小二乘法是最直观的估计方法,对模型条件要求最少,也就是使散点图上所有的观测值到回归直线距离平方和最小。对任意给定的自变量 x_i,其相应的估计值为 $\hat{y}_i=\hat{\beta}_0+\hat{\beta}_1 x_i, i=1,2,\cdots,n$。利用最小二乘法所得的参数估计值 $\hat{\beta}_0$ 和 $\hat{\beta}_1$,将使因变量的观察值 y_i 和估计值 $\hat{y}_i$ 之间的残差平方和 $J(\beta_0,\beta_1)$ 最小。

残差平方和(Residual Sum of Squares, RSS)函数定义如下,$\Delta y=y_i-\hat{y}_i$ 为残差。

$$J(\beta_0,\beta_1)=\sum_{i=1}^{n}(y_i-\hat{y}_i)^2=\sum_{i=1}^{n}(y_i-\hat{\beta}_0-\hat{\beta}_1 x_i)^2 \tag{5.8}$$

最小平方法可提供自变量与因变量关系的最佳近似直线,在计算参数的估计值时,根据微积分求极值原理,通过对 J 求偏导并置为 0 得到

$$\begin{cases}\dfrac{\partial J}{\partial \hat{\beta}_0}=-2\sum_{i=1}^{n}(y_i-\hat{\beta}_0-\hat{\beta}_1 x_i)=0\\ \dfrac{\partial J}{\partial \hat{\beta}_1}=-2\sum_{i=1}^{n}(y_i-\hat{\beta}_0-\hat{\beta}_1 x_i)x_i=0\end{cases} \tag{5.9}$$

求解方程组得到

$$\begin{cases} \hat{\beta}_0 = \bar{y} - \hat{\beta}_1 \bar{x} \\ \hat{\beta}_1 = \dfrac{\sum\limits_{i=1}^{n}(x_i - \bar{x})(y_i - \bar{y})}{\sum\limits_{i=1}^{n}(x_i - \bar{x})^2} \end{cases} \tag{5.10}$$

其中，$\bar{x} = \frac{1}{n}\sum\limits_{i=1}^{n} x_i$，$\bar{y} = \frac{1}{n}\sum\limits_{i=1}^{n} y_i$。将求得的 $\hat{\beta}_0$ 和 $\hat{\beta}_1$ 代入方程，即可得到最佳拟合曲线。

5.2.3　一元线性回归模型的误差方差估计

在线性回归方程中，误差项 ε_i 表示因变量 y_i 中不能解释由 x_i 表达的部分，其随机大小代表了 y_i 的随机性。因此，误差项方差 σ^2 十分重要。

残差平方和(误差平方和)为

$$\mathrm{SS}_{残} = \sum_{i=1}^{n} e_i^2 = \sum_{i=1}^{n}(y_i - \hat{y}_i)^2 = \sum_{i=1}^{n} y_i^2 - n\bar{y}^2 - \hat{\beta}_1 S_{xy} \tag{5.11}$$

其中，$\hat{y}_i = \hat{\beta}_0 + \hat{\beta}_1 x_i$，$\sum\limits_{i=1}^{n} \hat{y}_i e_i = 0$，$S_{xy} = \sum\limits_{i=1}^{n} y_i (x_i - \bar{x})$。

由于 $\sum\limits_{i=1}^{n} y_i^2 - n\bar{y}^2 = \sum\limits_{i=1}^{n}(y_i - \bar{y})^2 = \mathrm{SS}_{总}$，因此有

$$\mathrm{SS}_{残} = \mathrm{SS}_{总} - \hat{\beta}_1 S_{xy} \tag{5.12}$$

其中，$\mathrm{SS}_{总}$ 为响应变量观测值的校正平方和。残差平方和有 $n-2$ 个自由度，因为两个自由度与得到 $\hat{y}_i$ 的估计值 $\hat{\beta}_0$ 与 $\hat{\beta}_1$ 相关。

最后得到 σ^2 的无偏估计量为

$$\sigma^2 = \frac{\mathrm{SS}_{残}}{n-2} = \mathrm{MS}_{残} \tag{5.13}$$

其中，$\mathrm{MS}_{残}$ 为残差均方。σ^2 的平方根称为回归标准误差，与响应变量 y 具有相同的单位。

5.2.4　一元回归模型的主要统计检验

回归分析要通过样本所估计的参数代替总体的真实参数，或者说用样本回归线代替总体回归线。尽管从统计性质上已知，如果有足够多的重复抽样，参数的估计值的期望就等于总体的参数真值，但在一次抽样中，估计值不一定就等于真值。那么在一次抽样中，参数的估计值与真值的差异有多大，是否显著，就需要进一步进行统计检验。

一元回归的统计检验主要包括拟合优度检验、变量显著性检验和残差标准差检验。

1. 拟合优度检验

拟合优度检验是用卡方统计量进行统计显著性检验的重要内容之一。它是依据总

体分布状况，计算出分类变量中各类别的期望频数，与分布的观察频数进行对比，判断期望频数与观察频数是否有显著差异，从而达到从分类变量进行分析的目的。它是对样本回归直线与样本观测值之间拟合程度的检验。

2. 变量显著性检验(t 检验)

显著性检验就是事先对总体(随机变量)的参数或总体分布形式做出一个假设，然后利用样本信息判断这个假设(备择假设)是否合理，即判断总体的真实情况与原假设是否有显著性差异。显著性检验是针对我们对总体所做的假设进行检验，其原理就是用"小概率事件实际不可能性原理"接受或否定假设。

5.2.5 一元线性回归的 Python 实现

对鸢尾花数据集中的 petal-length 和 petal-width 两列数据进行回归分析。

导入相关包和数据。

```
In[2]:  import pandas as pd
        import numpy as np
        import matplotlib.pyplot as plt
        from sklearn.datasets import load_iris
        from sklearn.linear_model import LinearRegression
        %matplotlib inline
        iris = load_iris()       # 导入数据集
        data = pd.DataFrame(iris.data)
        data.columns = ['sepal - length', 'sepal - width', 'petal - length', 'petal - width']
        data.head()              # 显示前 5 行
```

输出数据如图 5-3 所示。

	sepal-length	sepal-width	petal-length	petal-width
0	5.1	3.5	1.4	0.2
1	4.9	3.0	1.4	0.2
2	4.7	3.2	1.3	0.2
3	4.6	3.1	1.5	0.2
4	5.0	3.6	1.4	0.2

图 5-3 数据集前 5 行

对数据集中的 petal-length 和 petal-width 列进行回归分析。

```
In[3]:  from sklearn.model_selection import train_test_split
        # 使用 sklearn 完成一元线性回归
        x = data['petal - length'].values
        y = data['petal - width'].values
        x = x.reshape(-1,1)
        y = y.reshape(-1,1)
        x_train, x_test, y_train, y_test = train_test_split(x, y, test_size = 0.2,
        random_state = 666)
        clf = LinearRegression()
```

```
clf.fit(x_train,y_train)
pre = clf.predict(x_test)
plt.scatter(x_test,y_test,s = 50)
plt.plot(x_test,pre,'r - ',linewidth = 2)
plt.xlabel('petal - length')
plt.ylabel('petal - width')
for idx, m in enumerate(x_test):
    plt.plot([m,m],[y_test[idx],pre[idx]], 'g - ')
plt.show()
```

输出结果如图 5-4 所示。

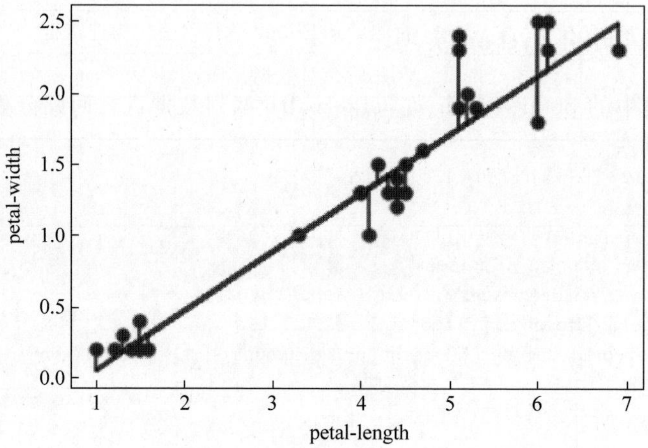

图 5-4 线性回归分析

显示回归线的参数。

```
In[4]:    print(u"系数:", clf.coef_ )
          print(u"截距:", clf.intercept_ )
          from sklearn.metrics import mean_squared_error as s_mean_squared_error
          from sklearn.metrics import mean_absolute_error as s_mean_absolute_error
          from sklearn.metrics import r2_score as s_r2_score
          print('MAE: %.4f' % s_mean_squared_error(y_test, pre))
          print('MSE: %.4f' % s_mean_absolute_error(y_test, pre))
          print('R^2: %.4f' % s_r2_score(y_test, pre))
Out[4]:   系数: [[0.4118243]]
          截距: [ - 0.3571818]
          MAE:0.0529
          MSE:0.1676
          R^2:0.9117
```

对花萼长度为 3.9 的花,预测其花萼宽度。

```
In[5]:    print(clf.predict([[3.9]]) )
Out[5]:   [[1.25752057]]
```

扫一扫

视频讲解

5.3 多元线性回归

在实际经济问题中，一个变量往往受到多个变量的影响。例如，家庭消费支出除了受家庭可支配收入的影响外，还受诸如家庭所有的财富、物价水平、金融机构存款利息等多种因素的影响。也就是说，一个因变量和多个自变量有依存关系，而且有时几个影响因素的主次难以区分，或者有的因素虽属次要，但也不能忽略。这时采用一元回归分析进行预测难以奏效，需要多元回归分析。

5.3.1 多元线性回归模型

多元回归分析是指通过对两个或两个以上的自变量与一个因变量的相关分析，建立预测模型进行预测的方法。当自变量与因变量之间存在线性关系时称为多元线性回归分析。

假定因变量 y 与 k 个解释变量 $x_1,x_2,\cdots,x_k$ 之间具有线性关系，是解释变量的多元线性函数，即

$$y=\beta_0+\beta_1x_1+\beta_2x_2+\cdots+\beta_kx_k+\mu \tag{5.14}$$

其中，偏回归系数(Partial Regression Coefficient)$\beta_i(i=1,2,\cdots,k)$为 k 个未知参数，β_0 为常数项；μ 为随机误差项。

对于 n 个观测值，其方程组形式为

$$y_i=\beta_0+\beta_1x_{1i}+\beta_2x_{2i}+\cdots+\beta_kx_{ki}+\mu_i \tag{5.15}$$

多元线性回归模型含有多个解释变量，这些解释变量同时对 y 发生作用，若要考查其中一个解释变量对 y 的影响，就要假设其他解释变量保持不变。因此，多元线性模型中的回归系数 $\beta_i(i=1,2,\cdots,k)$称为偏回归系数，表示在其他自变量保持不变时，x_i 增加或减少一个单位时 y 的平均变化量。

偏回归系数 $\beta_i(i=0,1,2,\cdots,k)$都是未知的，可以利用样本观测值$(x_{1i},x_{2i},\cdots,x_{ki},y_i)$进行估计。如果计算得到的参数估计值为 $\hat{\beta}_0,\hat{\beta}_1,\cdots,\hat{\beta}_k$，用参数估计值代替总体回归方程中的位置参数 $\beta_0,\beta_1,\cdots,\beta_k$，则多元线性回归方程为

$$\hat{Y}_i=\hat{\beta}_0+\hat{\beta}_1x_{1i}+\cdots+\hat{\beta}_kx_{ki} \tag{5.16}$$

其中，$\hat{\beta}_i(i=1,2,\cdots,k)$为参数估计值；$\hat{Y}_i(i=1,2,\cdots,k)$为 y_i 的回归值或拟合值。由样本回归方程得到的估计值 $\hat{Y}_i$ 与观测值 Y_i 之间的偏差称为残差 e_i，计算式为

$$e_i=Y_i-\hat{Y}_i=Y_i-(\hat{\beta}_0+\hat{\beta}_1x_{1i}+\cdots+\hat{\beta}_kx_{ki}) \tag{5.17}$$

建立多元线性回归模型时，为了保证回归模型具有优良的解释能力和预测效果，应首先注意自变量的选择，其准则如下。

(1) 自变量对因变量必须有显著的影响，并呈密切的线性相关；

(2) 自变量与因变量之间的线性相关必须是真实的，而不是形式上的；

(3) 自变量之间应具有一定的互斥性，即自变量之间的相关程度不应高于自变量与

因变量之间的相关程度;

(4) 自变量应具有完整的统计数据,其预测值容易确定。

5.3.2 多元线性回归模型的参数估计

多元线性回归模型的参数估计与一元线性回归相同,也是在要求误差平方和最小的前提下,用最小二乘法求解参数。

以二元线性回归模型为例,求解回归参数的标准方程组为

$$\begin{cases} \sum y = nb_0 + b_1 \sum x_1 + b_2 \sum x_2 \\ \sum x_1 y = b_0 \sum x_1 + b_1 \sum x_1^2 + b_2 \sum x_1 x_2 \\ \sum x_2 y = b_0 \sum x_2 + b_1 \sum x_1 x_2 + b_2 \sum x_2^2 \end{cases} \tag{5.18}$$

解此方程可求得 b_0, b_1, b_2 的数值(表示为矩阵形式)如下。

$$\boldsymbol{b} = (\boldsymbol{x}'\boldsymbol{x})^{-1} \cdot (\boldsymbol{x}'\boldsymbol{y}) \tag{5.19}$$

5.3.3 多元线性回归的假设检验及其评价

(1) 将回归方程中所有自变量作为一个整体来检验它们与因变量之间是否具有线性关系(方差分析法、复相关系数);

(2) 对回归方程的预测或解释能力做出综合评价(决定系数);

(3) 在此基础上进一步对各个变量的重要性做出评价(偏回归平方和、t 检验和标准回归系数)。

5.3.4 多元线性回归的 Python 实现

本节利用波士顿房价数据集进行多元线性回归分析。该数据集源于一份美国某经济学杂志上的分析研究,数据集中的每行数据都是对波士顿周边或城镇房价的描述,如表 5-1 所示。

表 5-1 波士顿房价数据集各字段及其含义

字段名	含义
CRIM	城镇人均犯罪率
INDUS	城镇中非住宅用地所占比例
NOX	环保指数
AGE	1940 年以前建成的自住单位的比例
RAD	距离高速公路的便利指数
PRTATIO	城镇中的教师学生比例
LSTAT	地区中有多少房东属于低收入人群
ZN	住宅用地所占比例
CHAS	虚拟变量,用于回归分析
RM	每栋住宅的房间数

续表

字　段　名	含　　义
DIS	距离 5 个波士顿的就业中心的加权距离
TAX	万美元的不动产税率
B	城镇中的黑人比例
MEDV	自住房屋房价中位数(也就是均价)

首先导入数据集。

```
In[6]:    import numpy as np
          import pandas as pd
          import matplotlib.pyplot as plt
          data = pd.read_excel('data/boston_house_prices.xlsx')
          display(data.sample(5))
          y = data['MEDV']
          X = data.drop('MEDV',axis = 1)
```

输出数据如图 5-5 所示。

	CRIM	ZN	INDUS	CHAS	NOX	RM	AGE	DIS	RAD	TAX	PTRATIO	B	LSTAT	MEDV
355	0.10659	80.0	1.91	0	0.413	5.936	19.5	10.5857	4	334	22.0	376.04	5.57	20.6
72	0.09164	0.0	10.81	0	0.413	6.065	7.8	5.2873	4	305	19.2	390.91	5.52	22.8
443	9.96654	0.0	18.10	0	0.740	6.485	100.0	1.9784	24	666	20.2	386.73	18.85	15.4
52	0.05360	21.0	5.64	0	0.439	6.511	21.1	6.8147	4	243	16.8	396.90	5.28	25.0
124	0.09849	0.0	25.65	0	0.581	5.879	95.8	2.0063	2	188	19.1	379.38	17.58	18.8

图 5-5　波士顿房价数据集

然后进行多元线性回归建模。

```
In[7]:    from sklearn.linear_model import LinearRegression
          #引入多元线性回归算法模块进行相应的训练
          simple2 = LinearRegression()
          from sklearn.model_selection import train_test_split
          x_train,x_test,y_train,y_test = train_test_split(x,y,random_state = 666)
          simple2.fit(x_train,y_train)
          print('多元线性回归模型系数：\n',simple2.coef_)
          print('多元线性回归模型常数项：',simple2.intercept_)
          y_predict = simple2.predict(x_test)
Out[7]:   多元线性回归模型系数：
           [-1.14235739e-01   3.12783163e-02  -4.30926281e-02
            -9.16425531e-02  -1.09940036e+01   3.49155727e+00
            -1.40778005e-02  -1.06270960e+00   2.45307516e-01
            -1.23179738e-02  -8.80618320e-01
             8.43243544e-03  -3.99667727e-01]
          多元线性回归模型常数项：32.64566083965332
```

最后进行模型分析。

```
In[8]:    from sklearn.metrics import mean_absolute_error
          from sklearn.metrics import mean_squared_error
          from sklearn.metrics import r2_score
          #直接调用库函数输出 R2
          print('预测值的均方误差: ',
          mean_squared_error(y_test,y_predict))
          print(r2_score(y_test,y_predict))
          print(simple2.score(x_test,y_test))
          print('各特征间的系数矩阵: \n',simple2.coef_)
          print('影响房价的特征排序: \n',np.argsort(simple2.coef_))
          print('影响房价的特征排序: \n',
          X.columns[np.argsort(simple2.coef_)])
Out[8]:   预测值的均方误差: 13.012127852260955
          0.8008916199519095
          0.8008916199519095
          各特征间的系数矩阵:
           [-1.14235739e-01   3.12783163e-02  -4.30926281e-02  -9.16425531e-02
            -1.09940036e+01   3.49155727e+00  -1.40778005e-02  -1.06270960e+00
             2.45307516e-01  -1.23179738e-02  -8.80618320e-01   8.43243544e-03
            -3.99667727e-01]
          影响房价的特征排序:
           [ 4  7 10 12  0  3  2  6  9 11  1  8  5]
          影响房价的特征排序:
           ['NOX' 'DIS' 'PTRATIO' 'LSTAT' 'CRIM' 'CHAS' 'INDUS' 'AGE' 'TAX' 'B' 'ZN' 'RAD' 'RM']
```

扫一扫

视频讲解

5.4 逻辑回归

线性回归算法能对连续值的结果进行预测,而逻辑回归模型是机器学习从统计领域借鉴的另一种技术,用于分析二分类或有序的因变量与解释变量之间的关系。逻辑回归算法是一种广义的线性回归分析方法,它仅在线性回归算法的基础上,利用 Sigmoid 函数对事件发生的概率进行预测。也就是说,在线性回归中可以得到一个预测值,然后将该值通过逻辑函数进行转换,将预测值转换为概率值,再根据概率值实现分类。逻辑回归常用于数据挖掘、疾病自动诊断和经济预测等领域。

5.4.1 逻辑回归模型

逻辑回归与线性回归类似,因为二者的目标都是找出每个输入变量的权重值。与线性回归不同的是,输出的预测值需要使用逻辑函数的非线性函数进行变换。逻辑函数即 Sigmoid 函数,能将任意值转换为 0～1 的范围内。Sigmoid 函数定义如下。

$$g(z)=\frac{1}{1+\mathrm{e}^{-z}} \tag{5.20}$$

绘制 Sigmoid 函数图像,代码如下,输出如图 5-6 所示。

```
In[9]:  import matplotlib.pyplot as plt
        import numpy as np
        def sigmoid(x):
            return 1./(1. + np.exp( - x))
        x = np.arange( - 8, 8, 0.2)
        y = sigmoid(x)
        plt.plot(x,y)
        plt.xlabel(' $ x $ ',fontsize = 13)
        plt.ylabel(' $ y $ ',fontsize = 13,rotation = 0)
        plt.title('Sigmoid')
        plt.show()
```

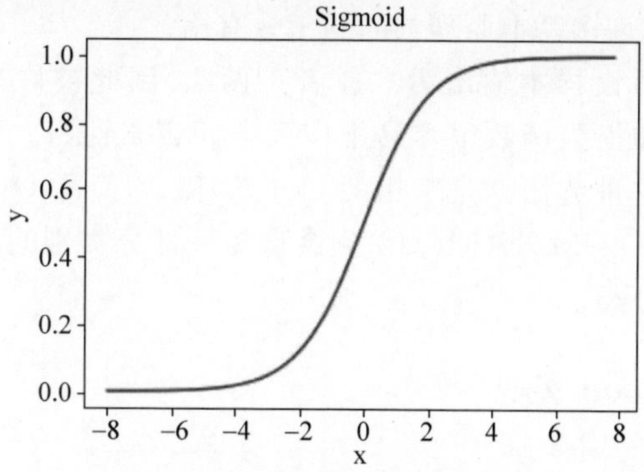

图 5-6 Sigmoid 函数

将 Sigmoid 函数应用到逻辑回归算法中,形式为

$$z=\boldsymbol{\theta}^{\mathrm{T}}\boldsymbol{x}=\theta_0+\theta_1x_1+\cdots+\theta_nx_n=\sum_{i=0}^{n}\boldsymbol{\theta}_ix_i \tag{5.21}$$

结合式(5.20)和式(5.21)可得

$$h_\theta(x)=g(\boldsymbol{\theta}^{\mathrm{T}}\boldsymbol{x})=\frac{1}{1+\mathrm{e}^{-\boldsymbol{\theta}^{\mathrm{T}}\boldsymbol{x}}} \tag{5.22}$$

其中,$\boldsymbol{\theta}$ 为模型函数;$h_{\boldsymbol{\theta}}(x)$的输出表示 $y=1$ 的概率。

将模型写成矩阵的形式,$h_{\boldsymbol{\theta}}(x)$用概率 p 表示,则逻辑回归模型为

$$p_{\boldsymbol{\theta}}(X)=\frac{1}{1+\mathrm{e}^{-\boldsymbol{\theta}^{\mathrm{T}}X}} \tag{5.23}$$

假设样本输出为 0 或者 1 两类,则有 $P(y=1|x,\boldsymbol{\theta})=p_{\boldsymbol{\theta}}(x)$,$P(y=0|x,\boldsymbol{\theta})=1-p_{\boldsymbol{\theta}}(x)$,由此得到 y 的概率分布表达式为

$$P(y\mid x,\boldsymbol{\theta})=p_{\boldsymbol{\theta}}(x)^y(1-p_{\boldsymbol{\theta}}(x))^{1-y} \tag{5.24}$$

可以用似然函数 $L(\boldsymbol{\theta})$最大化求解模型参数$\boldsymbol{\theta}$,n 为样本数。

$$L(\boldsymbol{\theta})=\prod_{i=1}^{n}P(y_i\mid x_i,\boldsymbol{\theta}) \tag{5.25}$$

对似然函数对数化取反,则有

$$J(\boldsymbol{\theta})=-\log L(\boldsymbol{\theta})=-\sum_{i=1}^{n}(y_i\log(p_{\boldsymbol{\theta}}(x_i))+(1-y_i)\log(1-p_{\boldsymbol{\theta}}(x_i))) \tag{5.26}$$

则矩阵 $\boldsymbol{X}$ 表示的 $J(\boldsymbol{\theta})$ 为

$$J(\boldsymbol{\theta}) = -\boldsymbol{Y}^{\mathrm{T}}\log p_{\boldsymbol{\theta}}(\boldsymbol{X}) - (\boldsymbol{E}-\boldsymbol{Y})^{\mathrm{T}}\log(E - p_{\boldsymbol{\theta}}(\boldsymbol{X})) \tag{5.27}$$

对 $\boldsymbol{\theta}$ 求偏导，有

$$\frac{\partial J(\boldsymbol{\theta})}{\partial \boldsymbol{\theta}} = \boldsymbol{X}^{\mathrm{T}}(p_{\boldsymbol{\theta}}(\boldsymbol{X}) - \boldsymbol{Y}) \tag{5.28}$$

利用梯度下降法求解最佳参数 $\boldsymbol{\theta}$，迭代公式为

$$\boldsymbol{\theta} = \boldsymbol{\theta} - \alpha\boldsymbol{X}^{\mathrm{T}}(p_{\boldsymbol{\theta}}(\boldsymbol{X}) - \boldsymbol{Y}) \tag{5.29}$$

其中，α 为梯度下降法的步长，对式(5.29)多次迭代即可得到训练后的模型参数 θ。

由于模型特有的学习方式，通过逻辑回归所做的预测也可以用于计算属于类 0 或类 1 的概率。这对于需要给出许多基本原理的问题十分有用。

上述逻辑回归模型中假设样本输出为 0 或者 1 两类，因此被称为二元逻辑回归模型。二元逻辑回归的模型和损失函数很容易推广到多元逻辑回归。例如总是认为某种类型为正值，其余为 0 值，这种方法就是常用的 One-vs-Rest，简称 OvR。再如有一种多元逻辑回归的方法是 Many-vs-Many(MvM)，它会选择一部分类别的样本和另一部分类别的样本来做逻辑回归二分类。

5.4.2 逻辑回归的 Python 实现

首先导入相关包和数据。

```
In[10]:    from sklearn.datasets import load_iris
           X = load_iris().data
           y = load_iris().target
           print('前 8 条数据:\n',X[:8])
           print('前 8 条数据对应的类型: ',y[:8])
Out[10]:   前 8 条数据:
            [[5.1 3.5 1.4 0.2]
            [4.9 3.  1.4 0.2]
            [4.7 3.2 1.3 0.2]
            [4.6 3.1 1.5 0.2]
            [5.  3.6 1.4 0.2]
            [5.4 3.9 1.7 0.4]
            [4.6 3.4 1.4 0.3]
            [5.  3.4 1.5 0.2]]
           前 8 条数据对应的类型: [0 0 0 0 0 0 0 0]
```

划分训练集和测试集并进行归一化。

```
In[11]:    from sklearn.model_selection import train_test_split
           X_train, X_test, y_train, y_test = train_test_split(X, y, test_size = 0.25,
           random_state = 0)
           from sklearn.preprocessing import StandardScaler
           sc = StandardScaler()
           X_train = sc.fit_transform(X_train)
           X_test = sc.transform(X_test)
           print(X_train[:5])
```

```
Out[11]:    [[  0.01543995   -0.11925475    0.22512685    0.35579762]
             [-0.09984503   -1.04039491    0.11355956   -0.02984109]
             [  1.05300481   -0.11925475    0.95031423    1.12707506]
             [-1.36797986    0.34131533   -1.39259884   -1.31530348]
             [  1.1682898     0.11103029    0.72717965    1.38416753]]
```

训练逻辑回归模型并对测试集进行预测。

```
In[12]:    from sklearn.linear_model import LogisticRegression
           classifier = LogisticRegression(random_state = 0)
           classifier.fit(X_train, y_train)
           y_pred = classifier.predict(X_test)
           #用 LogisticRegression 自带的 score()方法获得模型在测试集上的准确性
           print('Accuracy of LR Classifier: %.3f' % classifier.score(X_test,y_test))
Out[12]:   Accuracy of LR Classifier:0.816
```

扫一扫

视频讲解

5.5 其他回归分析

5.5.1 多项式回归

1. 多项式回归原理

线性回归的局限性是只能应用于存在线性关系的数据中,但是在实际生活中,很多数据之间是非线性关系,虽然也可以用线性回归拟合非线性回归,但是效果会变差,这时就需要对线性回归模型进行改进,使之能够拟合非线性数据。多项式回归模型是线性回归模型的一种,此时回归函数关于回归系数是线性的。由于任何函数都可以用多项式逼近,因此多项式回归有着广泛应用。

研究一个因变量与一个或多个自变量间多项式的回归分析方法,称为多项式回归(Polynomial Regression)。自变量只有一个时,称为一元多项式回归;自变量有多个时,称为多元多项式回归。在一元回归分析中,如果因变量 y 与自变量 x 的关系为非线性的,但又找不到适当的函数曲线来拟合,则可以采用一元多项式回归。在这种回归技术中,最佳拟合线不是直线,而是一个用于拟合数据点的曲线。

一元多项式回归的模型可表示如下:

$$h_\theta(x)=\theta_0+\theta_1 x+\theta_2 x^2+\cdots+\theta_n x^n \tag{5.30}$$

多项式回归的任务就是估计出各 θ 值。θ 可以采用均方误差作为损失函数,用梯度下降法求解。多项式的次数一般根据经验和实验确定,过小会导致欠拟合,过大则导致过拟合。

2. 多项式回归的 Python 实现

1)准备数据

```
In[13]:    import numpy as np
           import matplotlib.pyplot as plt
```

```
x = np.random.uniform(-3,3, size=100)   # 产生 100 个随机数
X = x.reshape(-1,1)                     #将 x 变成矩阵,一行一列的形式
y = 0.5 * x**2 +x +2 + np.random.normal(0,1,size=100)
#数据中引入噪声
plt.scatter(x,y)
plt.show()
```

输出数据如图 5-7 所示。

2）线性回归

```
In[14]:    from sklearn.linear_model import LinearRegression
           #线性回归
           lin_reg = LinearRegression()
           lin_reg.fit(X,y)
           y_predict = lin_reg.predict(X)
           plt.rcParams['font.family'] = ['SimHei']
           plt.rcParams['axes.unicode_minus'] = False
           plt.title('线性回归')
           plt.scatter(x,y)
           plt.plot(x,y_predict,color='r')
           plt.show()
```

输出结果如图 5-8 所示。

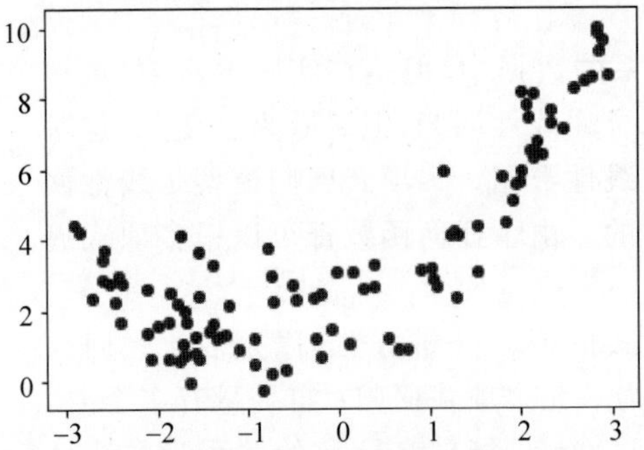

图 5-7 准备数据

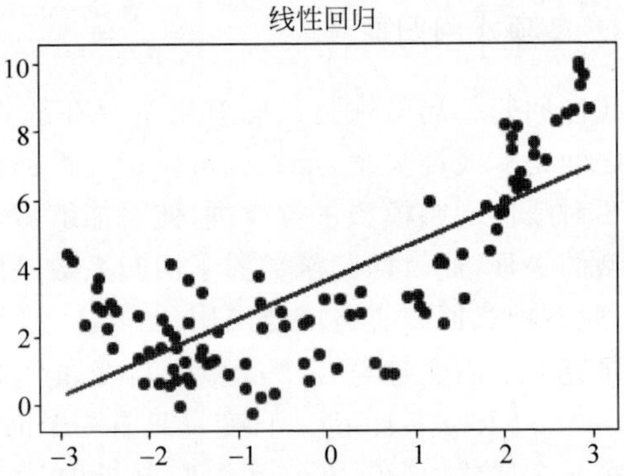

图 5-8 线性回归

3）多项式回归

```
In[15]:    from sklearn.preprocessing import PolynomialFeatures
           poly = PolynomialFeatures(degree=2)
           #设置最多添加几次幂的特征项
           poly.fit(X)
           x2 = poly.transform(X)
           from sklearn.linear_model import LinearRegression
           #接下来的代码和线性回归一致
           lin_reg2 = LinearRegression()
           lin_reg2.fit(x2,y)
           y_predict2 = lin_reg2.predict(x2)
           plt.scatter(x,y)
           plt.plot(np.sort(x),y_predict2[np.argsort(x)],color='r')
           plt.title('多项式回归')
```

输出结果如图 5-9 所示。

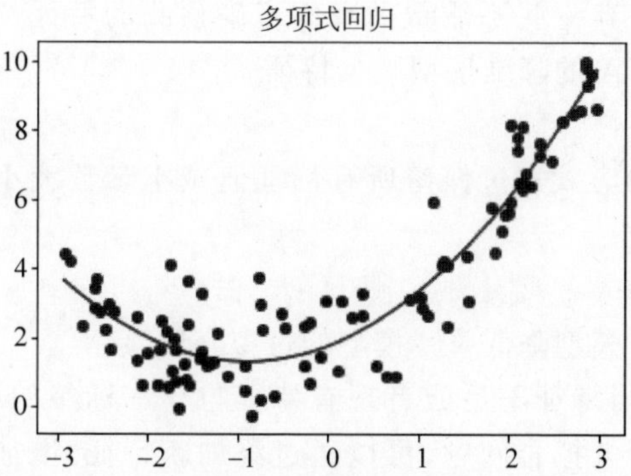

图 5-9　多项式回归

多项式回归的最大优点是可以通过增加 x 的高次项对实测点进行逼近，直至满意为止。但是过高的次数会出现模型的过拟合问题，如图 5-10 所示。过拟合(Over Fitting)也称为过学习，它的直观表现是算法在训练集上表现好，但在测试集上表现不好，泛化性能差。

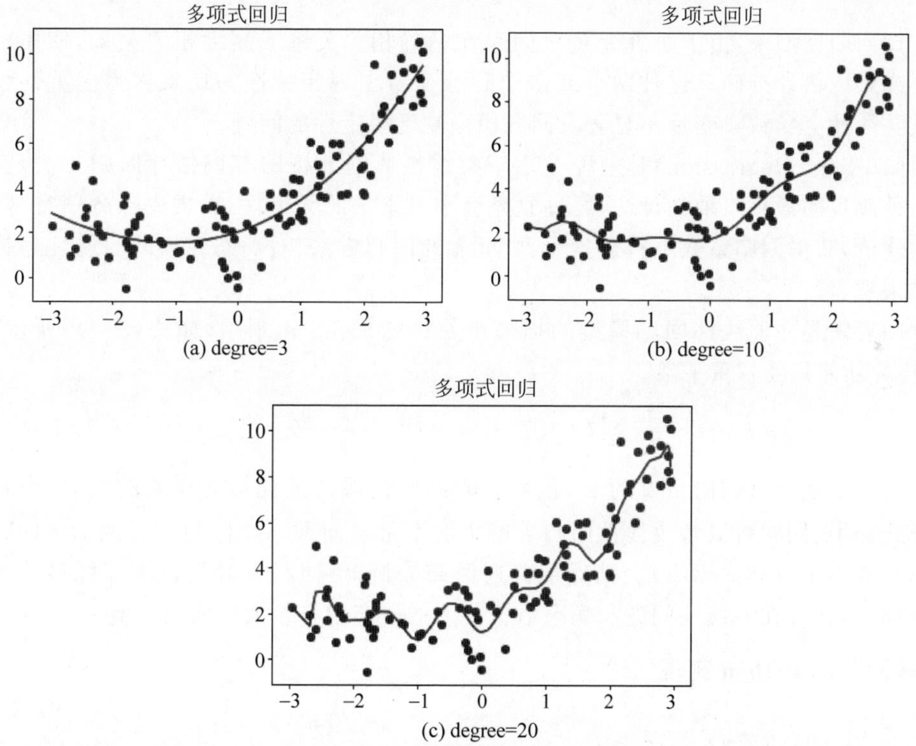

图 5-10　多项式回归的过拟合问题

对于过拟合问题，一般可以通过增加训练数据、降维、正则化与集成学习的方法改善。

(1) 增加训练数据。

使用更多的训练数据是解决过拟合问题的有效手段，因为更多的样本能够让模型学习到更多有效特征，并减小噪声的影响。

(2) 降维。

通过降维的方式可以丢弃一些不能帮助我们正确预测的特征。可以手工选择保留哪些特征,或者使用诸如 PCA 的降维模型减少特征。

(3) 正则化。

正则化(Regularization)方式通过保留所有特征但减小参数大小改善或减少过拟合问题。

(4) 集成学习方法。

集成学习通过组合多个模型降低单一模型的过拟合风险。

与过拟合现象相对应,当特征不足或者现有特征与样本标签的相关性不强时,会使模型出现欠拟合现象。对于欠拟合问题,可以通过添加新特征、增加模型复杂度和减小正则化系数来解决。

5.5.2 岭回归

1. 岭回归原理

在线性回归模型中,由于解释变量之间存在精确相关关系或高度相关关系,使模型估计失真或难以估计准确。这种两个或多个解释变量出现相关性的现象称为多重共线性。多重共线性会导致自变量不显著及回归模型缺乏稳定性的问题。

岭回归(Ridge Regression)是一种专用于共线性数据分析的有偏估计回归方法,实质上是一种改良的最小二乘估计法,通过放弃最小二乘法的无偏性,以损失部分信息、降低精度为代价,获得回归系数更符合实际、更可靠的回归方法,对病态数据的耐受性远强于最小二乘法。

岭回归算法是在原线性回归模型的损失函数中增加 L2 正则项,如式(5.31)所示。L2 正则化的功能是使权重平滑。

$$L(\theta)=\frac{1}{N}\sum_{i=1}^{N}(f(x_i;\theta)-y_i)^2+\frac{\lambda}{2}\|\theta\|_2^2 \tag{5.31}$$

其中,$\|\theta\|$ 表示参数向量 θ 的 L_2 范数。岭回归在保证最佳拟合误差的同时,增强模型的泛化能力,同时可以解决线性回归求解中的不可逆问题。岭回归方程的 R^2(回归平方和与总离差平方和的比值)会稍低于普通回归分析,但回归系数的显著性往往明显高于普通回归,在存在共线性问题和病态数据偏多的研究中有较大的实用价值。

2. 岭回归的 Python 实现

```
In[16]:   import numpy as np
          import pandas as pd
          import matplotlib.pyplot as plt
          from sklearn.linear_model import Ridge,Lasso,LinearRegression
          from sklearn.model_selection import train_test_split
          from sklearn.datasets import fetch_california_housing as fch
          # 加载数据集
          house_value = fch()
```

```
    X = pd.DataFrame(house_value.data)            # 提取数据集
    y = house_value.target                         # 提取标签
    X.columns = ["住户收入中位数","房屋使用年代中位数","平均房间数目","平均卧室数目","街区人口","平均入住率","街区的纬度","街区的经度"]
    Xtmp = X
    Xtmp['价格'] = y
    display(Xtmp)
    #划分训练集、测试集
    xtrain,xtest,ytrain,ytest = train_test_split(X,y,test_size = 0.3,random_state = 420)
    #训练集恢复索引
    for i in [xtrain,xtest]:
        i.index = range(i.shape[0])
    #采用岭回归训练模型——定义正则项系数
    reg = Ridge(alpha = 5).fit(xtrain,ytrain)
    # R2 指数
    r2_score = reg.score(xtest,ytest)
    print("r2: %.8f" % r2_score)
    # 探索交叉验证下岭回归与线性回归的结果变化
    from sklearn.model_selection import cross_val_score
    alpha_range = np.arange(1,1001,100)
    ridge,lr = [],[]
    for alpha in alpha_range:
        reg = Ridge(alpha = alpha)
        linear = LinearRegression()
        regs = cross_val_score(reg,x,y,cv = 5,scoring = 'r2').mean()
        linears = cross_val_score(linear,x,y,cv = 5,scoring = "r2").mean()
        ridge.append(regs)
        lr.append(linears)
    plt.plot(alpha_range,ridge,c = 'red',label = 'Ridge')
    plt.plot(alpha_range,lr,c = 'orange',label = 'LR')
    plt.title('Mean')
    plt.legend()
    plt.ylabel('R2')
    plt.show()
```

out[16]:

	住户收入中位数	房屋使用年代中位数	平均房间数目	平均卧室数目	街区人口	平均入住率	街区的纬度	街区的经度	价格
0	8.3252	41.0	6.984127	1.023810	322.0	2.555556	37.88	-122.23	4.526
1	8.3014	21.0	6.238137	0.971880	2401.0	2.109842	37.86	-122.22	3.585
2	7.2574	52.0	8.288136	1.073446	496.0	2.802260	37.85	-122.24	3.521
3	5.6431	52.0	5.817352	1.073059	558.0	2.547945	37.85	-122.25	3.413
4	3.8462	52.0	6.281853	1.081081	565.0	2.181467	37.85	-122.25	3.422
...	...	...	...	...	...	...	...	...	...
20635	1.5603	25.0	5.045455	1.133333	845.0	2.560606	39.48	-121.09	0.781
20636	2.5568	18.0	6.114035	1.315789	356.0	3.122807	39.49	-121.21	0.771
20637	1.7000	17.0	5.205543	1.120092	1007.0	2.325635	39.43	-121.22	0.923
20638	1.8672	18.0	5.329513	1.171920	741.0	2.123209	39.43	-121.32	0.847
20639	2.3886	16.0	5.254717	1.162264	1387.0	2.616981	39.37	-121.24	0.894

20640 rows × 9 columns

r2:0.99999983

输出结果如图 5-11 所示。

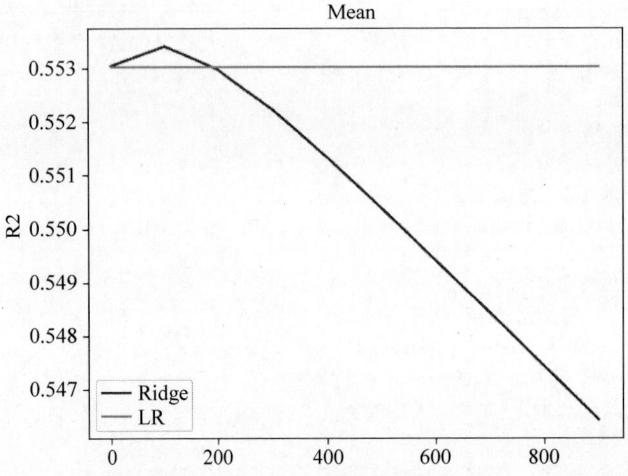

图 5-11 岭回归

通过图形可以看出,线性回归处理的结果始终不变,但是岭回归处理的结果在 alpha 处于 0～100 时有略微提升(不到 0.001),但是随着 alpha 的进一步增大,R2 指数大幅下降,但总体下降也保持在 0.006 左右。所以,整体来看,加利弗尼亚房屋价值数据集存在轻微的多重共线性。

5.5.3 Lasso 回归

1. Lasso 回归原理

岭回归无法剔除变量,而 Lasso(Least Absolute Shrinkage and Selection Operator)回归模型将惩罚项由 L2 范数变为 L1 范数,如式(5.32)所示。L1 正则化可以产生稀疏模型,通过将一些不重要的回归系数缩减为 0,达到剔除变量的目的。

$$L(\theta)=\frac{1}{N}\sum_{i=1}^{N}(f(x_i;\theta)-y_i)^2+\frac{\lambda}{2}\|\theta\| \tag{5.32}$$

2. Lasso 回归的 Python 实现

```
In[17]  import numpy as np
        import pandas as pd
        import matplotlib.pyplot as plt
        from sklearn.linear_model import Ridge,Lasso,LinearRegression
        from sklearn.model_selection import train_test_split
        from sklearn.datasets import fetch_california_housing as fch
        # 加载数据集
        house_value = fch()
        X = pd.DataFrame(house_value.data)           # 提取数据集
        y = house_value.target                       # 提取标签
        X.columns = ["住户收入中位数","房屋使用年代中位数","平均房间数目",
        "平均卧室数目","街区人口","平均入住率","街区的纬度","街区的经度"]
```

```
        xtrain,xtest,ytrain,ytest = train_test_split(X,y,test_size=0.3,random_state=420)
        #训练集恢复索引
        for i in [xtrain,xtest]:
            i.index = range(i.shape[0])
        #采用 Lasso 回归训练模型
        model = Lasso(alpha=0.05).fit(xtrain,ytrain)
        print('模型系数：\n',model.coef_)
        # R2 指数
        r2_score = model.score(xtest,ytest)
        print("r2 值：%.8f" % r2_score)
        coef = pd.Series(model.coef_, index=df.drop('target', axis=1, inplace=
False).columns)
        print(coef[coef != 0].abs().sort_values(ascending = False))
        print('系数为 0 的属性：\n',coef[coef == 0])
Out[17] 模型系数：
        [ 3.85281798e-01  1.31709099e-02  0.00000000e+00  0.00000000e+00
          1.13781560e-05 -3.10302024e-03 -2.71814167e-01 -2.68439573e-01]
        r2 值:0.57693249
        MedInc        0.385282
        Latitude      0.271814
        Longitude     0.268440
        HouseAge      0.013171
        AveOccup      0.003103
        Population    0.000011
        dtype: float64
        系数为 0 的属性：
        AveRooms      0.0
        AveBedrms     0.0
        dtype: float64
```

5.5.4 弹性网络回归

弹性网络回归(Elastic Net Regression)算法的损失函数结合了 Lasso 回归和岭回归的正则化方法，通过两个参数 α 和 ρ 控制惩罚项的大小，如式(5.33)所示。

$$L(\theta)=\frac{1}{N}\sum_{i=1}^{N}(f(x_i;\theta)-y_i)^2+\rho\|\theta\|_1+\frac{1-\rho}{2}\|\theta\|_2^2 \tag{5.33}$$

在 Lasso 回归和岭回归之间进行权衡的一个实际优势是它允许弹性网络回归在旋转下继承岭回归的一些稳定性。

5.5.5 逐步回归

在处理多个自变量时，需要使用逐步回归(Stepwise Regression)。逐步回归中，自变量的选择是在一个自动的过程中完成的，其中包括非人为操作。

逐步回归是通过观察统计的值，如 R^2 等指标，来识别重要的变量，并通过同时添加/删除基于指定标准的协变量来拟合模型。常用的逐步回归方法如下。

(1) 标准逐步回归法：该方法做两件事情，即增加和删除每个步骤所需的预测。

(2) 向前选择法：从模型中最显著的预测开始，然后为每一步添加变量。

(3) 向后剔除法：与模型的所有预测同时开始，然后在每一步消除最小显著性的变量。

逐步回归的目的是使用最少的预测变量最大化预测能力，是处理高维数据集的方法之一。

5.6 小结

(1) 回归分析是广泛应用的统计学分析方法，通过建立因变量 y 和影响它的自变量 $x_i(i=1,2,3,\cdots)$间的回归模型，衡量自变量 x_i 对因变量的影响能力，进而用来预测因变量的发展趋势。回归分析模型包括线性回归和非线性回归两种。线性回归又分为简单线性回归和多重线性回归。非线性回归需要通过对数转化等方式，将其转化为线性回归的形式进行研究。

(2) 一元线性回归分析是根据自变量 x 和因变量 y 的相关关系，建立 x 与 y 的线性回归方程进行预测的方法。由于市场现象一般受多种因素的影响，而并不是仅受一个因素影响，所以应用一元线性回归分析方法，必须对影响市场现象的多种因素进行全面分析。回归方程是否可靠，估计的误差有多大，都还应经过显著性检验和误差计算。

(3) 包括两个或两个以上自变量的回归称为多元线性回归。多元线性回归的基本原理和基本计算过程与一元线性回归相同。

(4) 逻辑回归是一种广义的线性回归分析模型，常用于数据挖掘、疾病自动诊断、经济预测等领域。回归的因变量可以是二分类的，也可以是多分类的，但是二分类更常用，也更加容易解释，多分类可以使用 Softmax 方法进行处理。实际中最常用的就是二分类的逻辑回归。

(5) 多项式回归模型是线性回归模型的一种，回归函数是回归变量多项式；岭回归是一种专用于共线性数据分析的有偏估计回归方法，实质上是一种改良的最小二乘估计法，通过放弃最小二乘法的无偏性，以损失部分信息、降低精度为代价获得回归系数，对病态数据的拟合效果要强于最小二乘法；Lasso 回归是一种压缩估计，它通过构造一个惩罚函数得到一个比较精练的模型，使得压缩一些回归系数，即强制系数绝对值之和小于某个固定值，同时设定一些回归系数为零，因此保留了子集收缩的优点，是一种处理具有复共线性数据的有偏估计；逐步回归的基本思想是将变量逐个引入模型，每引入一个解释变量后都要进行 F 检验，并对已经选入的解释变量逐个进行 t 检验，当原来引入的解释变量由于后面解释变量的引入变得不再显著时，则将其删除，以确保每次引入新的变量之前回归方程中只包含显著性变量。

扫一扫

自测题

习题 5

(1) 简述回归分析的含义及常用的回归分析方法。

(2) 简述逻辑回归的含义及主要过程。

(3) 表 5-2 是 7 个地区 2000 年人均国内生产总值(Gross Domestic Product,GDP)与人均消费水平的统计数据。

表 5-2 7 个地区 2000 年人均国内生产总值与人均消费水平统计数据

地　区	人均 GDP/元	人均消费水平/元
北京市	22460	7326
辽宁省	11226	4490
上海市	34547	11546
江西省	4851	2396
河南省	5444	2208
贵州省	2662	1608
陕西省	4549	2035

试求:

① 以人均 GDP 作为自变量,人均消费水平作为因变量,绘制散点图,并说明二者之间的关系;

② 计算两个变量之间的线性相关系数,说明两个变量之间的关系强度;

③ 求出估计的回归方程,并解释回归系数的实际意义;

④ 计算判定系数,并解释其意义;

⑤ 如果某地区的人均 GDP 为 5000 元,预测其人均消费水平。

本章实训:糖尿病数据的回归分析

本实训对糖尿病数据集进行线性回归分析,其中数据集取自 sklearn 中的 datasets。数据集包含 442 位患者的 10 个生理特征和一年以后的疾病级数指标。

1. 导入数据

```
In[1]   import pandas as pd
        import numpy as np
        import matplotlib.pyplot as plt
        import seaborn as sns
        from sklearn import datasets
        from sklearn.model_selection import train_test_split
        from sklearn.linear_model import LinearRegression
        from sklearn import metrics
        # 加载糖尿病数据集
        diabetes = datasets.load_diabetes()
        # 查看数据集信息
        print(diabetes.keys())
        # 创建 DataFrame
        df = pd.DataFrame(data = np.c_[diabetes['data'], diabetes['target']], columns =
        diabetes['feature_names'] + ['target'])
        # 查看数据集基本信息
        display(df.head())
```

```
Out[1]    dict_keys(['data', 'target', 'frame', 'DESCR', 'feature_names', 'data_filename',
          'target_filename', 'data_module'])
```

	age	sex	bmi	bp	s1	s2	s3	s4	s5	s6	target
0	0.038076	0.050680	0.061696	0.021872	-0.044223	-0.034821	-0.043401	-0.002592	0.019908	-0.017646	151.0
1	-0.001882	-0.044642	-0.051474	-0.026328	-0.008449	-0.019163	0.074412	-0.039493	-0.068330	-0.092204	75.0
2	0.085299	0.050680	0.044451	-0.005671	-0.045599	-0.034194	-0.032356	-0.002592	0.002864	-0.025930	141.0
3	-0.089063	-0.044642	-0.011595	-0.036656	0.012191	0.024991	-0.036038	0.034309	0.022692	-0.009362	206.0
4	0.005383	-0.044642	-0.036385	0.021872	0.003935	0.015596	0.008142	-0.002592	-0.031991	-0.046641	135.0

2. 划分训练集和测试集,线性回归模型拟合

```
In[2]     # 定义特征值和目标值
          X = df[diabetes['feature_names']]
          y = df['target']
          # 划分训练集和测试集
          X_train, X_test, y_train, y_test = train_test_split(X, y, test_size = 0.2,
random_state = 42)
          # 创建线性回归模型
          lr = LinearRegression()
          # 训练模型
          lr.fit(X_train, y_train)
          # 对测试集进行预测
          y_pred = lr.predict(X_test)
          print('模型评估: ')
          print('Mean Absolute Error:', metrics.mean_absolute_error(y_test, y_pred))
          print('Mean Squared Error:', metrics.mean_squared_error(y_test, y_pred))
          print('Root Mean Squared Error:', np.sqrt(metrics.mean_squared_error(y_test, y_pred)))
coefficients = lr.coef_
          print('模型系数: ')
          # 打印特征和对应的系数
          for coef, feature in zip(coefficients, diabetes.feature_names):
              print(f'{feature}: {coef}')
Out[2]    模型评估:
          Mean Absolute Error: 42.79389304196525
          Mean Squared Error: 2900.1732878832318
          Root Mean Squared Error: 53.8532569849144
          模型系数:
          age: 37.900314258246446
          sex: -241.96624835284436
          bmi: 542.4257534189238
          bp: 347.70830529228033
          s1: -931.4612609313972
          s2: 518.0440554737888
          s3: 163.40353476472802
          s4: 275.31003836682186
          s5: 736.1890983908114
          s6: 48.67112488280129
```

3. 岭回归分析

```
In[3]     from sklearn.linear_model import Ridge
          # 创建岭回归模型
          ridge = Ridge(alpha = 1.0)
          # 训练模型
          ridge.fit(X_train, y_train)
          # 对测试集进行预测
          y_pred_ridge = ridge.predict(X_test)
          print('模型评估:')
          print('Mean Absolute Error:', metrics.mean_absolute_error(y_test, y_pred_ridge))
          print('Mean Squared Error:', metrics.mean_squared_error(y_test, y_pred_ridge))
          print('Root Mean Squared Error:', np.sqrt(metrics.mean_squared_error(y_test,
y_pred_ridge)))
          coefficients = ridge.coef_
          print('模型系数:')
          # 打印特征和对应的系数
          for coef, feature in zip(coefficients, diabetes.feature_names):
              print(f'{feature}: {coef}')
Out[3]    模型评估:
          Mean Absolute Error: 46.13882011787756
          Mean Squared Error: 3077.4142782200897
          Root Mean Squared Error: 55.47444707448727
          模型系数:
          age: 45.366859744913945
          sex: -76.66636624082388
          bmi: 291.33821591723364
          bp: 198.99801883156908
          s1: -0.5304341249350276
          s2: -28.577347386502854
          s3: -144.51218613030392
          s4: 119.2599602422576
          s5: 230.22123208777256
          s6: 112.14980967507205
```

使用岭回归模型后，预测误差反而略微增大了。岭回归模型的正则化参数 alpha 值设置为 1.0。这个参数控制模型的复杂度，如果设置得太大，可能会导致模型欠拟合；如果设置得太小，可能会导致模型过拟合。为了选择最优的 alpha 值，通常可以采用交叉验证方法。

4. 使用 sklearn 库进行岭回归并添加网格搜索交叉验证选择最优 alpha 值

```
In[4]     from sklearn.linear_model import Ridge
          from sklearn.model_selection import GridSearchCV
          # 设置 alpha 参数的候选值
          param_grid = {'alpha': [0.001, 0.01, 0.1, 1, 10, 100, 1000]}
          # 创建岭回归模型
          ridge = Ridge()
          # 创建 GridSearchCV 对象
          grid = GridSearchCV(estimator = ridge, param_grid = param_grid, cv = 5)
          # 使用 GridSearchCV 进行参数搜索
```

```
        grid.fit(X_train, y_train)
        # 输出最优的 alpha 值
        print('Best alpha:', grid.best_params_)
        # 使用最优参数的模型对测试集进行预测
        y_pred_ridge_best = grid.predict(X_test)
        # 计算误差
        print('Mean Absolute Error:', metrics.mean_absolute_error(y_test, y_pred_ridge_best))
        print('Mean Squared Error:', metrics.mean_squared_error(y_test, y_pred_ridge_best))
        print('Root Mean Squared Error:', np.sqrt(metrics.mean_squared_error(y_test,
y_pred_ridge_best)))
        print('模型系数:')
        # 获取最优模型
        best_ridge = grid.best_estimator_
        # 获取每个特征的系数
        coefficients = best_ridge.coef_
        # 打印特征和对应的系数
        for coef, feature in zip(coefficients, diabetes.feature_names):
            print(f'{feature}: {coef}')
Out[4]  Best alpha: {'alpha': 0.1}
        Mean Absolute Error: 42.996907143992104
        Mean Squared Error: 2856.4817315700866
        Root Mean Squared Error: 53.446063761235834
        模型系数:
        age: 42.853744706941
        sex: -205.49571833015793
        bmi: 505.08633402034843
        bp: 317.09877365169933
        s1: -108.49829825216383
        s2: -86.2387598969838
        s3: -190.36567438363295
        s4: 151.70673169925826
        s5: 392.28728163779675
        s6: 79.9083621928267
```

5. Lasso 回归分析

```
In[5]   from sklearn.model_selection import GridSearchCV
        # 定义超参数搜索空间
        parameters = {'alpha': [1e-5, 1e-4, 1e-3, 1e-2, 1e-1, 1, 10, 100]}
        # 创建 Lasso 回归模型
        lasso = Lasso()
        # 创建 GridSearchCV 对象
        grid = GridSearchCV(lasso, parameters, cv=5)
        # 使用 GridSearchCV 进行模型训练和参数选择
        grid.fit(X_train, y_train)
        # 输出最优的 alpha 值
        print(f"Best alpha: {grid.best_params_}")
        # 使用最优的模型进行预测
        y_pred_best = grid.predict(X_test)
        # 计算误差
        print('Mean Absolute Error:', metrics.mean_absolute_error(y_test, y_pred_best))
```

```
        print('Mean Squared Error:', metrics.mean_squared_error(y_test, y_pred_best))
        print('Root Mean Squared Error:', np.sqrt(metrics.mean_squared_error(y_test,
y_pred_best)))
        # 获取最优模型
        best_lasso = grid.best_estimator_
        # 获取每个特征的系数
        coefficients = best_lasso.coef_
        # 打印特征和对应的系数
        for coef, feature in zip(coefficients, diabetes.feature_names):
            print(f'{feature}: {coef}')
Out[5]  Best alpha: {'alpha': 0.1}
        Mean Absolute Error: 42.85440129120524
        Mean Squared Error: 2798.190968742364
        Root Mean Squared Error: 52.89792972075905
        age: 0.0
        sex: -152.66706551591486
        bmi: 552.6941723976295
        bp: 303.37055083251687
        s1: -81.36483449816949
        s2: -0.0
        s3: -229.2582981620041
        s4: 0.0
        s5: 447.91818930868976
        s6: 29.642353747992672
```

第6章

关联规则挖掘

关联规则分析用于在一个数据集中找出各数据项之间的关联关系，广泛用于购物篮数据、生物信息学、医疗诊断、网页挖掘和科学数据分析中。

扫一扫

视频讲解

6.1 关联规则分析概述

关联规则分析又称为购物篮分析，最早是为了发现超市销售数据库中不同商品之间的关联关系。例如，有一些超市购物清单，每单有一些商品，如何从中找到最常用的组合？再如，快餐店点餐，客户可能点鸡翅和薯条，或者汉堡和可乐，从消费者的角度选择套餐会比单点更加便宜；另外，从商家的角度，如何从消费者的行为习惯中发现“套餐”，不仅可以促进消费，还能在一定程度上提高消费者的忠诚度。

采用关联模型比较典型的案例是“尿布与啤酒”的故事。在美国，一些年轻的父亲下班后经常要到超市去买婴儿尿布，超市也因此发现了一个规律，在购买婴儿尿布的年轻父亲中，有30%～40%的人同时要买一些啤酒。超市随后调整了货架的摆放，把尿布和啤酒放在一起，明显增加了销售额。同样地，还可以根据关联规则在商品销售方面做各种促销活动。

关联规则分析通过量化的数字描述某物品的出现对其他物品的影响程度，是数据挖掘中较活跃的研究方法之一。目前常用的关联规则分析算法如表6-1所示。

表6-1 常用的关联规则分析算法

算法名称	算法描述
Apriori	第一个关联规则挖掘算法，也是数据挖掘十大算法之一，它利用逐层搜索的迭代方法找出数据库中项集的关系

续表

算法名称	算法描述
FP-Tree	针对 Apriori 算法多次扫描数据集的缺陷，使用一种紧缩的数据结构存储查找频繁项集所需要的全部信息
Eclat	算法采用垂直数据表示形式，在概念格理论的基础上利用基于前缀的等价关系将搜索空间划分为较小的子空间
灰色关联法	分析和确定各因素之间的影响程度或若干子因素对主因素的贡献度

扫一扫

视频讲解

6.2 频繁项集、闭项集和关联规则

关联规则分析最早是为了发现超市销售数据库中不同商品间的关联关系。例如，一个超市的管理者想要更多地了解顾客的购物习惯，如哪些商品可能在一次购物中被同时购买，或者某顾客购买了计算机，那之后他购买打印机的概率有多大？如何从客户的购物行为中挑出最受欢迎的单品组合作为捆绑组合？首先想到的是，商品购买量最高的前几个是可以加入套餐的，这就是一种频繁项集的思想。

频繁模式(Frequent Pattern)是指频繁出现在数据集中的模式(如项集、子序列或子结构)。挖掘频繁模式可以揭示数据集内在的、重要的特性，可以作为很多重要数据挖掘任务的基础，比如：

(1) 关联、相关和因果分析；

(2) 序列、结构(如子图)模式分析；

(3) 时空、多媒体、时序和流数据中的模式分析；

(4) 分类：关联分类；

(5) 聚类分析：基于频繁模式的聚类；

(6) 数据仓库：冰山方体计算。

1. 关联规则的表示形式

模式可以用关联规则(Association Rule)的形式表示。例如，购买计算机也趋向于同时购买打印机，可以用以下关联规则表示。

$$\text{buy computer} \Rightarrow \text{buy printer}[\text{Support}=20\%, \text{Confidence}=60\%] \tag{6.1}$$

支持度(Support)和置信度(Confidence)是规则兴趣度的两种度量，分别反映规则的有用性和确定性。关联规则的支持度为20%，意味着事务记录中20%的客户会同时购买计算机和打印机，置信度为60%表示购买了计算机的客户中60%还会购买打印机。在典型情况下，如果关联规则是有趣的，则它会满足最小支持度阈值和最小置信度阈值。这些阈值一般由用户或领域专家设定。

2. 频繁项集和闭项集

给定项的集合 $I=\{I_1, I_2, \cdots, I_n\}$，任务相关的数据 D 是数据库事务的集合，其中每

个事务 T 是一个非空项集,使 $T\subseteq I$。每个事务都有一个标识,称为 TID。关联规则是形如 $A\Rightarrow B$ 的蕴含式,其中 $A\subset I,B\subset I$,A 和 B 不为空且没有交集。规则 $A\Rightarrow B[s,c]$具有支持度 s 和置信度 c。s 是指 D 中事务包含 $A\cup B$(即 A 和 B 的并集)的百分比,记为 $P(A\cup B)$;c 是 D 中包含 A 的同时也包含 B 的事务的百分比,记为 $P(B|A)$。

$$\text{Support}(A\Rightarrow B)=P(A\cup B) \tag{6.2}$$

$$\text{Confidence}(A\Rightarrow B)=P(B\mid A) \tag{6.3}$$

同时满足最小支持度阈值(min_sup)和最小置信度阈值(min_conf)的规则称为强关联规则。

项的集合称为项集,包含 k 个项的项集称为 k 项集。集合{computer,printer}称为 2 项集。满足最小支持度阈值和最小置信度阈值的 k 项集称为频繁 k 项集,通常记为 L_k。由式(6.3)很容易得到式(6.4)。

$$\text{Confidence}(A\Rightarrow B)=P(B\mid A)=\frac{\text{Support}(A\cup B)}{\text{Support}(A)}=\frac{\text{support\_count}(A\cup B)}{\text{support\_count}(A)} \tag{6.4}$$

其中,support_count()表示项集出现的次数。式(6.4)表明关联规则 $A\Rightarrow B$ 很容易从 A 和 $A\cup B$ 的支持度计数得到。也就是说,只要得到 A、B 和 $A\cup B$ 的支持度计数,就可以得到相应的关联规则 $A\Rightarrow B$ 或 $B\Rightarrow A$。因此,关联规则的挖掘问题可以转换为挖掘频繁项集。

一般来说,关联规则的挖掘可以看作以下两步过程。

(1) 找出所有频繁项集,该项集的每一个出现的支持度计数大于或等于 min_sup;

(2) 由频繁项集产生强关联规则,即满足最小支持度和最小置信度的规则。

由于步骤(2)的开销远小于步骤(1),因此挖掘关联规则的总体性能由步骤(1)决定。步骤(1)主要是找到所有的频繁 k 项集,而在找频繁项集的过程中,需要对每个 k 项集计算支持度计数以发现频繁项集,k 项集的产生过程如图 6-1 所示。

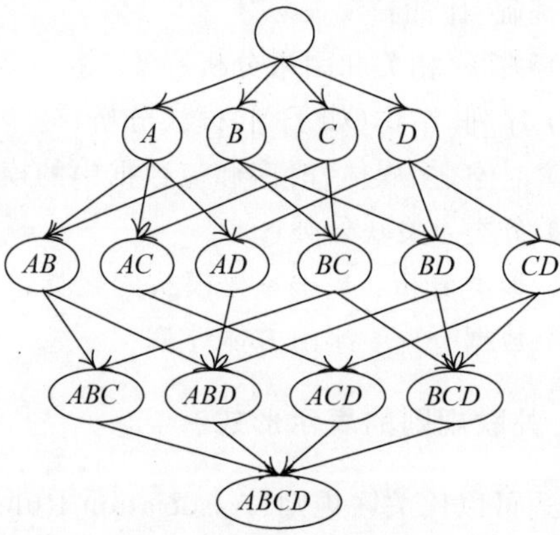

图 6-1 k 项集的产生过程

从大型数据集中寻找频繁项集的主要挑战是会产生大量满足 min_sup 的项集,尤其当 min_sup 设置得较低的时候。例如,一个长度为 100 的频繁项集$\{a_1,a_2,\cdots,a_{100}\}$包含的频繁项集的总个数为

$$\mathrm{C}_{100}^{1}+\mathrm{C}_{100}^{2}+\cdots+\mathrm{C}_{100}^{100}=2^{100}-1\approx 1.27\times 10^{30} \tag{6.5}$$

因此,项集的个数太大将严重影响算法的效率。为了克服这一困难,引入闭频繁项集和极大频繁项集的概念。

如果不存在项集 X 的真超项集 Y,使 Y 与 X 在数据集 D 中具有相同的支持度计数,则称项集 X 在数据集 D 中是闭的(Closed)。如果 X 在 D 中是闭的和频繁的,则称项集

X 是数据集 D 中的闭频繁项集(Closed Frequent Itemset)。如果 X 是频繁的,并且不存在超项集 Y 使 $X \subset Y$ 且 Y 在 D 中是频繁的,则称项集 X 是 D 中的极大频繁项(Maximal Frequent Itemset)或极大项集(Max-Itemset)。

6.3　频繁项集挖掘方法

挖掘频繁项集是挖掘关联规则的基础。Apriori 算法通过限制候选产生发现频繁项集,FP-Growth 算法发现频繁模式而不产生候选。

扫一扫

视频讲解

6.3.1　Apriori 算法

Apriori 算法由 Agrawal 和 Srikant 于 1994 年提出,是布尔关联规则挖掘频繁项集的原创性算法,通过限制候选产生发现频繁项集。Apriori 算法使用一种称为逐层搜索的迭代方法,其中 k 项集用于探索($k+1$)项集。具体过程描述如下:首先扫描数据库,累计每个项的计数,并收集满足最小支持度的项找出频繁 1 项集,记为 L_1;然后使用 L_1 找出频繁 2 项集的集合 L_2,使用 L_2 找出 L_3,迭代直到无法再找到频繁 k 项集为止。找出每个 L_k 需要一次完整的数据库扫描。

为了提高频繁项集逐层产生的效率,Apriori 算法使用一种称为先验性质的特性进行搜索空间的压缩,即频繁项集的所有非空子集也一定是频繁的。先验性质基于如下观察,如果项集 I 不满足最小支持度阈值 min_sup,则 I 不是频繁的,即 $P(I)<\text{min\_sup}$,此时,如果把项 A 添加到项集 I 中,则结果项集(即 $I \cup A$)不可能比 I 更频繁出现,因此 $I \cup A$ 也不是频繁的,即 $P(I \cup A)<\text{min\_sup}$。该性质属于一类特殊的性质,称为反单调性,指如果一个集合不能通过测试,则它的所有超项集也不能通过相同的测试。利用这一性质,如果集合 I 不是频繁项集,则它的超项集也不可能是频繁项集,这样就可以过滤掉很多的项集,如图 6-2 所示。

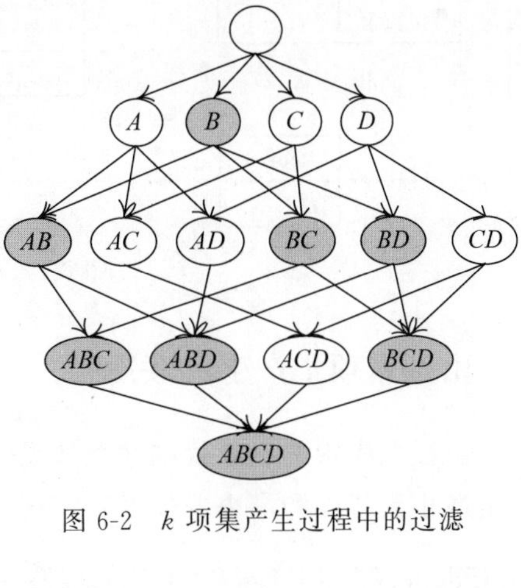

图 6-2　k 项集产生过程中的过滤

可以看出,如果 B 不频繁,包含 B 的项(即 B 的超集)也不频繁。这样就可以过滤掉很多不频繁的项集。Apriori 算法产生 k 项频繁集的过程主要包括连接和剪枝两步。

1) 连接

为找出 L_k,通过将 L_{k-1} 与自身连接产生候选 k 项集的集合。该候选项集的集合记为 C_k。设 l_1 和 l_2 为 L_{k-1} 中的项集,$l_i[j]$表示 l_i 的第 j 项。在连接时,Apriori 算法假定事务或项集中的项按字典排序。如果 L_{k-1} 的元素可连接,要求它们的前 $k-2$ 个项相同。

【例 6-1】 由 L_2 产生 C_3 示例。

L_2	C_3
$L_2=\{\{1,2\},\{2,3\}\}$	$C_3=\{\}$
$L_2=\{\{1,3\},\{2,3\}\}$	$C_3=\{\}$
$L_2=\{\{1,2\},\{1,3\}\}$	$C_3=\{\{1,2,3\}\}$
$L_2=\{\{1,2\},\{1,3\},\{2,3\}\}$	$C_3=\{\{1,2,3\}\}$

2）剪枝

C_k 是 L_k 的超集，C_k 的成员不一定全部是频繁的，但所有频繁的 k 项集都包含在 C_k 中。为了减少计算量，可以使用 Apriori 性质，即如果一个 k 项集的 $(k-1)$ 子集不在 L_{k-1} 中，则该候选不可能是频繁的，可以直接从 C_k 删除。这种子集测试可以使用所有频繁项集的散列树快速完成。图 6-3 展示了 Apriori 算法寻找 k 项频繁集的过程。

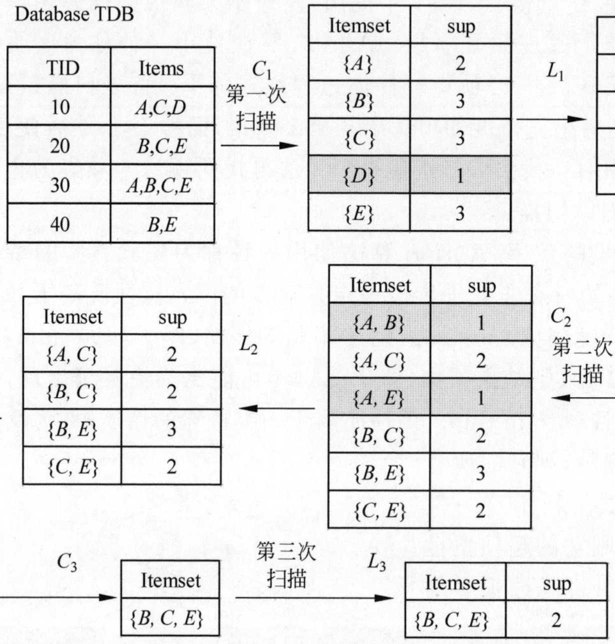

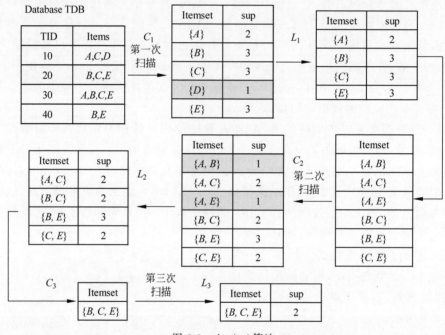

图 6-3 Apriori 算法

6.3.2 由频繁项集产生关联规则

一旦由数据库中的事务找出频繁项集，就可以直接由它们产生强关联规则(强关联规则满足最小支持度和最小置信度)。置信度的计算式为

$$\text{Confidence}(A\Rightarrow B)=P(A\mid B)=\frac{\text{support\_count}(A\cup B)}{\text{support\_count}(A)}\geqslant \text{min\_conf} \tag{6.6}$$

条件概率用项集的支持度计数表示，其中，support_count$\{A\cup B\}$是包含项集 $A\cup B$ 的事务数，而 support_count$\{A\}$是包含项集 A 的事务数。根据式(6.6)，关联规则可以产生如下。

对于每个频繁项集 l，产生 l 的所有非空子集 s，如果 $\frac{\text{support\_count}(l)}{\text{support\_count}(s)} \geqslant \text{min\_conf}$，则输出 $s \Rightarrow (l-s)$。其中，min_conf 为最小置信度阈值。

由于规则由频繁项集产生，因此每个规则都自动地满足最小支持度。频繁项集和它们的支持度可以预先存放在散列表中，使它们可以被快速访问。

【例 6-2】 产生关联规则示例。数据集如表 6-2 所示，该数据集包含频繁项集 $X=\{I1,I2,I5\}$。可以由 X 产生哪些关联规则？X 的非空子集是{I1,I2}、{I1,I5}、{I2,I5}、{I2}和{I5}。

表 6-2　数据集

TID	商品 ID 列表	TID	商品 ID 列表
T100	I1,I2,I5	T600	I2,I3
T200	I2,I4	T700	I1,I3
T300	I2,I3	T800	I1,I2,I3,I5
T400	I1,I2,I4	T900	I1,I2,I3
T500	I1,I3		

结果关联规则如下，每个都列出了置信度。

{I1,I2}→I5，Confidence=2/4=50%；

{I1,I5}→I2，Confidence=2/2=100%；

{I2,I5}→I1，Confidence=2/2=100%；

I1→{I2,I5}，Confidence-2/6=33%；

I2→{I1,I5}，Confidence=2/7=29%；

I5→{I1,I2}，Confidence=2/2=100%。

如果最小置信度阈值为 70%，则只有第 2、第 3 和最后一个规则可以输出，因为只有这些是强规则。注意，与传统的分类规则不同，关联规则的右端可能包含多个合取项。

6.3.3 提高 Apriori 算法的效率

Apriori 算法使用逐层搜索的迭代方法，随着 k 的递增不断寻找满足最小支持度阈值的 k 项集，第 k 次迭代从 $k-1$ 次迭代的结果中查找频繁 k 项集，每次迭代都要扫描一次数据库。而且，对候选项集的支持度计算非常烦琐。为了进一步提高 Apriori 算法的效率，一般采用减少对数据的扫描次数、缩小产生的候选项集以及改进对候选项集的支持度计算方法等策略。

1. 基于散列表的项集计数

将每个项集通过相应的散列函数映射到散列表中的不同的桶中，这样可以通过将桶中的项集计数与最小支持计数相比较，先淘汰一部分项集。

2. 事务压缩(压缩进一步迭代的事务数)

不包含任何 k 项集的事务不可能包含任何($k+1$)项集，这种事务在下一步计算中可以加上标记或删除,因为产生后续的项集时不再扫描它们。

3. 抽样(在给定数据的一个子集挖掘)

选择原始数据的一个样本,在这个样本上用 Apriori 算法挖掘频繁模式。这种方法通过牺牲精确度减少算法开销。为了提高效率,样本大小应该以可以放在内存中为宜,可以适当降低最小支持度减少遗漏的频繁模式。

4. 动态项集计数

在扫描的不同点添加候选项集,这样,如果一个候选项集已经满足最小支持度,则可以直接将它添加到频繁项集,而不必在这次扫描以后的对比中继续计算。

扫一扫

视频讲解

6.3.4 频繁模式增长算法

Apriori 算法的候选产生-检查方法显著压缩了候选集的规模,但还是可能要产生大量的候选项集,如 10^4 个频繁 1 项集会导致 10^7 个频繁 2 项集,对长度为 100 的频繁模式,会产生 2^{100} 个候选项集。而且,要重复扫描数据库,通过模式匹配检查一个很大的候选集合,系统开销很大。频繁模式增长(Frequent Pattern Growth,FP-Growth)算法试图挖掘全部频繁项集而无须 Apriori 算法中候选产生-检查过程的昂贵代价。

1. FP 树原理

频繁模式增长算法是一种不产生候选频繁项集的算法。它采用分治策略(Divide and Conquer),在经过第一遍扫描之后,把代表频繁项集的数据库压缩进一棵频繁模式树(FP-Tree),同时依然保留其中的关联信息;然后将 FP-Tree 分化成一些条件库,每个库和一个长度为 1 的项集相关,再对这些条件库分别进行挖掘(降低了 I/O 开销)。

2. FP 树构建过程示例

第一次扫描数据库,导出频繁项的集合(1 项集),并将频繁项按支持度计数降序排列,如表 6-3 所示。

表 6-3 事务数据集

TID	项　集	按支持度计数降序排列的频繁 1 项集
100	{f,a,c,d,g,i,m,p}	{f,c,a,m,p}
200	{a,b,c,f,l,m,o}	{f,c,a,b,m,l,o}
300	{b,f,h,j,o}	{f,b,o}
400	{b,c,k,s,p}	{c,b,p}
500	{a,f,c,e,l,p,m,n}	{f,c,a,m,p,l}

再次扫描数据库,构建 FP 树,具体过程如下。

首先,创建树的根节点,用 Null 标记;然后,将每个事务中的项按递减支持度计数排列,并对每个事务创建一个分支,如为第一个事务{f,c,a,m,p}构建一个分支;当为一个事务考虑增加分支时,沿共同前缀上的每个节点的计数加 1,为跟随前缀后的项创建节点并连接。将第二个事务{f,c,a,b,m,l,o}加到树中时,将为 f、c、a 计数各增 1,然后为{b,m}创建分支。

根据上述生成的项集,构造 FP 树,如图 6-4 所示。

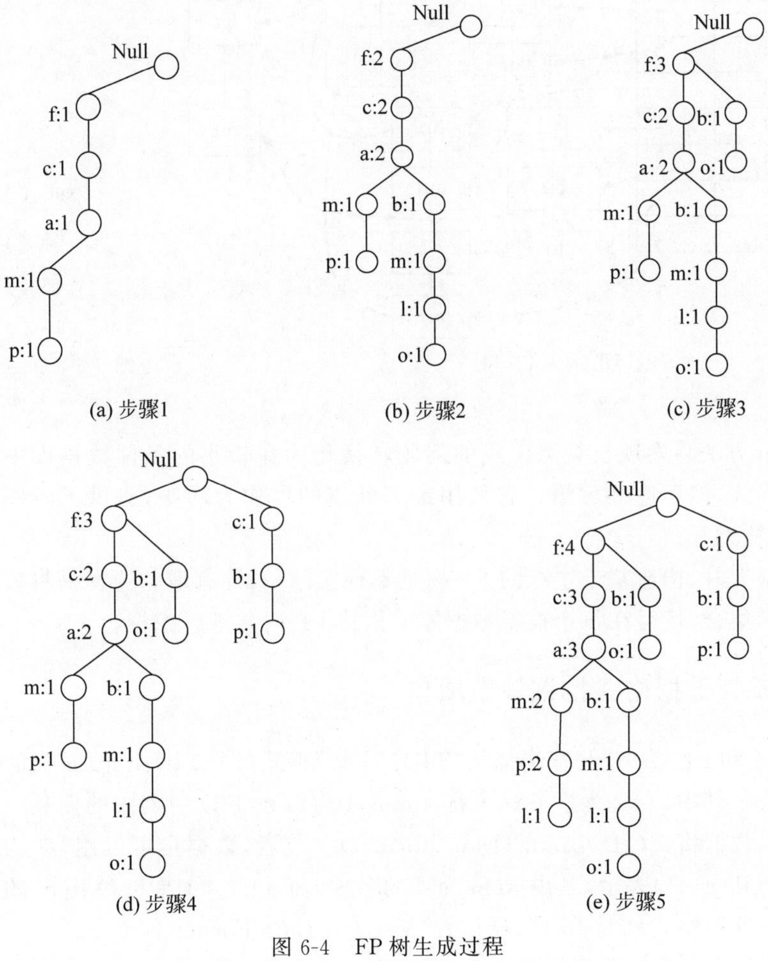

图 6-4 FP 树生成过程

为了方便树的遍历,创建一个项头表,使每项通过一个节点链指向它在树中的位置。扫描所有的事务,得到的 FP 树如图 6-5 所示。

3. FP 树挖掘

从项头表开始挖掘,由频率低的节点开始。在图 6-5 的 FP 树中,首先依据节点 o 在该路径上的支持度更新前缀路径上节点的支持度计数。在此基础上,得到节点 o 的条件模式基{f,c,a,b,m,l:1},{f,b:1}。依次按项头表中由向上的顺序得到各节点的条件模式基。

依次根据各节点的条件模式基构建条件 FP 树。如果该条件 FP 树只有一条路径,则直接构建以该节点结尾的频繁项集,否则继续迭代构建条件 FP 树。图 6-5 中节点 m 的条件模式基为{f,c,a:2},{f,c,a,b:1},m 的条件 FP 树如图 6-6 所示,可以直接获得关于 m 的频繁项为 m, fm, cm, am, fcm, fam, cam, fcam。

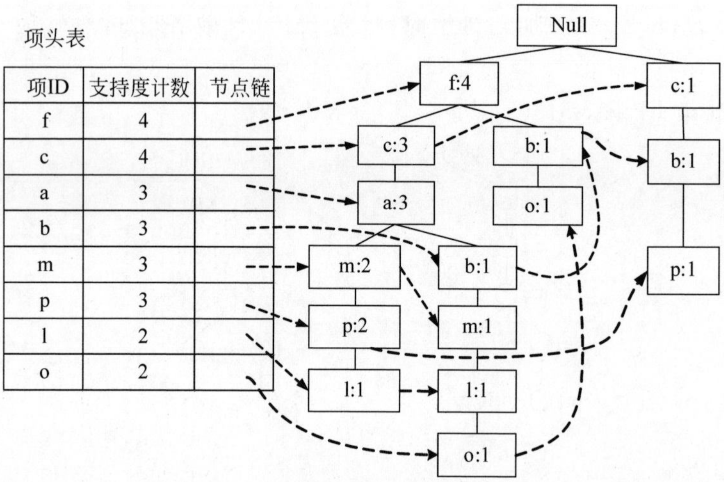

图 6-5 FP 树

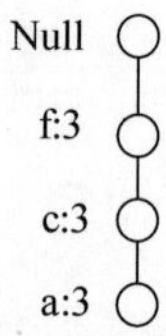

图 6-6 节点 m 的条件 FP 树

FP-Growth 方法将发现长频繁模式的问题转换化为在较小的条件数据库中递归地搜索一些较短模式,然后连接后缀。它使用最不频繁的项作为后缀,提供了较好的选择性,显著降低了搜索开销。

当数据库很大时,构造基于主存的 FP 树是不现实的,一种有趣的选择是将数据库划分成投影数据库集合,然后在每个投影数据库上构造 FP 树并进行挖掘。

6.3.5 使用垂直数据格式挖掘频繁项集

Apriori 算法和 FP-Growth 算法都从"TID: 项集"格式(即{TID:itemset})的事务集中挖掘频繁模式。其中,TID 为事务标识符,itemset 为事务 TID 中购买的商品。这种数据格式称为水平数据格式(Horizontal Data Format)。或者,数据也可以用"项:TID 集"格式(即{item:TID_set})表示,其中 item 为项的名称,而 TID_set 是包含 item 的事务的标识符的集合。这种格式称为垂直数据格式(Vertical Data Format)。

本节考查如何使用垂直数据格式有效地挖掘频繁项集,它是等价类变换(Equivalence Class Transformation,Eclat)算法的要点。

【例 6-3】 使用垂直数据格式挖掘频繁项集。考虑表 6-2 所示的事务数据库的水平数据格式。扫描一次该数据集就可以把它转换成如表 6-4 所示的垂直数据格式。

表 6-4 事务数据库的垂直数据格式

项 集	TID 集
I1	{T100,T400,T500,T700,T800,T900}
I2	{T100,T200,T300,T400,T600,T800,T900}
I3	{T300,T500,T600,T700,T800,T900}
I4	{T200,T400}
I5	{T100,T800}

通过取每对频繁项的 TID 集的交集,可以在该数据集上进行挖掘。设最小支持度计

数为 2。由于表 6-4 的每个项都是频繁的,因此总共进行 10 次交运算,导致 8 个非空 2 项集,如表 6-5 所示。注意,项集{I1,I4}和{I3,I5}都只包含一个事务,因此它们都不属于频繁 2 项集的集合。

表 6-5 垂直数据格式的 2 项集

项 集	TID 集	项 集	TID 集
{I1,I2}	{T100,T400,T800,T900}	{I2,I3}	{T300,T600,T800,T900}
{I1,I3}	{T500,T700,T800,T900}	{I2,I4}	{T200,T400}
{I1,I4}	{T400}	{I2,I5}	{T100,T800}
{I1,I5}	{T100,T800}	{I3,I5}	{T800}

根据先验性质,一个给定的 3 项集是候选 3 项集,仅当它的每一个 2 项集子集都是频繁的。这里,候选产生过程将仅产生两个 3 项集:{I1,I2,I3}和(I1,I2,I5)。通过取这些候选 3 项集任意两个对应 2 项集的 TID 集的交集,得到表 6-6,其中只有两个频繁 3 项集:{I1,I2,I3:2}和{I1,12,I5:2}。

表 6-6 频繁 3 项集

项 集	TID 集
{I1,I2,I3}	{T800,T900}
{I1,I2,I5}	{T100,T800}

例 6-3 解释了通过探查垂直数据格式挖掘频繁项集的过程。首先,通过扫描一次数据集,把水平格式的数据转换成垂直格式。项集的支持度计数简单地等于项集的 TID 集的长度。从 $k=1$ 开始,可以根据先验性质,使用频繁 k 项集构造候选($k+1$)项集。通过取频繁 k 项集的 TID 集的交集,计算对应的($k+1$)项集的 TID 集。重复该过程,每次 k 增加 1,直到不能再找到频繁项集或候选项集。

除了在产生候选($k+1$)项集时利用先验性质外,这种方法的另一个优点是不需要扫描数据库来确定($k+1$)项集的支持度($k\geqslant1$)。这是因为每个 k 项集的 TID 集携带了计算支持度的完整信息。然而,TID 集可能很长,需要大量内存空间,长集合的交运算还需要大量的计算时间。

为了进一步降低存储 TID 集合的开销和交运算的计算开销,可以使用一种称为差集(Diffset)的技术,仅记录($k+1$)项集的 TID 集与一个对应的 k 项集的 TID 集之差。例如,在例 6-3 中,有{I1}={T100,T400,T500,T700,T800,T900}和{I1,I2}={T100,T400,T800,T900},两者的差集为 Diffset({I1,I2},{I1})={T500,T700}。这样,不必记录构成{I1}和{I2}交集的 4 个 TID,可以使用差集只记录代表{I1}和{I1,I2}差的两个 TID。实验表明,在某些情况下,如当数据集稠密和包含长模式时,该技术可以显著地降低频繁项集垂直格式挖掘的总开销。

扫一扫

视频讲解

6.4 关联模式评估方法

大部分关联规则挖掘算法都使用支持度-置信度框架。尽管最小支持度和置信度阈值可以排除大量无趣规则的探查,但仍然会有一些用户不感兴趣的规则存在。当使用低支持度阈值挖掘或挖掘长模式时,这种情况尤为严重。

6.4.1 强关联规则不一定是有趣的

规则是否有趣可以主观或客观地评估,但是只有用户才能够评判一个给定的规则是否有趣,而且这种评判是主观的。然而,根据数据"背后"的统计量,客观兴趣度度量可以用来清除无趣的规则,但对于用户却不一定"有趣"。

【例 6-4】 如表 6-7 所示的数据库,可以算出 $P(\text{Bread}|\text{Battery})=100\%>P(\text{Bread})=75\%$,但是 Battery⇒Bread 并不是有趣模式。

表 6-7 例 6-4 数据集

TID	事务	TID	事务
1	Bread,Milk	5	Bread,Chips
2	Bread,Battery	6	Yogurt,Coke
3	Bread,Butter	7	Bread,Battery
4	Bread,Honey	8	Cookie,Jelly

6.4.2 从关联分析到相关分析

由于支持度和置信度还不足以过滤掉无趣的关联规则,因此,可以使用相关性度量扩展关联规则的支持度-置信度框架。相关规则框架为

$$A\Rightarrow B\{\text{Support},\text{Confidence},\text{Correlation}\} \tag{6.7}$$

由此看出,相关规则不仅用支持度和置信度度量,还增加了项集 A 和 B 之间的相关性度量。可以选择使用的相关性度量较多,常用的有提升度和 χ^2 分析。

1. 提升度

提升度(Lift)是一种简单的相关性度量。如果项集 A 和 B 满足 $P(A\cup B)=P(A)P(B)$,则项集 A 的出现独立于项集 B 的出现,否则项集 A 和 B 是依赖和相关的。定义 A 和 B 的提升度为

$$\text{Lift}(A,B)=\frac{P(A\cup B)}{P(A)P(B)} \tag{6.8}$$

如果 $\text{Lift}(A,B)<1$,则 A 和 B 是负相关的,意味着一个出现导致另一个不出现;如果 $\text{Lift}(A,B)>1$,则 A 和 B 是正相关的,说明一个的出现蕴含另一个的出现;如果 Lift=1,则 A 与 B 是独立的,两者间没有相关性。

2. 使用 χ^2 进行相关分析

χ^2 是非参数检验中的一个统计量,主要用于检验数据的相关性。χ^2 的定义为

$$\chi^2=\sum\frac{(\text{观测值}-\text{期望值})^2}{\text{期望值}} \tag{6.9}$$

6.5 Apriori 算法应用

在 Python 中进行关联规则挖掘时需要用到 apyori 包,apyori 包的安装方式为

```
pip install apyori
```

首先导入相关包和数据。

```
In[1]:    import pandas as pd
          from apyori import apriori
          df = pd.read_excel("data.xls")
          df.head()
```

输出数据如图 6-7 所示。

	OrderID	ProductName	CategoryName	CategoryName_Description	Per_Price	Quantity
0	10248	Queso Cabrales	Dairy Products	Cheeses	14.0	12
1	10248	Singaporean Hokkien Fried Mee	Grains/Cereals	Breads, crackers, pasta, and cereal	9.8	10
2	10248	Mozzarella di Giovanni	Dairy Products	Cheeses	34.8	5
3	10249	Tofu	Produce	Dried fruit and bean curd	18.6	9
4	10249	Manjimup Dried Apples	Produce	Dried fruit and bean curd	42.4	40

图 6-7 导入数据

获取项集,代码如下。

```
In[2]:  transactions = df.groupby(by = 'OrderID').apply(lambda x: list(x.CategoryName))
        transactions.head(6)
Out[2]: OrderID
        10248    [Dairy Products, Grains/Cereals, Dairy Products]
        10249                                [Produce, Produce]
        10250                     [Seafood, Produce, Condiments]
        10251          [Grains/Cereals, Grains/Cereals, Condiments]
        10252          [Confections, Dairy Products, Dairy Products]
        10253              [Dairy Products, Beverages, Confections]
        dtype: object
```

进行关联规则挖掘。

```
In[3]:    min_supp = 0.1
          min_conf = 0.1
          min_lift = 0.1
          result = list(apriori(transactions = transactions, min_support = min_supp,
                      min_confidence = min_conf, min_lift = min_lift))
          result
Out[3]:   RelationRecord(items = frozenset({'Beverages'}),
          support = 0.42650602409638555,
          ordered_statistics = [OrderedStatistic(items_base = frozenset(),
```

```
items_add = frozenset({'Beverages'}), confidence = 0.42650602409638555,
lift = 1.0)]),
RelationRecord(items = frozenset({'Confections', 'Beverages'}),
support = 0.14337349397590363,
ordered_statistics = [OrderedStatistic(items_base = frozenset(),
items_add = frozenset({'Confections', 'Beverages'}),
confidence = 0.14337349397590363, lift = 1.0),
OrderedStatistic(items_base = frozenset({'Beverages'}),
items_add = frozenset({'Confections'}), confidence = 0.3361581920903955,
lift = 0.9458010150339942),
OrderedStatistic(items_base = frozenset({'Confections'}),
items_add = frozenset({'Beverages'}), confidence = 0.40338983050847466,
lift = 0.9458010150339943)])
```

返回结果 result 中的属性说明如下。

(1) items：项集，frozenset 对象，可迭代取出子集。

(2) support：支持度，float 类型。

(3) confidence：置信度或可信度，float 类型。

(4) ordered_statistics：存在的关联规则，可迭代，迭代后其元素的属性如下。

- items_base：关联规则中的分母项集；
- confidence：上面的分母规则所对应的关联规则的可信度。

显示挖掘的关联规则。

```
In[4]:  supports = []
        confidences = []
        lifts = []
        bases = []
        adds = []
        for r in result:
            for x in r.ordered_statistics:
                supports.append(r.support)
                confidences.append(x.confidence)
                lifts.append(x.lift)
                bases.append(list(x.items_base))
                adds.append(list(x.items_add))
        resultshow  =  pd.DataFrame({
            'support':supports,
            'confidence':confidences,
            'lift':lifts,
            'base':bases,
            'add':adds})
        resultshow.tail(8)
```

输出结果如图 6-8 所示。

	support	confidence	lift	base	add
18	0.113253	0.318644	0.872853	[Confections]	[Dairy Products]
19	0.113253	0.310231	0.872853	[Dairy Products]	[Confections]
20	0.102410	0.102410	1.000000	[]	[Confections, Seafood]
21	0.102410	0.288136	0.821830	[Confections]	[Seafood]
22	0.102410	0.292096	0.821830	[Seafood]	[Confections]
23	0.110843	0.110843	1.000000	[]	[Dairy Products, Seafood]
24	0.110843	0.303630	0.866025	[Dairy Products]	[Seafood]
25	0.110843	0.316151	0.866025	[Seafood]	[Dairy Products]

图 6-8 挖掘的关联规则

6.6 小结

(1) 关联分析是数据挖掘体系中重要的组成部分之一，代表性的案例为“购物篮分析”，即通过搜索经常在一起购买的商品的集合，研究顾客的购买习惯。

(2) 关联规则挖掘的过程主要包含两个阶段。第一阶段必须先从事务数据集中找出所有的频繁项，第二阶段再由这些频繁项产生强关联规则。这些规则满足最小支持度和最小置信度阈值。

(3) 频繁项集的挖掘方法主要有 Apriori 算法、基于频繁模式增长算法（如 FP-Growth）以及利用垂直数据格式的算法。

(4) Apriori 算法是最早出现的关联规则挖掘算法。它利用逐层搜索的迭代方法找出事务集中项集的关系，并形成关联规则。Apriori 算法利用了“频繁项集的所有非空子集也是频繁的”这一先验性质，迭代对 k 项频繁集连接生成($k+1$)项候选集并进行剪枝，得到($k+1$)项频繁集，最后利用频繁项集构造满足最小支持度和最小置信度的规则。

(5) 频繁模式增长(FP-Growth)是一种不产生候选的挖掘频繁项集方法。它将事务数据库压缩进一个频繁模式树。与 Apriori 方法不同，它聚焦于频繁模式增长，避免了候选产生过程，提高了挖掘效率。

(6) 使用垂直格式数据挖掘频繁模式(Eclat)将给定的 TID-项集形式的水平数据格式的事务数据转换为项-TID 形式的垂直数据格式。它根据先验性质和优化技术通过 TID 集的交进行频繁项挖掘。

(7) 并非所有的强关联规则都是有趣的。因此，将支持度-置信度框架扩展为支持度-置信度-相关性的相关规则，产生更加有趣的相关规则。相关性可以利用提升度、全置信度、χ^2、Kulczynski 等度量。

(8) 在 Python 中利用 apyori 包可以方便地实现关联规则挖掘。

习题 6

扫一扫

自测题

1. 单项选择题

(1) 下列选项中能帮助市场分析人员找出顾客和商品之间关系的是(　　)。

A. 预测　　B. 分类　　C. 关联分析　　D. 聚类

(2) 下列关于频繁项集的叙述正确的是(　　)。

A. 强关联规则是同时满足最小支持度阈值和最小置信度阈值的规则

B. 强关联规则是满足最小支持度阈值或最小置信度阈值的规则

C. 强关联规则一定是有趣模式

D. 所有规则都是强关联规则

(3) 若 $I=\{a,b,c,d\}$,D 中有 12 个事务,如果{a,b,c}是一个频繁项集,则以下叙述错误的是(　　)。

A. {a,b,c,d}一定是频繁项集　　B. {a,c}一定是频繁项集

C. {a,b}一定是频繁项集　　D. {a,b,c}的非空子集必然是频繁项集

(4) 如果 $L_2=\{\{a,b\},\{a,c\},\{a,d\},\{b,d\},\{b,c\}\}$,则自连接产生的 C_2 中含有的项集个数是(　　)。

A. 1　　B. 2　　C. 3　　D. 4

(5) 设 $X=\{a,b,c\}$是一个频繁项集,则最多可由 X 产生的关联规则个数是(　　)。

A. 4　　B. 5　　C. 6　　D. 7

(6) 若{a,b}、{a,c}、{b,c}和{a,b,c}都是频繁项集,它们的计数分别是 6、5、4、3,则关联规则 a and c −>b 的置信度是(　　)。

A. 1/2　　B. 3/5　　C. 3/4　　D. 以上都不对

2. 简答与计算题

(1) 关联规则挖掘的应用领域有哪些?常用的关联规则分析算法有哪些?

(2) 简述关联规则挖掘算法采用的策略。

(3) 简述 Apriori 算法的优点和缺点。

(4) 强关联规则是否一定是有趣模式?举例说明。

(5) 表 6-8 所示事务数据库中有 5 个事务,设 min_sup=60%,min_conf=80%,分别用 Apriori 和 FP-Growth 算法找出频繁项集。

表 6-8　事务数据库

TID	商　品	TID	商　品
T1	{M,O,N, K,E,Y}	T4	{M,U,C,K,Y}
T2	{D,O,N, K,E,Y}	T5	{C,O,K,Y}
T3	{M,A,K,E}		

(6) 利用表 6-9 所示相依表(括号中的数字为期望值),分别计算项集间的提升度和 χ^2 值。

表 6-9　相依表

项　集	Basketball	Not Basketball	Sum(row)
Cereal	2000(2200)	1750(1600)	3750
Not Cereal	1000(800)	250(300)	1250
Sum(col)	3000	2000	5000

本章实训：毒蘑菇特征分析

本实训对取自 UCI 网站的 mushroom 数据集进行关联分析，以发现毒蘑菇的显著特征。数据集 mushroom 中第一个特征为蘑菇毒性（2 为有毒，1 为无毒）；第二个特征为菌盖形状（取值为 3～8）；第三个及之后的特征为菌盖表面、气味和菌褶等，取值依次递增。可以利用 Apriori 算法进行关联分析，探究毒蘑菇的共同特征。本实训用到了 mlxtend（machine learning extensions）库。mlxtend 是一款高级的机器学习扩展库，可用于日常机器学习任务的实现，也可作为 sklearn 的有效补充。mlxtend 在使用前需要预先安装。

1. 导入数据并抽样显示

```
In[1]:  import numpy as np
        import pandas as pd
        from mlxtend.preprocessing import TransactionEncoder
        from mlxtend.frequent_patterns import apriori
        from mlxtend.frequent_patterns import association_rules
        df = pd.read_table("mushroom.dat",sep = " ",header = None)
        print(df.shape)
        display(df.head())
```

(8124, 24)

	0	1	2	3	4	5	6	7	8	9	...	14	15	16	17	18	19	20	21	22	23
0	1	3	9	13	23	25	34	36	38	40	...	67	76	85	86	90	93	98	107	113	NaN
1	2	3	9	14	23	26	34	36	39	40	...	67	76	85	86	90	93	99	108	114	NaN
2	2	4	9	15	23	27	34	36	39	41	...	67	76	85	86	90	93	99	108	115	NaN
3	1	3	10	15	23	25	34	36	38	41	...	67	76	85	86	90	93	98	107	113	NaN
4	2	3	9	16	24	28	34	37	39	40	...	67	76	85	86	90	94	99	109	114	NaN

5 rows × 24 columns

2. 数据列名处理

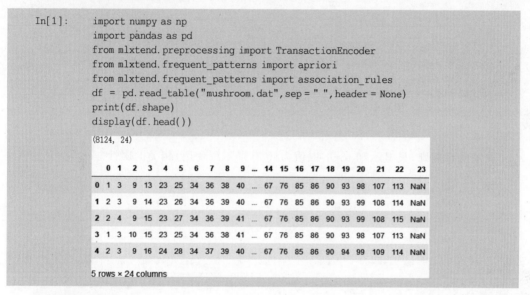

给数据添加列名，第一列添加是否有毒（toxic），第二列到最后一列依次为 p1～p22，并删除最后一列空缺数据。

```
In[2]:  df.columns = ['toxic'] + ['p{}'.format(i) for i in range(1, len(df.columns))]
        df.drop(columns = ['p23'],inplace = True)
        df.sample(5)
Out[2]:
```

	toxic	p1	p2	p3	p4	p5	p6	p7	p8	p9	...	p13	p14	p15	p16	p17	p18	p19	p20	p21	p22
7987	1	3	9	13	24	29	34	36	38	48	...	66	69	77	85	86	90	94	102	110	119
6860	2	7	9	15	24	28	34	37	39	42	...	66	67	76	85	86	91	93	102	107	114
1869	2	3	9	15	24	28	34	37	39	41	...	63	67	76	85	86	90	94	98	107	114
4648	1	6	11	14	24	29	34	36	39	45	...	66	71	79	85	86	90	95	101	111	116
4149	1	6	10	16	24	29	34	36	39	43	...	66	70	77	85	86	90	95	101	110	117

5 rows × 23 columns

3. 利用 apriori 方法进行关联分析，寻找频繁项集

```
In[3]:  item_set = [row.tolist() for row in df.values]
        # 将数据集转换为 DataFrame 格式
        te = TransactionEncoder()
        te_ary = te.fit(item_set).transform(item_set)
        data = pd.DataFrame(te_ary, columns = te.columns_)
        # 获取频繁项集
        frequent_item_sets = apriori(data, min_support = 0.4, use_colnames = True)
        frequent_item_sets
Out[3]:
```

	support	itemsets
0	0.482029	(1)
1	0.517971	(2)
2	0.450025	(3)
3	0.415559	(23)
4	0.584441	(24)
...	...	...
560	0.451009	(34, 36, 110, 85, 86, 90)
561	0.407681	(34, 39, 85, 86, 56, 90)
562	0.442639	(34, 85, 86, 90, 59, 63)
563	0.407681	(36, 39, 85, 86, 56, 90)
564	0.407681	(34, 36, 39, 85, 86, 56, 90)

565 rows × 2 columns

4. 获取关联规则，只显示和 toxic 取值为 2(有毒不可食用)相关的属性

```
In[4]:  rules = association_rules(frequent_item_sets, metric = "confidence", min_
        threshold = 0.7)
        rules[rules['antecedents'].apply(lambda x: len(x) == 1 and 2 in x)]
Out[4]:
```

199	(2)	(90, 59)	0.517971	0.582964	0.402757	0.777567	1.333816	0.100799	1.874880	0.519204
202	(2)	(85, 63)	0.517971	0.607582	0.418513	0.807985	1.329836	0.103803	2.043679	0.514549
205	(2)	(85, 86)	0.517971	0.975382	0.494338	0.954373	0.978461	-0.010882	0.539554	-0.043674
208	(2)	(90, 85)	0.517971	0.921713	0.452979	0.874525	0.948803	-0.024442	0.623920	-0.100673
211	(2)	(90, 86)	0.517971	0.897095	0.429345	0.828897	0.923979	-0.035324	0.601422	-0.145799
843	(2)	(34, 85, 39)	0.517971	0.664943	0.458887	0.885932	1.332341	0.114466	2.937330	0.517483
850	(2)	(34, 86, 39)	0.517971	0.664943	0.458887	0.885932	1.332341	0.114466	2.937330	0.517483
857	(2)	(34, 59, 85)	0.517971	0.613491	0.424421	0.819392	1.335622	0.106651	2.140040	0.521307
864	(2)	(34, 59, 86)	0.517971	0.613491	0.424421	0.819392	1.335622	0.106651	2.140040	0.521307
871	(2)	(34, 85, 86)	0.517971	0.973166	0.494338	0.954373	0.980688	-0.009734	0.588113	-0.039249
878	(2)	(90, 34, 85)	0.517971	0.898080	0.429345	0.828897	0.922966	-0.035835	0.595667	-0.147594
885	(2)	(90, 34, 86)	0.517971	0.897095	0.429345	0.828897	0.923979	-0.035324	0.601422	-0.145799
894	(2)	(59, 85, 39)	0.517971	0.442147	0.415559	0.802281	1.814514	0.186539	2.821450	0.931248
901	(2)	(85, 86, 39)	0.517971	0.667159	0.458887	0.885932	1.327917	0.113318	2.917906	0.512295
908	(2)	(90, 85, 39)	0.517971	0.612506	0.417528	0.806084	1.316042	0.100268	1.998253	0.498198
915	(2)	(59, 85, 86)	0.517971	0.613491	0.424421	0.819392	1.335622	0.106651	2.140040	0.521307
922	(2)	(90, 59, 85)	0.517971	0.582964	0.402757	0.777567	1.333816	0.100799	1.874880	0.519204
929	(2)	(90, 85, 86)	0.517971	0.897095	0.429345	0.828897	0.923979	-0.035324	0.601422	-0.145799
2134	(2)	(34, 85, 86, 39)	0.517971	0.664943	0.458887	0.885932	1.332341	0.114466	2.937330	0.517483
2149	(2)	(34, 59, 85, 86)	0.517971	0.613491	0.424421	0.819392	1.335622	0.106651	2.140040	0.521307
2164	(2)	(34, 90, 85, 86)	0.517971	0.897095	0.429345	0.828897	0.923979	-0.035324	0.601422	-0.145799

可以看出有毒的蘑菇类型(取值为 2)经常和取值为 34、39、59、63、85、86 及 90 的特征一起出现，因此，通过观察蘑菇的相应特征可以了解蘑菇是否可食用。但是需要说明的是有上述特征的蘑菇不可食用，但是没有这些特征的蘑菇也不一定没有毒。

第 7 章

分 类

7.1 分类概述

扫一扫

视频讲解

分类是一种重要的数据分析方式。数据分类也称为监督学习,包括学习阶段(构建分类模型)和分类阶段(使用模型预测给定数据的类标号)两个阶段。数据分类方法主要有决策树归纳、K 近邻算法、支持向量机(SVM)、朴素贝叶斯分类等方法。

图 7-1 所示为分类器训练和预测的过程。在有类别标签的数据中,用来构建分类模型的数据称为训练数据,要预测的数据称为测试数据。分类预测主要有学习和分类两个阶段。利用数据进行模型参数的调节过程称为训练或学习,训练的结果是产生一个分类器或分类模型,进而根据构建的模型对测试数据进行预测,得到相应的类标签。类标签的数据种类有二分类和多分类。

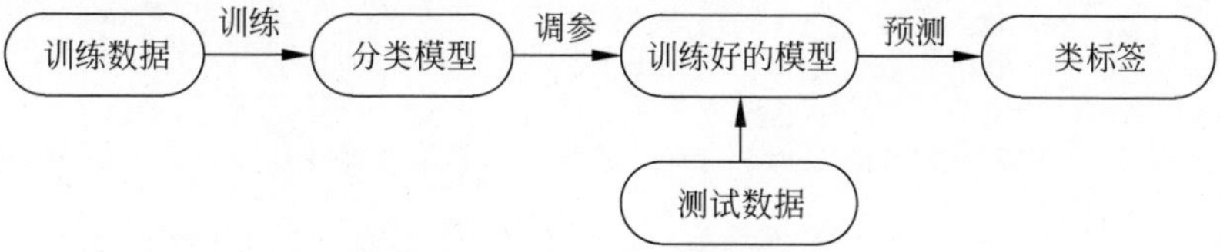

图 7-1 分类器训练和预测的过程

7.2 决策树归纳

决策树属于经典的十大数据挖掘算法之一,是一种类似于流程图的树状结构,其规则就是 if-then 的思想,用于数值型因变量的预测和离散型因变量的分类。决策树算法简单直观,容易解释,而且在实际应用中具有其他算法难以比肩的速度优势。历史上,因为预测结果误差大而且容易过拟合,决策树曾经一度被学术界冷落,但是近年来随着集成学习(Ensemble Learning)的发展和大数据时代的到来,决策树的缺点被逐渐克服,决策树以及对应的集成学习算法(如 Boosting、随机森林)已经成为解决实际问题的重要工具之一。

扫一扫

视频讲解

7.2.1 决策树原理

决策树方法在分类、预测和规则提取等领域有广泛应用。20 世纪 70 年代后期和 80 年代初期,机器学习研究人员 J. Ross Quinlan 开发了决策树算法,称为迭代的二分器(Iterative Dichotomiser, ID3),使决策树在机器学习领域得到极大发展。Quinlan 后来又提出 ID3 的后继——C4.5 算法,成为新的监督学习算法的性能比较基准。1984 年,几位统计学家又提出了 CART 分类算法。

决策树是树状结构,它的每个叶节点对应一个分类,非叶节点对应在某个属性上的划分,根据样本在该属性上的不同取值将其划分为若干子集。ID3、C4.5 和 CART 算法都采用贪心(即非回溯)方法,以自顶向下递归的分治方式构造,随着树的构建,训练集递归地被划分为子集。

决策树构造过程描述如下。

```
输入: 训练集 D = {(x_1, y_1), (x_2, y_2), …, (x_n, y_n)}
      属性集 A = {attr_1, attr_2, …, attr_n}
输出: 决策树
ConstructTree(D, A)
{ 新建一个节点 tree_node;
  if D 中所有的数据都属于同一个类别 T
      该节点为叶节点, tree_node 的值为 T;
      return;
  else if A = φ 或 D 中的样本在 A 上的取值相同
        该节点为叶节点, tree_node 的值为 D 中样本数最多的类;
        return;
  else{
          从 A 中选择最优划分属性 attr*;
          for attr* 的每个取值 attr*_v{
              为 tree_node 创建一个新的分支;
              Dv 为 D 中在 attr* 上取值为 attr*_v 的样本子集;
              if Dv 为空
                  该节点为叶节点, tree_node 的值为 D 中样本数最多的类;
              else
                  ConstructTree(Dv, A\{attr*_v}), 并将返回的节点作为该节点的子节点;
    }
}
```

扫一扫

视频讲解

7.2.2 ID3 算法

ID3 算法是决策树系列中的经典算法之一,包含了决策树作为机器学习算法的主要思想。但 ID3 算法在实际应用中有诸多不足,因此之后提出了大量的改进算法,如 C4.5

算法和 CART 算法。构造决策树的核心问题是在每一步如何选择恰当的属性对样本进行拆分。ID3 算法使用信息增益进行属性选择度量，C4.5 算法使用增益率进行属性选择度量，CART 算法则使用基尼指数。

1. 信息增益

信息增益度量基于香农(Claude Shannon)在研究消息的值或“信息内容”的信息论方面的先驱工作。香农借用物理学中表示分子状态混乱程度的熵，提出用信息熵描述信源的不确定度，也就是信息量的大小。信源 $X=\{x_1,x_2,\cdots,x_n\}$ 的信息熵 $H(X)$ 定义为

$$H(X)=-\sum_{i=1}^{n}p(x_i)\log(p(x_i)) \tag{7.1}$$

其中，$P(x_i)$ 表示随机事件 X 为 x_i 的概率。

对于 D 中的元组分类所需要的期望信息 Info(D)，也就是 D 的熵为

$$\text{Info}(D)=-\sum_{i=1}^{n}p_i\,\text{lb}(p_i) \tag{7.2}$$

其中，p_i 为 D 中任意元组属于类 C_i 的非零概率，用 $|C_{i,D}|/|D|$ 估计。使用以 2 为底的对数函数是因为信息用二进制编码。Info(D)是识别 D 中元组的类标号所需的评价信息量，又称为 D 的熵。

假设要按某属性 A 对 D 中的元组进行划分。其中，A 有 v 个观测取值，如果 A 是离散的，则直接对应于 A 上观测的 v 个取值。这 v 个取值将元组划分为 v 个子集$\{D_1,D_2,\cdots,D_v\}$，这些子集对应于从节点 N 生长出来的分支。理想情况下，我们希望该划分是元组的准确分类，且每个分区都是纯的。然而，这些分区大多是不纯的。为了得到准确分类，定义利用属性 A 划分对 D 的元组分类所需要的期望信息 $\text{Info}_A(D)$为

$$\text{Info}_A(D)=\sum_{i=1}^{v}\frac{|D_i|}{|D|}\times\text{Info}(D_i) \tag{7.3}$$

期望的信息熵越小，分区的纯度越高。信息增益定义为原来的信息需求(仅基于类的比例)与新的信息需求(对 A 划分之后)的差值，如式(7.4)所示。

$$\text{Gain}(A)=\text{Info}(D)-\text{Info}_A(D) \tag{7.4}$$

Gain(A)表明通过 A 上的划分获得了多少信息增益。选择具有最高信息增益的属性 A 作为节点 N 的分裂属性，等价于在“能做最佳分类”的属性 A 上划分，可以使完成元组分类还需要的信息最小。

2. ID3 算法描述

输入：训练元组和它们对应的类标号
输出：决策树
方法：
(1) 对当前样本集合，计算所有属性的信息增益；
(2) 选择信息增益最大的属性作为测试属性，把测试属性取值相同的样本划分为同一个样本集；
(3) 若子样本集的类别属性只含有单个属性，则分支为叶节点，判断其属性值并标记相应的标号后返回调用处，否则对子样本集递归调用本算法。

【例 7-1】 对表 7-1 中的数据利用信息增益构建决策树。

表 7-1 购买信息

序号	年龄	收入	学生	信用	是否购买
1	青年	高	否	良好	否
2	青年	高	否	优秀	否
3	中年	高	否	良好	是
4	老年	中	否	良好	是
5	老年	低	是	良好	是
6	老年	低	是	优秀	否
7	中年	低	是	优秀	是
8	青年	中	否	良好	否
9	青年	低	是	良好	是
10	老年	中	是	良好	是
11	青年	中	是	优秀	是
12	中年	中	否	优秀	是
13	中年	高	是	良好	是
14	老年	中	否	优秀	否

表 7-1 中给出了已标记类的训练集 D,每个属性都已经被处理为离散型数据。类标签为“是否购买”,具有两个不同的值,因此有两个不同的类(即 $m=2$)。为了找到这些元组的分裂准则,必须计算每个属性的信息增益。首先计算对 D 中元组分类所需要的期望信息,类别中值为“是”的有 9 个,值为“否”的有 5 个,为了方便,记为 $I(9,5)$。

$$\text{Info}(D)=I(9,5)=-\frac{9}{14}\text{lb}\left(\frac{9}{14}\right)-\frac{5}{14}\text{lb}\left(\frac{5}{14}\right)=0.94\text{ 位}$$

紧接着,计算每个属性的期望信息需求。从属性年龄开始,需要对每个类考查“是”和“否”元组的分布。对于年龄中的“青年”类,有 5 个取值,分别对应两个“是”和 3 个“否”,即为 $I(2,3)$;同理,“中年”类对应的是 $I(4,0)$;“老年”类对应的是 $I(3,2)$。因此,如果元组根据年龄划分,则对 D 中的元组进行分类所需要的期望信息为

$$\begin{aligned}\text{Info}_{\text{年龄}}(D)&=I(2,3)+I(4,0)+I(3,2)\\&=\frac{5}{14}\left(-\frac{2}{5}\text{lb}\,\frac{2}{5}-\frac{3}{5}\text{lb}\,\frac{3}{5}\right)+\frac{4}{14}\left(-\frac{4}{4}\text{lb}\,\frac{4}{4}-\frac{0}{4}\text{lb}\,\frac{0}{4}\right)+\\&\quad\frac{5}{14}\left(-\frac{3}{5}\text{lb}\,\frac{3}{5}-\frac{2}{5}\text{lb}\,\frac{2}{5}\right)\\&=0.694\end{aligned}$$

因此,选用年龄进行划分的信息增益为

$$\text{Gain}(\text{年龄})=\text{Info}(D)-\text{Info}_{\text{年龄}}(D)=0.940-0.694=0.246\text{ 位}$$

类似地,可以计算获得选用其他属性划分 D 的信息增益如下。

$$\text{Gain}(\text{收入})=\text{Info}(D)-\text{Info}_{\text{收入}}(D)=0.029\text{ 位}$$

$$\text{Gain}(\text{学生})=\text{Info}(D)-\text{Info}_{\text{学生}}(D)=0.151\text{ 位}$$

$$\text{Gain}(\text{信用})=\text{Info}(D)-\text{Info}_{\text{信用}}(D)=0.029\text{ 位}$$

由于年龄在各属性中具有最高的信息增益，所以选用年龄作为分裂属性。节点 N 用年龄标记，并且每个属性值生长出一个分支。元组据此划分，如图 7-2 所示。

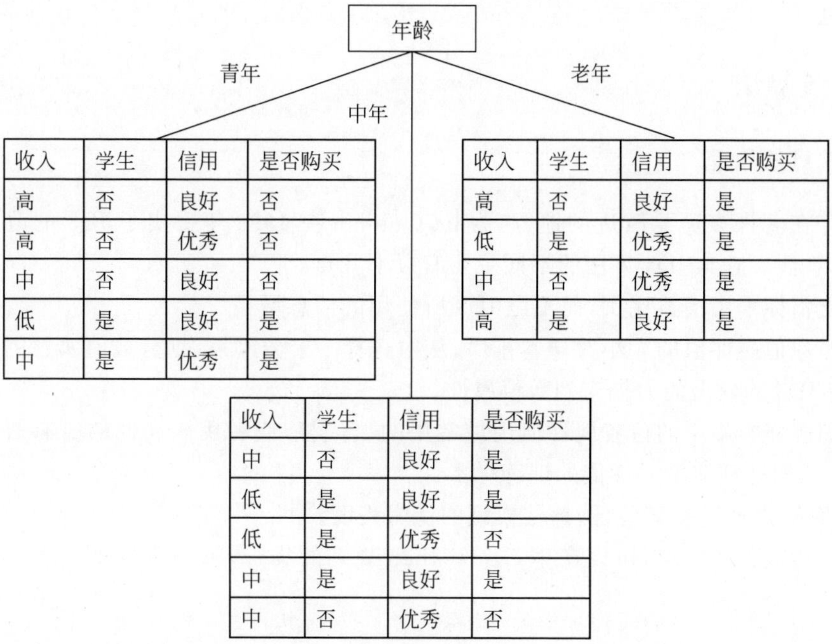

青年：

收入	学生	信用	是否购买
高	否	良好	否
高	否	优秀	否
中	否	良好	否
低	是	良好	是
中	是	优秀	是

老年：

收入	学生	信用	是否购买
高	否	良好	是
低	是	优秀	是
中	否	优秀	是
高	是	良好	是

中年：

收入	学生	信用	是否购买
中	否	良好	是
低	是	良好	是
低	是	优秀	否
中	是	良好	是
中	否	优秀	否

图 7-2 元组选用具有最高信息增益的年龄划分的树节点

选择“年龄”将数据集划分为 3 个子集，然后在各个子集中，依次计算各自具有最高信息增益的属性进行迭代，直到子集中的元组都是叶节点为止。

示例中的属性都是离散的，对于具有连续值的属性 A，必须确定其最佳分裂点，其中分裂点是 A 上的阈值。

3. 计算连续值属性的信息增益

假设属性 A 是连续的，先对属性 A 的取值排序，然后确定 A 的最佳分裂点。典型地，每对相邻值的中点被看作可能的分裂点，给定 A 的 v 个值，需要计算 $v-1$ 个可能的划分。确定 A 的最佳分裂点只需要扫描一遍这些值，对每个可能的分裂点，分别计算其信息增益，具有最大信息增益的分裂点即为最佳分裂点。根据该分裂点把整个取值区间划分为两部分，相应地依据记录在该属性上的取值将记录划分为两部分。

4. ID3 算法的优缺点

ID3 算法理论清晰，方法简单，学习能力较强，但也存在以下一些缺点。

(1) 信息增益的计算依赖于特征数目较多的特征，而属性取值最多的属性并不一定最优。

(2) ID3 没有考虑连续特征，如长度、密度等都是连续特征，无法在 ID3 运用。

(3) ID3 算法是单变量决策树(在分支节点上只考虑单个属性)，许多复杂概念表达困难，属性相互关系强调不够，容易导致决策树中子树的重复或有些属性在决策树的某一路径上被检验多次。

(4) 算法的抗噪性差,训练例子中正例和反例的比例较难控制,而且没有考虑缺失值和过拟合问题。

7.2.3 C4.5 算法

1. C4.5 算法原理

ID3 还存在着许多需要改进的地方,为此,Quinlan 在 1993 年提出了 ID3 的改进版本——C4.5 算法。它与 ID3 算法的不同主要有以下几点。

(1) 分支指标采用增益比例,而不是 ID3 所使用的信息增益。

(2) 按照数值属性值的大小对样本排序,从中选择一个分割点,划分数值属性的取值区间,从而将 ID3 的处理能力扩充到数值属性。

(3) 将训练样本集中的位置属性值用最常用的值代替,或者用该属性的所有取值的平均值代替,从而处理缺少属性值的训练样本。

(4) 使用 K 次迭代交叉验证,评估模型的优劣程度。

(5) 根据生成的决策树,可以产生一个 if-then 规则的集合,每一个规则代表从根节点到叶节点的一条路径。

2. 增益率

C4.5 算法采用增益率(Gain Ratio)作为分支指标,试图克服 ID3 算法中选择具有大量值的属性的倾向。用分裂信息(Split Information)值将信息增益规范化,分裂信息类似于 Info(D),其定义为

$$\text{SplitInfo}_A(D) = -\sum_{j=1}^{v} \frac{|D_j|}{|D|} \times \text{lb}\left(\frac{|D_j|}{|D|}\right) \tag{7.5}$$

该值代表由训练数据集 D 划分成对应于属性 A 测试的 v 个输出的 v 个分区产生的信息。它不同于信息增益,信息增益度量关于分类基于同样划分所获得的信息。增益率的定义为

$$\text{GainRate}(A) = \frac{\text{Gain}(A)}{\text{SplitInfo}_A(D)} \tag{7.6}$$

选择具有最大增益率的属性作为分裂属性。需要注意的是,随着划分信息趋于 0,增益率变得不稳定。为避免这种情况,需要增加一个约束,即选取的测试信息增益必须较大,至少与考查的所有测试的平均增益相同。

3. C4.5 算法的优缺点

C4.5 是 ID3 的改进算法,目标是通过学习,找到一个从属性值到类别的映射关系,并且这个映射能用于对新的未知类别的分类。C4.5 算法产生的分类规则易于理解,准确率高,改进了 ID3 算法倾向于选择具有最大增益率的属性作为分裂属性的缺点,而且相比于 ID3 算法,能处理非离散数据或不完整数据。

C4.5 由于使用了熵模型，里面有大量耗时的对数运算，如果是连续值，还需要大量的排序运算，而且 C4.5 只能用于分类。

7.2.4 CART 算法

1. CART 算法原理

分类回归树(Classification and Regression Tree，CART)算法最早由 Breiman 等提出，目前已在统计领域和数据挖掘技术中普遍使用。Python 中的 scikit-learn 模块的 tree 子模块主要使用 CART 算法实现决策树。

2. 基尼指数

CART 算法用基尼系数代替熵模型。基尼指数度量数据分区或训练元组 D 的不纯度，定义为

$$\mathrm{Gini}(D)=1-\sum_{i=1}^{m}p_i^2 \tag{7.7}$$

其中，p_i 为 D 中元组属于 C_i 类的概率，用 $\frac{|C_{i,D}|}{|D|}$ 估计。

假如数据集 D 在属性 A 上被划分为两个子集 D_1 和 D_2，基尼指数 $\mathrm{Gini}_A(D)$ 的定义为

$$\mathrm{Gini}_A(D)=\frac{|D_1|}{|D|}\mathrm{Gini}(D_1)+\frac{|D_2|}{|D|}\mathrm{Gini}(D_2) \tag{7.8}$$

对离散或连续属性 A 的二元划分导致的不纯度降低为

$$\Delta\,\mathrm{Gini}(A)=\mathrm{Gini}(D)-\mathrm{Gini}_A(D) \tag{7.9}$$

CART 算法将最大化不纯度降低(或等价地，具有最小基尼指数)的属性选择为分裂属性。CART 算法采用与传统统计学完全不同的方式构建预测准则，而且以二叉树形式给出，易于理解、使用和解释。由 CART 算法构建的决策树在很多情况下比常用的统计方式构建的代数预测更加准确，而且数据越复杂，变量越多，算法的优越性越显著。

7.2.5 树剪枝

随着决策树深度的增加，模型的准确度肯定会越来越好。但是对于新的未知数据，模型的表现会很差，产生的决策树会出现过分适应数据的问题。而且，由于数据中存在噪声和孤立点，许多分支反映的是训练数据中的异常，对新样本的判定很不精确。为防止构建的决策树出现过拟合，需要对决策树进行剪枝。决策树的剪枝方法一般有预剪枝和后剪枝。

1. 预剪枝

当在某一节点选择使用某一属性作为划分属性时，会由于本次划分而产生几个分支。预剪枝就是对划分前后的两棵树的泛化性能进行评估，根据评估结果决定该节点是

否进行划分。如果在一个节点划分样本将导致低于预定义临界值的分裂(如使用信息增益度量),则提前停止树的构造,但是选择一个合适的临界值往往非常困难。

预剪枝使很多节点没有展开,既降低了过拟合的风险,又减少了训练决策树花费的时间。但是存在这样一种可能性,虽然这个节点的展开会暂时降低泛化性能,但是这个节点后面的其他节点有可能会提高泛化性能,这又提高了预剪枝带来的欠拟合的风险。

2. 后剪枝

在后剪枝方法中,先构造一棵完整的决策树,然后由下至上计算每个节点的经验熵,递归地从决策树的叶节点进行回缩,通过计算回缩前后的损失函数并进行比较判断是否进行剪枝。剪枝可以只在树的某一部分进行,即局部剪枝,这样极大地提高了剪枝的效率。

后剪枝方法通常比预剪枝方法保留了更多的分支。一般情况下,后剪枝决策树的欠拟合风险很小,泛化性能优于预剪枝决策树。但后剪枝过程是在生成完全决策树之后进行的,并且要自底向上地对树中所有非叶节点逐个考查,因此训练时间会比预剪枝方法长得多。

综上所述,决策树构建的关键是在当前状态下选择哪个属性作为分类依据。决策树构建算法 ID3、C4.5 和 CART 的主要区别如表 7-2 所示。

表 7-2 ID3、C4.5 和 CART 算法的主要区别

算法	支持模型	树结构	特征选择	连续值处理	缺失值处理	剪枝	属性多次使用
ID3	分类	多叉树	信息增益	不支持	不支持	不支持	不支持
C4.5	分类	多叉树	信息增益率	支持	支持	支持	不支持
CART	分类回归	二叉树	基尼指数	支持	支持	支持	支持

7.2.6 决策树应用

sklearn.tree.DecisionTreeClassifier()方法实现了决策树的构建。在该方法中,参数 criterion 规定了该决策树所采用的最佳分割属性的判决方法,取值有“gini”和“entropy”两种; max_depth 限定了决策树的最大深度,对于防止过拟合非常有用; 参数 min_samples_leaf 限定了叶节点包含的最小样本数。

【例 7-2】 利用决策树算法对 Iris 数据集构建决策树。

```
In[1]:    import pandas as pd
          import matplotlib.pyplot as plt
          from sklearn.datasets import load_iris
          from sklearn import tree
          from sklearn.model_selection import train_test_split
          import pandas as pd
          import matplotlib.pyplot as plt
          from sklearn.datasets import load_iris
          from sklearn import tree
          from sklearn.model_selection import train_test_split
          iris = load_iris()
          X_train,X_test,y_train,y_test = train_test_split(iris.data, iris.target,test_
          size = 0.20,random_state = 30,shuffle = True)
```

```
        clf = tree.DecisionTreeClassifier(criterion = 'entropy')
        # criterion 缺省为'gini'
        clf = clf.fit(X_train,y_train)
        plt.figure(dpi = 150)
        tree.plot_tree(clf,feature_names = iris.feature_names, class_names = iris.
        target_names)
        # feature_names = iris.feature_names 设置决策树中显示的特征名称
        # 预测数据[6,5,5,2]的类别
        print('数据[6,5,5,2]的类别:',clf.predict([[6,5,5,2]]))
        print('测试集的标签:\n',y_test)
        y_pre = clf.predict(X_test)
        print('预测的测试集标签:\n',y_pre)
        print('模型准确率为:',clf.score(X_test,y_test))
Out[1]  数据[6,5,5,2]的类别: [2]
        测试集的标签:
        [0 0 0 2 1 1 2 2 1 2 0 2 1 1 0 1 0 0 0 1 2 0 0 0 2 2 1 2 0 1]
        预测的测试集标签:
        [0 0 0 2 1 1 2 2 1 2 0 2 1 1 0 1 0 0 0 1 1 0 0 0 2 2 2 2 0 1]
        模型准确率为: 0.9333333333333333
```

生成的决策树如图 7-3 所示。

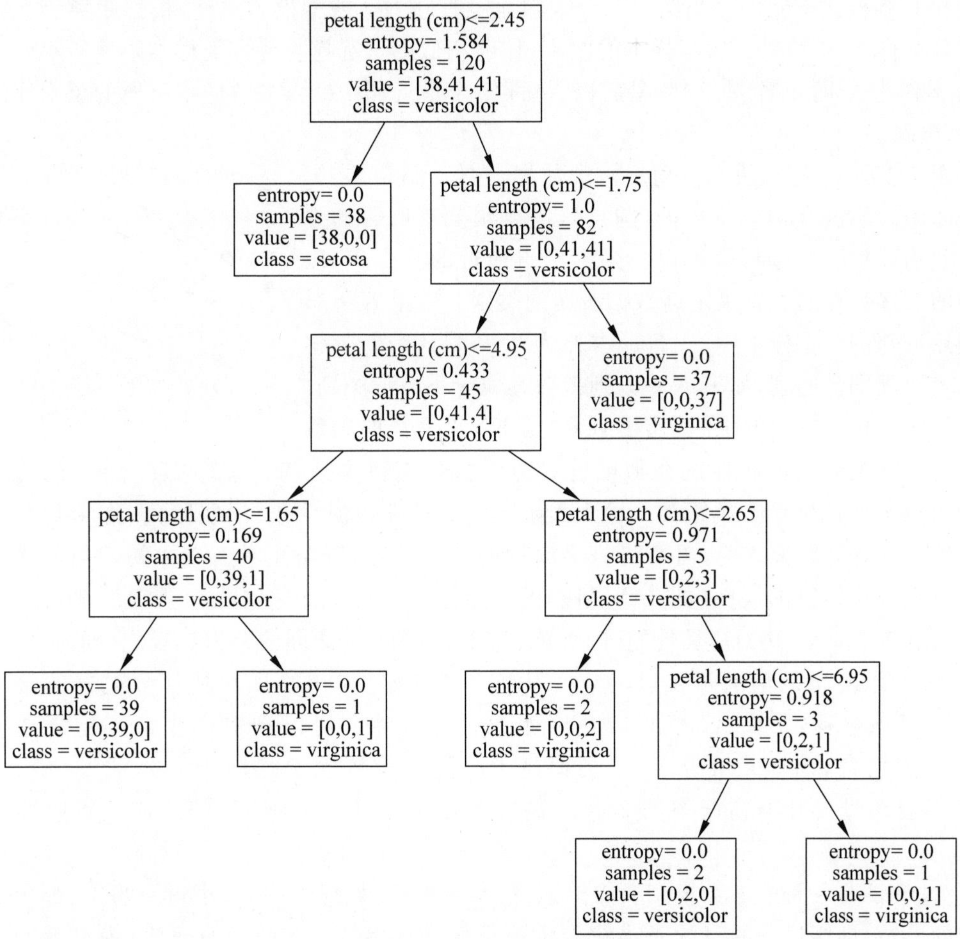

图 7-3　决策树可视化效果

扫一扫

视频讲解

7.3 K 近邻算法

K 近邻(K Nearest Neighbors,KNN)算法是机器学习算法中最基础、最简单的算法之一,属于惰性学习法。惰性学习法和其他学习方法的不同之处在于它并不急于在获得测试对象之前构造分类模型。当接收一个训练集时,惰性学习法只是简单地存储或稍微处理每个训练样本,直到测试对象出现才开始构造分类器。惰性学习法的一个重要优点是它们不在整个对象空间上一次性地估计目标函数,而是针对每个待分类对象做出不同的估计。K 近邻算法通过测量不同特征值之间的距离进行分类,既能用于分类,也能用于回归。

7.3.1 算法原理

KNN 算法基于类比学习,即通过将给定的检验元组与和它相似的元组进行比较进行学习。训练元组用 n 个属性描述,每个元组代表 n 维空间的一个点。所有的训练元组都存放在 n 维模式空间中。当给定一个未知元组时,KNN 搜索模式空间,根据距离函数计算待分类样本 X 和每个训练样本的距离(作为相似度),选择与待分类样本距离最小的 K 个样本作为 X 的 K 个最近邻,最后以 X 的 K 个最近邻中的大多数样本所属的类别作为 X 的类别。

如图 7-4 所示,有方块和三角形两类数据,它们分布在二维特征空间中。假设有一个新数据(圆点),需要预测其所属的类别,根据“物以类聚”的原则,可以找到离圆点最近的几个点,以它们中的大多数点的类别决定新数据所属的类别。如果 $K=3$,由于圆点近邻的 3 个样本中,三角形占比为 2/3,则认为新数据属于三角形类别。同理,如果 $K=5$,则新数据属于正方形类别。

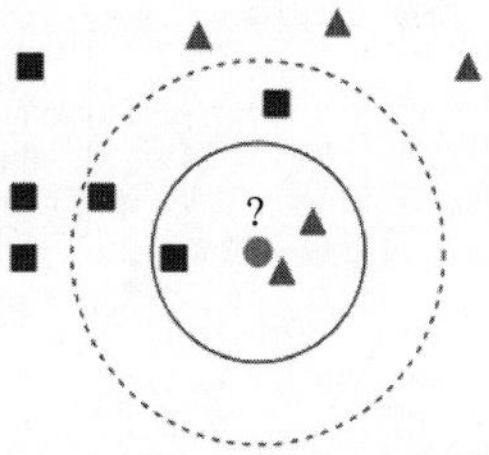

图 7-4 KNN 算法示例

如何度量样本之间的距离(或相似度)是 KNN 算法的关键步骤之一。常见的数值属性的相似度度量方法包括闵可夫斯基距离(参数 $p=2$ 时为欧氏距离,$p=1$ 时为曼哈顿距离)、余弦相似度、皮尔逊相似系数、汉明距离、杰卡德相似系数等。在计算距离之前,需要将每个属性的值规范化,以防止具有较大初始值的属性比具有较小初始值的属性(如二元属性)的权重过大。对于标称属性,一种简单的办法是比较元组 X_1 和 X_2 中对应属性的值,如果二者相同,则它们之间的差为 0,反之,则为 1。

算法中的 K 值一般通过实验确定。从 $K=1$ 开始,使用验证集估计分类器的错误率。重复该过程,每次 K 增加 1,允许增加一个近邻。可以选取产生最小错误率的 K。一般而言,训练元组越多,K 的值越大。随着训练元组趋向于无穷且 $K=1$,错误率不会超过贝叶斯错误率的 2 倍。如果 K 也趋于无穷,则错误率趋向于贝叶斯错误率。

KNN 算法是一种非参数模型。简单地说,参数模型(如线性回归、逻辑回归等)都包含确定的参数,训练过程的目的是寻找代价最小的最优参数。参数一旦确定,模型就固定了。非参数模型则相反,在每次预测中都需要重新考虑部分或全部训练数据。

KNN 算法描述如下。

输入: 簇的数目 K 和包含 n 个对象的数据库
输出: K 个簇,使平方误差最小
方法:
(1) 初始化距离为最大值;
(2) 计算测试样本和每个训练样本的距离 dist;
(3) 得到目前 K 个最近邻样本中的最大距离 maxdist;
(4) 如果 dist<maxdist,则将该训练样本作为 K 近邻样本;
(5) 重复步骤(2)～步骤(4),直到测试样本和所有训练样本的距离都计算完毕;
(6) 统计 K 个近邻样本中每个类别出现的次数;
(7) 选择出现频率最高的类别作为测试样本的类别。

最近邻分类法在检验元组分类时可能非常慢。加速的技术包括使用部分距离计算和编辑存储的元组。部分距离方法基于 n 个属性的子集计算距离,如果该距离超过阈值,则停止给定存储元组的进一步计算,该过程转向下一个存储元组。编辑方法可以删除被证明是"无用的"元组,该方法也称为剪枝或精简,因为它减少了存储元组的总数。

7.3.2 Python 算法实现

【例 7-3】 利用 KNN 对 Iris 数据集分类。

```
In[2]:  import numpy as np
        import matplotlib.pyplot as plt
        from matplotlib.colors import ListedColormap
        from sklearn.neighbors import KNeighborsClassifier
        from sklearn.datasets import load_iris
        iris = load_iris()
        X = iris.data[:,:2]
        Y = iris.target
        print(iris.feature_names)
        cmap_light = ListedColormap(['#FFAAAA','#AAFFAA','#AAAAFF'])
        cmap_bold = ListedColormap(['#FF0000','#00FF00','#0000FF'])
        clf = KNeighborsClassifier(n_neighbors = 10,weights = 'uniform')
        clf.fit(X,Y)
        #画出决策边界
        x_min,x_max = X[:,0].min() - 1,X[:,0].max() + 1
        y_min,y_max = X[:,1].min() - 1,X[:,1].max() + 1
        xx,yy = np.meshgrid(np.arange(x_min,x_max,0.02),
        np.arange(y_min,y_max,0.02))
        Z = clf.predict(np.c_[xx.ravel(),yy.ravel()]).
        reshape(xx.shape)
        plt.figure()
        plt.pcolormesh(xx,yy,Z,cmap = cmap_light)
        #绘制预测结果图
        plt.scatter(X[:,0],X[:,1],c = Y,cmap = cmap_bold)
        plt.xlim(xx.min(),xx.max())
        plt.ylim(yy.min(),yy.max())
```

```
          plt.title('3_Class(k = 10,weights = uniform)')
          plt.show()
Out[2]:   ['sepal length (cm)', 'sepal width (cm)', 'petal length (cm)', 'petal width (cm)']
```

输出结果如图 7-5 所示。

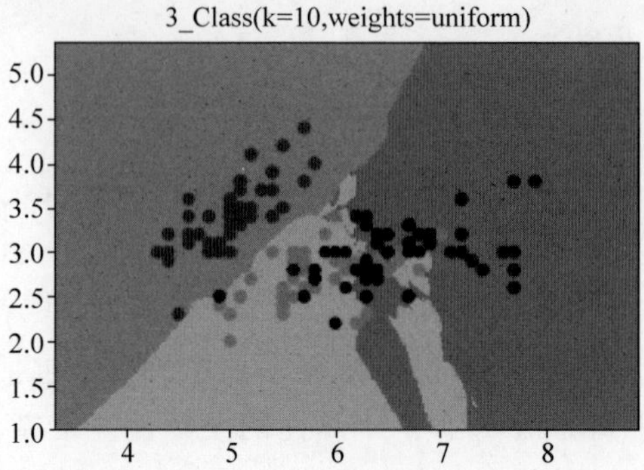

图 7-5　预测结果图

扫一扫

视频讲解

7.4 支持向量机

支持向量机(SVM)由 Vapnik 等于 1964 年首先提出,在解决小样本、非线性及高维模式识别问题中表现出许多特有的优势,并已推广到人脸识别、行人检测和文本分类等其他机器学习问题中。SVM 建立在统计学习理论的 VC 维(Vapnik-Chervonenkis Dimension)理论和结构风险最小原理的基础上,根据有限的样本信息在模型的复杂性和学习能力之间寻求最佳折中,以求获得最好的推广能力。SVM 可以用于数值预测和分类。

7.4.1 算法原理

支持向量机是一种对线性和非线性数据进行分类的方法。它使用一种非线性映射,把原始训练数据映射到较高维,在新的维上搜索最佳分离超平面。SVM 可分为 3 类:线性可分的线性 SVM、线性不可分的线性 SVM、非线性 SVM。如果训练数据线性可分,则通过硬间隔最大化学习得到一个线性分类器(即线性可分支持向量机),也称为硬间隔支持向量机;如果训练数据近似线性可分,则通过软间隔最大化学习得到一个线性分类器(即线性支持向量机),也称为软间隔支持向量机;对于数据非线性可分的情况,通过扩展线性 SVM 的方法,得到非线性的 SVM,即采用非线性映射将输入数据变换到较高维空间,在新的空间搜索分离超平面。

1. 数据线性可分的情况

SVM 的主要目标是找到最佳超平面,以便在不同类的数据点之间进行正确分类。超平面的维度等于输入特征的数量减去 1。图 7-6 显示了分类的最佳超平面和支持向量(实心的数据样本)。

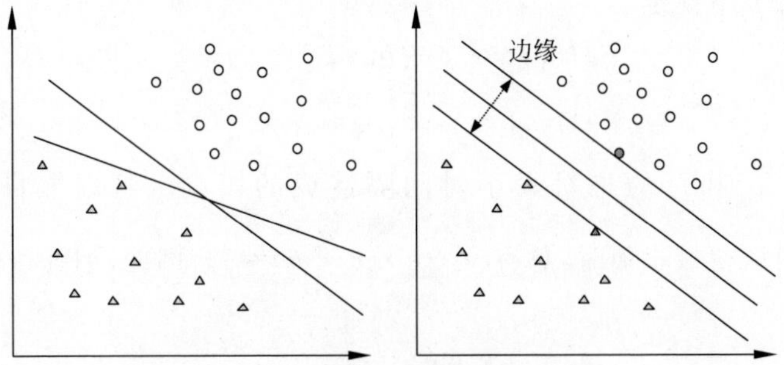

图 7-6 SVM 图示

在最简单的情况下，训练数据完全可以由一个分离超平面分开，即正例全部处于超平面的一侧，负例处于超平面的另一侧。这个时候只要找到一个分离超平面 H，使它距离那些支持向量尽量远就可以了。也就是说，若由正例支持向量所确定的、平行于分离超平面的超平面为 H_1，类似地，由负例支持向量确定的超平面为 H_2，那么，只需要使 H_1 和 H_2 之间的距离最大，取 H 为与 H_1 和 H_2 距离相同的平面即可。这两个超平面之间的距离称为间隔。

形式化地，假设有训练数据 $D=\{X^{(n)},Y^{(n)}\}_{n=1}^{N}$，其中 $X^{(n)}$ 为输入变量，$Y^{(n)}$ 为类别标记。$Y^{(n)}=+1$ 代表正类，$Y^{(n)}=-1$ 表示负类。分离超平面为

$$\boldsymbol{W}\cdot\boldsymbol{X}+b=0 \tag{7.10}$$

其中，$\boldsymbol{W}$ 为权重向量，即 $\boldsymbol{W}=\{w_1,w_2,\cdots,w_n\}$，$n$ 为属性数；b 为标量，通常称为偏倚。

$\boldsymbol{W}\cdot\boldsymbol{X}+b>0$ 时表示预测为正类；$\boldsymbol{W}\cdot\boldsymbol{X}+b<0$ 时表示预测为负类。一个样本点 (x, y) 到分离超平面 H 的欧氏距离为

$$d=\frac{|w\cdot x+b|}{\|w\|} \tag{7.11}$$

可以观察到，训练样例中 $w\cdot x+b$ 的符号与 y 的符号是一致的，而 y 只能等于 1 或 -1，因此式(7.11)可以表示为

$$d=y\left(\frac{w}{\|w\|}x+\frac{b}{\|w\|}\right) \tag{7.12}$$

由于 H_1 由离 H 最近的点 (x_i,y_i) 决定，其距离可以表示为

$$d_1=\min_i y_i\left(\frac{w}{\|w\|}x_i+\frac{b}{\|w\|}\right) \tag{7.13}$$

由于 H_2 到 H 的距离和 H_1 到 H 的距离相等，因此间隔为

$$m=2d_1=\min_i 2y_i\left(\frac{w}{\|w\|}x_i+\frac{b}{\|w\|}\right) \tag{7.14}$$

为了得到最优分离超平面，需要间隔最大，因此有

$$w,b=\arg\max_{w,b}\left[\min_i 2y_i\left(\frac{w}{\|w\|}x_i+\frac{b}{\|w\|}\right)\right] \tag{7.15}$$

如果成比例地改变 w 和 b 的大小，间隔也会同比例放大或缩小。但是这种情况下间隔放大并没有意义，因为分类器的泛化能力没有得到任何提升。因此，习惯上对支持向

量所决定的超平面做如下规定。

$$\begin{cases} H_1: w \cdot x + b = 1 \\ H_2: w \cdot x + b = -1 \end{cases} \tag{7.16}$$

这样就消除了 w 和 b 的绝对大小对间隔造成的影响。当训练目标中的 $2y_i\left(\frac{w}{\|w\|}x_i + \frac{b}{\|w\|}\right)$取得最小值时,总有 $y_i(w \cdot x_i + b) = 1$。因此,训练目标可以写为

$$w = \arg\max_{w} \frac{2}{\|w\|} \tag{7.17}$$

在数学上可以证明,以上优化目标等价于

$$w = \arg\min_{w} \frac{\|w\|^2}{2} \tag{7.18}$$

若将$\min\limits_{i} 2y_i\left(\frac{w}{\|w\|}x_i + \frac{b}{\|w\|}\right)$表示为约束条件:$\forall i, y_i(w \cdot x_i + b) \geqslant 1$,则寻找具有最大间隔的分离超平面问题可以表示为以下优化问题。

$$\min_{w,b} \frac{\|w\|^2}{2}, \quad \text{s.t. } \forall i, y_i(w \cdot x_i + b) \geqslant 1 \tag{7.19}$$

以上最优化问题是一个凸二次规划问题,可以将其作为原始问题,通过拉格朗日乘子法构造其对偶问题,并通过求解这个对偶问题得到原始问题的最优解。

首先对原始问题的每个不等式约束引入拉格朗日乘子 $a_i \geqslant 0$,构造拉格朗日函数。

$$L(w, b; a) = \frac{\|w\|^2}{2} - \sum_i a_i y_i (w \cdot x_i + b) + \sum_i a_i \tag{7.20}$$

根据拉格朗日对偶性,原始问题的对偶问题是最大最小问题,即

$$\max_{a} \min_{w,b} L(w, b; a) \tag{7.21}$$

对于最小值问题,求解

$$\begin{cases} \frac{\partial L}{\partial w} = w - \sum_i a_i y_i x_i = 0 \\ \frac{\partial L}{\partial b} = \sum_i a_i y_i = 0 \end{cases} \tag{7.22}$$

得到

$$\min_{w,b} L(w, b; a) = -\frac{1}{2} \sum_i \sum_j a_i a_j y_i y_j x_i x_j + \sum_i a_i \tag{7.23}$$

于是可得到对偶问题

$$\max_{a} -\frac{1}{2} \sum_i \sum_j a_i a_j y_i y_j x_i x_j + \sum_i a_i, \quad \text{s.t. } \sum_i a_i y_i = 0, \quad a_i \geqslant 0 \tag{7.24}$$

这是一个二次规划问题,总能找到全局极大值点(x_i, y_i)以及对应的 a_i,并由 $w = \sum\limits_i a_i y_i x_i$ 计算得到 w。这样的训练样本点(x_i, y_i)称为支持向量。当使用已经训练好的模型进行测试的时候,只需要支持向量而不需要显式地计算出 w。

2. 数据非线性可分的情况

在某些情况下,训练数据甚至连近似的线性划分也找不到,线性超平面无法有效划分正类和负类,而是需要超曲面等非线性划分。然而,非线性的优化问题很难求解。通常的做法是将输入向量从输入的空间投射到另一个空间,如图 7-7 所示。在这个特征空间中,投射后的特征向量线性可分或近似线性可分,然后通过线性支持向量机的方法求解。

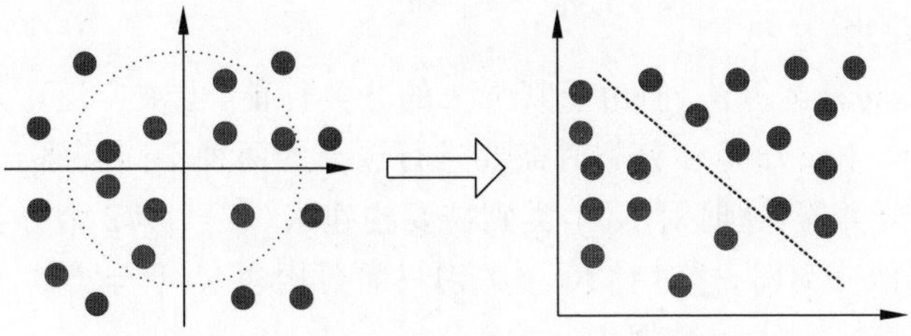

图 7-7 非线性变换

然而,这样做也带来一个新的问题,就是使投射后的特征向量(近似)线性可分的特征空间维度往往比原输入空间的维度高很多,甚至具有无限个维度。为了解决新特征空间维度高的问题,引入核方法(Kernal Method),在计算中不需要直接进行非线性变换,从而避免由计算高维度向量带来的问题。

假设已经得到了特征向量,观察上面的对偶问题,可以发现特征向量仅以向量内积的形式出现。因此,只要找到一个函数 $K(\boldsymbol{a},\boldsymbol{b})$,就可以直接由输入向量 $\boldsymbol{a}$ 和 $\boldsymbol{b}$ 计算出投射后特征向量的内积,就可以避免显式地定义和计算非线性变换 $\phi(g)$。

形式化地,定义核函数(Kernal Function)为

$$K(\boldsymbol{x}_i,\boldsymbol{x}_j)=\phi(\boldsymbol{x}_i)\phi(\boldsymbol{x}_j) \tag{7.25}$$

这样,就可以把对偶问题改写为

$$\max_{\boldsymbol{a}} -\frac{1}{2}\sum_i\sum_j a_i a_j y_i y_j K(\boldsymbol{x}_i,\boldsymbol{x}_j)+\sum_i a_i,\quad \text{s.t.} \sum_i a_i y_i=0,\quad a_i \geqslant 0 \tag{7.26}$$

常用的核函数如表 7-3 所示。

表 7-3 常用的核函数

名　称	表 达 式	参　数
线性核函数	$K(\boldsymbol{x}_i,\boldsymbol{x}_j)=\boldsymbol{x}_i^{\mathrm{T}}\boldsymbol{x}_j$	
多项式核函数	$K(\boldsymbol{x}_i,\boldsymbol{x}_j)=(\boldsymbol{x}_i^{\mathrm{T}}\boldsymbol{x}_j)^d$	$d \geqslant 1$ 为多项式的次数
高斯核函数	$K(\boldsymbol{x}_i,\boldsymbol{x}_j)=\exp\left(-\frac{\Vert \boldsymbol{x}_i-\boldsymbol{x}_j \Vert^2}{2\sigma^2}\right)$	$\sigma>0$ 为高斯核的带宽
拉普拉斯核函数	$K(\boldsymbol{x}_i,\boldsymbol{x}_j)=\exp\left(-\frac{\Vert \boldsymbol{x}_i-\boldsymbol{x}_j \Vert}{\sigma}\right)$	$\sigma>0$
Sigmoid 核函数	$K(\boldsymbol{x}_i,\boldsymbol{x}_j)=\tanh(\beta\boldsymbol{x}_i^{\mathrm{T}}\boldsymbol{x}_j+\theta)$	tanh 为双曲正切函数,$\beta>0,\theta<0$

支持向量机在高维空间中非常高效,即使在数据维度比样本数量大的情况下仍然有

效。而且，在决策函数(称为支持向量)中使用了训练集的子集，因此它也是高效利用内存的。但是，如果特征数量比样本数量大得多，在选择核函数时就要避免过拟合。

7.4.2 Python算法实现

在scikit-learn中SVM的算法库分为两类，一类是分类的算法库，包括SVC、NuSVC和LinearSVC；另一类是回归算法库，包括SVR、NuSVR和LinearSVR。相关的类都包括在sklearn.svm模块中。

SVM本是二分类的分类算法，但由于其强大的分类性能，也被广泛应用于多分类领域。SVC中的参数ovo和ovr是多分类时需要进行选择的两种不同策略。参数ovo(one versus one)是一对一分类器，这时对K个类别需要构建$K(K-1)/2$个分类器；ovr(one versus rest)是一对其他分类器，这时对K个类别只需要构建K个分类器。

【例7-4】 利用SVM对Iris数据集分类。

```
In[3]:    import numpy as np
          from sklearn import svm
          from sklearn import datasets
          from sklearn import metrics
          from sklearn import model_selection
          import matplotlib.pyplot as plt
          iris = datasets.load_iris()
          x, y = iris.data,iris.target
          x_train, x_test, y_train, y_test = model_selection.train_test_split(x, y,
          random_state = 1, test_size = 0.2)
          classifier = svm.SVC(kernel = 'linear',gamma = 0.1,
          decision_function_shape = 'ovo',C = 0.1)
          classifier.fit(x_train, y_train.ravel())
          print("SVM-输出训练集的准确率为: ", classifier.score(x_train, y_train))
          print("SVM-输出测试集的准确率为: ", classifier.score(x_test, y_test))
          y_hat = classifier.predict(x_test)
          classreport = metrics.classification_report(y_test,y_hat)
          print(classreport)
Out[3]:   SVM-输出训练集的准确率为: 0.975
          SVM-输出测试集的准确率为: 0.9666666666666667
                         precision    recall  f1-score   support
                    0       1.00       1.00      1.00        11
                    1       1.00       0.92      0.96        13
                    2       0.86       1.00      0.92         6
          avg / total       0.97       0.97      0.97        30
```

扫一扫

视频讲解

7.5 贝叶斯分类方法

贝叶斯分类是一类分类算法的总称，这类算法均以贝叶斯定理(Bayes Theorem)为基础，采用了概率推理方法。

7.5.1 算法原理

贝叶斯定理提供了一种计算假设概论的方法。用 $P(h)$ 表示在没有训练数据前假设 h 拥有的初始概率，常称为 h 的先验概率；$P(D)$ 表示将要观察的训练数据 D 的先验概率；$P(D|h)$ 表示假设 h 成立的情况下数据 D 的概率。贝叶斯公式给出了计算给定训练数据 D 时计算 h 成立的概率，即 h 的后验概率 $P(h|D)$ 的方法，如式(7.27)所示。

$$P(h \mid D)=\frac{P(D \mid h)P(h)}{P(D)} \tag{7.27}$$

其中，数据 D 称为某目标函数的训练样本；h 称为候选目标函数空间。

7.5.2 朴素贝叶斯分类

给定一个分类标签 y 和自由特征变量 $x_1,x_2,\cdots,x_n$，$x_i=1$ 表示样本具有特征 i，$x_i=0$ 表示样本不具有特征 i。如果要知道具有特征 $1\sim n$ 的向量是否属于分类标签 y_k，可以利用贝叶斯公式

$$P(y_k \mid x_1,\cdots,x_n)=\frac{P(y_k)P(x_1,\cdots,x_n \mid y_k)}{P(x_1,\cdots,x_n)} \tag{7.28}$$

假定一个属性值在给定类上的影响独立于其他属性的值，这一假定称为类条件独立性。做此假定是为了简化计算，并在此意义下称为“朴素的”。此时有

$$P(x_1,\cdots,x_n \mid y_k)=\prod_{i=1}^{n}P(x_i \mid y_k) \tag{7.29}$$

由于 $P(x_1,\cdots,x_n)$ 已定，因此比较 $P(y_1|x_1,\cdots,x_n)$ 和 $P(y_2|x_1,\cdots,x_n)$ 时与比较 $P(y_1)P(x_1,\cdots,x_n|y_1)$ 和 $P(y_2)P(x_1,\cdots,x_n|y_2)$ 等价。假设共有 m 种标签，只须计算 $P(y_k)P(x_1,\cdots,x_n|y_k)$，$k=1,2,\cdots,m$，取最大值作为预测的分类标签，即

$$\hat{y}=\arg\max_k P(y)\prod_{i=1}^{n}P(x_i \mid y_k) \tag{7.30}$$

贝叶斯分类算法在处理文档分类和垃圾邮件过滤有较好的分类效果。训练模型后参数 $P(x_i|y_k)$ 已知，$i=1,2,\cdots,n$；$k=1,2,\cdots,m$，进行预测时只需要先统计测试样本是否具有特征 $x_1\sim x_n$，再计算最大似然函数即可。不同的贝叶斯分类器主要取决于条件概率 $P(x_i|y_k)$ 的定义。如果仅采用数学上的原始定义，那么模型过于简单。

在计算概率的过程中，有时会出现 $P(x_k|c_i)=0$ 的情况。为了避免零概率值问题，可以利用拉普拉斯校准或拉普拉斯估计法。假设训练数据 D 很大，以至于对每个计数加 1 造成的估计概率可以忽略不计，但可以方便地避免概率值为 0 的情况。拉普拉斯校准就是给频率表中每个计数加上一个较小的数，保证每个特征发生概率不为 0。

7.5.3 高斯朴素贝叶斯分类

原始的朴素贝叶斯分类只能处理离散数据，当 $x_1,x_2,\cdots,x_n$ 为连续变量时，可以使用高斯朴素贝叶斯(Gaussian Naïve Bayes)完成分类任务。处理连续数据时，一种经典的

假设是与每个类相关的连续变量是服从高斯分布的。

高斯朴素贝叶斯公式如下。

$$P(x_i = v \mid y_k) = \frac{1}{\sqrt{2\pi\sigma_{yk}^2}} \exp\left(-\frac{(v-\mu_{yk})^2}{2\sigma_{yk}^2}\right) \tag{7.31}$$

其中,μ_{yk} 和 σ_{yk}^2 分别表示全部属于类 y_k 的样本中变量 x_i 的均值和方差。

【例 7-5】 通过身高、体重和脚长数据,判定一个人是男性还是女性。身体特征的统计数据如表 7-4 所示。

表 7-4 身体特征的统计数据

性别	身高/cm	体重/kg	脚长/cm
男	183	81.6	30.5
男	180	86.2	27.9
男	170	77.1	30.5
男	180	74.8	25.4
女	152	45.4	15.2
女	168	68.0	20.3
女	165	59.0	17.8
女	175	68.0	22.9

两种类别是等概率的,也就是 P(性别="男")$=P$(性别="女")$=0.5$。

已知某人身高为 183cm,体重为 59.0kg,脚长为 20.3cm,判断这个人是男性还是女性。

根据朴素贝叶斯分类器,计算 P(身高|性别)、P(体重|性别)、P(脚长|性别)和 P(性别)的值。由于身高、体重、脚长都是连续变量,不能采用离散变量的方法计算概率。而且由于样本太少,所以也无法分成区间计算。这时,可以假设男性和女性的身高、体重、脚长都服从高斯分布,通过样本计算出均值和方差,如表 7-5 所示。

表 7-5 数据均值和方差

性别	均值(身高)	方差(身高)	均值(体重)	方差(体重)	均值(脚长)	方差(脚长)
男性	178.250	32.250	79.925	25.470	28.575	5.983
女性	165.000	92.670	60.100	114.040	19.050	10.923

$P(\text{身高}=183 \mid \text{性别}=\text{男}) = \frac{1}{\sqrt{2\pi\sigma^2}} \exp\left[\frac{-(183-\mu)^2}{2\sigma^2}\right] \approx 0.04951$。其中,$\mu=178.25$ 和 $\sigma^2=32.25$ 是训练集样本的正态分布参数。其他概率以同样的方式计算,最后预测该样本类别是女性。

7.5.4 多项式朴素贝叶斯分类

多项式朴素贝叶斯(Multinomial Naïve Bayes)经常用于处理多分类问题,比起原始的朴素贝叶斯分类,效果有了较大的提升,其公式如下。

$$P(x_i \mid y_k)=\frac{N_{y_{ki}}+\alpha}{N_y+\alpha n} \tag{7.32}$$

其中，$N_{y_{ki}}=\sum_{x\in T} x_i$ 表示在训练集 T 中 y_k 类具有特征 i 的样本数量；$N_y=\sum_{i=1}^{|T|} N_{yi}$ 表示训练集 T 中 y_k 类特征的总数；平滑系数 $\alpha>0$ 防止零概率的出现，$\alpha=1$ 称为拉普拉斯平滑，$\alpha<0$ 称为 Lidstone 平滑。

7.5.5 朴素贝叶斯分类应用

【例 7-6】 利用朴素贝叶斯算法进行垃圾邮件分类。

进行垃圾邮件分类属于文本分类任务，涉及语言建模和学习算法的选择两个问题。本例使用 N-gram 语言模型对训练语料进行特征抽取，并使用朴素贝叶斯算法进行垃圾邮件识别。

N-gram 是一种基于概率的判别的语言模型，它的输入是一句话（单词的顺序序列），输出是这句话的概率，即这些单词的联合概率（joint probability）。N-gram 模型假设语句中第 N 个词的出现只与前 $N-1$ 个词相关，而与其他任何词都不相关，整条语句的概率就是各个词出现概率的乘积，即词序列 $w_1,w_2,\cdots,w_m$ 出现的概率为

$$p(w_1,w_2,\cdots,w_m)=P(w_1)\cdot P(w_2 \mid w_1)\cdot P(w_3 \mid w_1w_2)\cdot\cdots\cdot p(w_m \mid w_1,w_2,\cdots,w_{m-1})$$

现在假设有一封邮件，其内容中的左三句为带有侮辱性的垃圾邮件信息，右三句为非垃圾邮件信息。

有侮辱性的垃圾邮件	非垃圾邮件
Maybe not take him to dog park, stupid.	My Dalmatian is so cute. I love him.
Stop posting stupid worthless garbage.	My dog has flea problems, help please.
Quit buying wortheless dog food, stupid.	Mr. Licks ate my steak. How to stop him?

为了避免测试中出现某些未在训练语料中出现过的词，从而出现概率值为零的情形，将每个词出现的次数自增 1。以词 stupid 为例，计算其在垃圾邮件和非垃圾邮件中出现的概率。

$$p(\text{stupid} \mid \text{垃圾邮件})=\frac{3+1}{19}\approx 0.2105$$

$$p(\text{stupid} \mid \text{非垃圾邮件})=\frac{0+1}{24}\approx 0.0417$$

对于邮件内容“stupid garbarbage”，计算邮件为垃圾邮件的概率。

$$p(\text{垃圾邮件} \mid \text{stupidgarbarbage})=\frac{P(\text{垃圾邮件})P(\text{stupid} \mid \text{垃圾邮件})P(\text{garbage} \mid \text{垃圾邮件})}{\sum_{Y=\{\text{垃圾邮件},\text{非垃圾邮件}\}} P(\text{stupid} \mid Y)P(\text{garbage} \mid Y)}=0.9274$$

用同样的方法，计算得 $p(\text{非垃圾邮件} \mid \text{stupidgarbarbage})=0.0726$，因此该邮件为垃圾邮件。

扫一扫

视频讲解

7.6 模型评估与选择

我们总是希望构建的分类器有较好的性能,分类器性能需要一些客观的指标进行评判。例如,如何评估分类器的准确率(模型评估)以及如何在多个分类器中选择"最好的"一个。

7.6.1 分类器性能的度量

训练分类器的目的是使学习到的模型对已知数据和未知数据都有很好的预测能力。不同的学习方法会给出不同的模型。当给定损失函数时,基于损失函数的模型的训练误差(Training Error)和模型的测试误差(Test Error)则成为学习方法评估的标准。训练误差的大小,对判定给定问题是不是一个容易学习的问题是有意义的,但本质上不重要。测试误差反映了学习方法对未知的测试数据集的预测能力。通常将学习方法对未知数据的预测能力称为泛化能力(Generalization Ability)。

分类器的度量主要有准确率、敏感度、特效性、精度、F_1 和 F_β 等。由于学习算法对训练数据的过分特化作用,使用训练数据导出分类器,然后评估结果模型的准确率可能会导致过于乐观的结果。分类器的准确率最好在检验集上估计。检验集由训练模型时未使用的含有类标记的元组组成。

1. 混淆矩阵

根据实际类别与机器学习预测类别的组合,即混淆矩阵(Confusion Matrix),可分为真正例(True Positive,TP)、真负例(True Negative,TN)、假正例(False Positive,FP)和假负例(False Negative,FN)4 种情况。

(1) 真正例又称为真阳性,指被分类器正确分类的正元组,令 TP 为真正例的个数。

(2) 真负例又称为真阴性,指被分类器正确分类的负元组,令 TN 为真负例的个数。

(3) 假正例又称为假阳性,指被错误地标记为正元组的负元组,令 FP 为假正例的个数。

(4) 假负例又称为假阴性,指被错误地标记为负元组的正元组,令 FN 为假负例的个数。

混淆矩阵是分析分类器识别不同类元组的一种有用工具。给定 $m(m\geqslant 2)$ 个类,混淆矩阵是一个 $m\times m$ 的表,前 m 行和 m 列中的表目 CM_{ij} 指出类 i 的元组被分类器为类 j 的个数。理想情况是对于高准确率的分类器,大部分元组应该被混淆矩阵从 CM_{11} 到 CM_{mm} 的对角线上的表目表示,而 FP 和 FN 接近 0。对于二分类问题,混淆矩阵如表 7-6 所示。

表 7-6 混淆矩阵

真实情况	预测类	
	正例	负例
正例	真正例(TP)	假负例(FN)
负例	假正例(FP)	真负例(TN)

2. 分类器常用评估量

1）准确率和错误率

分类器在检验集上的准确率（Accuracy）定义为被该分类器正确分类的元组所占的百分比，即

$$\text{Accuracy}=\frac{\text{TP}+\text{TN}}{P+N} \tag{7.33}$$

其中，P 为真实的正例个数；N 为真实的负例个数。

准确率又称为分类器的总体识别率，即它反映分类器对各类元组的正确识别情况。错误率又称为误分类率，等于 $1-\text{Accuracy}(M)$，其中 $\text{Accuracy}(M)$ 为 M 的准确率。错误率也可以用式（7.34）计算。

$$\text{Errorrate}=\frac{\text{FP}+\text{FN}}{P+N} \tag{7.34}$$

对于类不平衡数据，由于感兴趣的主类是稀少的，如欺诈检测中感兴趣的类（或正类）欺诈出现的频度远不及负类非欺诈，以及医疗数据中的阳性和阴性，数据是极不平衡的，因此仅用准确率评价分类器是不完备的，可以分别使用灵敏性（Sensitivity）和特效性（Specificity）度量。

2）灵敏性和特效性

灵敏性又称为真正例率（True Positive Rate，TPR），它表示了分类器所识别出的正例占所有正例的比例。特效性又称为真负例率，即正确识别的负元组的百分比。灵敏性和特效性的计算式分别如式（7.35）和式（7.36）所示。

$$\text{Sensitivity}=\frac{\text{TP}}{P} \tag{7.35}$$

$$\text{Specificity}=\frac{\text{TN}}{N} \tag{7.36}$$

可以证明准确率是灵敏性和特效性度量的函数，即

$$\text{Accuracy}=\text{Sensitivity}\,\frac{P}{P+N}+\text{Specificity}\,\frac{N}{P+N} \tag{7.37}$$

3）精度和召回率

精度和召回率也在分类中广泛使用。精度（Precision）定义为标记为正例的元组实际为正例的百分比，可以看作精确度的度量，也称为查准率。召回率（Recall）定义为正元组标记为正例的百分比，是完全性的度量，也称为查全率。精度和召回率的定义如下。

$$\text{Precision}=\frac{\text{TP}}{\text{TP}+\text{FP}} \tag{7.38}$$

$$\text{Recall}=\frac{\text{TP}}{\text{TP}+\text{FN}}=\frac{\text{TP}}{P} \tag{7.39}$$

从式（7.39）可以看出，召回率就是灵敏度（或真正例率）。

4）F 度量和 F_β 方法

F 度量和 F_β 方法是把精度和召回率组合到一个度量中，在召回率和精度之间取调

和平均数，分别定义为

$$F=\frac{2\times \text{Precision}\times \text{Recall}}{\text{Precision}+\text{Recall}} \tag{7.40}$$

$$F_\beta=\frac{(1+\beta^2)\times \text{Precision}\times \text{Recall}}{\beta^2\times \text{Precision}+\text{Recall}} \tag{7.41}$$

其中，β 为非负实数。F 度量是精度和召回率的调和均值，它赋予精度和召回率相等的权重。F_β 度量是精度和召回率的加权度量。通常使用的 β 值为 2 和 0.5，即 $F_{0.5}$（它赋予精度的权重是召回率的 2 倍）和 F_2（它赋予召回率的权重是精度的 2 倍）。

可以看出，如果模型"不够警觉"，没有检测出一些正例样本，那么召回率就会受损；如果模型倾向于"滥杀无辜"，那么精度就会下降。因此，较高的 F 度量意味着模型倾向于"不冤枉一个好人，也不放过一个坏人"，是一个比较适合不平衡类问题的指标。

除了基于准确率的度量外，还可以在其他方面进行分类器的比较，主要因素如下。

(1) 速度：构建和使用分类器的计算开销。

(2) 鲁棒性：对有噪声或缺失值的数据分类器做出正确预测的能力。通常鲁棒性用噪声和缺失值渐增的一系列合成数据集进行评估。

(3) 可伸缩性：对于给定大量数据有效构造分类器的能力。通常，可伸缩性用规模渐增的一系列数据集评估。

(4) 可解释性：分类器提供的理解和洞察水平。可解释性是主观的，因为很难评估。例如，决策树的分类规则一般容易解释，但随着它们变得更复杂，其可解释性也随之消失。

分类器的评估度量较多，一般来说，数据类分布比较均衡时，准确率效果最好。其他度量方法，如灵敏度(或召回率)、特效性、精度、F 和 F_β 度量方法主要度量类不平衡问题。

5) P-R 曲线

评价一个模型的好坏，不能仅靠精确率或召回率，最好构建多组精确率和召回率，绘制出模型的 P-R 曲线。

绘制 P-R 曲线中，横轴为召回率(Recall)，纵轴为精确率(Precision)。P-R 曲线上的一个点代表在某一阈值下，模型将大于该阈值的结果判定为正例，小于该阈值的结果判定为负例，此时返回结果对应的召回率和精确率。整条 P-R 曲线是通过将阈值从高到低移动而生成的。原点附近代表当阈值最大时模型的精确率和召回率。

6) 接收者操作特征曲线

接收者操作特征(Receiver Operating Characteristic，ROC)曲线是一种反映分类模型敏感性和特异性连续变量的综合指标，体现了给定模型的真正例率(TPR)和假正例率(FPR)之间的权衡。ROC 通过将连续变量设定出多个不同的临界值，从而计算出一系列敏感性和特异性，并以 TPR 为纵坐标、FPR 为横坐标绘制曲线，曲线下面积(Area Under Curve，AUC)越大，诊断准确性越高。ROC 曲线上每个点反映着对同一信号刺激的感受性，最靠近坐标图左上方的点为敏感性和特异性均较高的临界值。

【例 7-7】 Python 分类器评估示例。

首先导入相关模块和数据。

```
In[4]:  import numpy as np
        import matplotlib.pyplot as plt
        from sklearn import svm, datasets
        from sklearn.metrics import roc_curve, auc
        from sklearn import model_selection
        iris = datasets.load_iris()
        X = iris.data
        y = iris.target
```

取 Iris 数据集的前两类数据并增加随机扰动。

```
In[5]:  X, y = X[y != 2], y[y != 2]
        #添加噪声
        random_state = np.random.RandomState(0)
        n_samples, n_features = X.shape
        X = np.c_[X, random_state.randn(n_samples, 200 * n_features)]
```

数据集划分并进行模型训练。

```
In[6]:  X_train, X_test, y_train, y_test = model_selection.train_test_split(X, y,
        test_size=.3,random_state=0)
        classifier = svm.SVC(kernel='linear', probability=True,
        random_state=random_state)
        classifier.fit(X_train, y_train)
```

在测试集上进行预测并评估。

```
In[7]:  from sklearn.metrics import precision_score, recall_score,f1_score, fbeta_score
        y_predict = classifier.predict(X_test)
        # classifier.fit(X_train, y_train.ravel())
        print("SVM-输出训练集的准确率为:", classifier.score(X_train, y_train))
        print('Precision: %.3f' % precision_score(y_true=y_test, y_pred=y_predict))
        print('Recall: %.3f' % recall_score(y_true=y_test, y_pred=y_predict))
        print('F1: %.3f' % f1_score(y_true=y_test, y_pred=y_predict))
        print('F_beta: %.3f' % fbeta_score(y_true=y_test, y_pred=y_predict,
        beta=0.8))
Out[7]: SVM-输出训练集的准确率为: 1.0
        Precision: 0.769
        Recall: 0.667
        F1: 0.714
        F_beta: 0.726
```

绘制 ROC 曲线,如图 7-8 所示。

```
In[8]:  y_score = classifier.fit(X_train, y_train).decision_function(X_test)
        # Compute ROC curve and ROC area for each class
        fpr,tpr,threshold = roc_curve(y_test, y_score)     #计算真正例率和假正例率
        roc_auc = auc(fpr,tpr)                             #计算 AUC 值
        plt.rcParams['font.family'] = ['SimHei']
        plt.figure()
```

```
# lw = 2
plt.figure(figsize = (8,4))
plt.plot(fpr, tpr, color = 'darkorange',
        label = 'ROC curve (area =  %0.2f)' % roc_auc)
#以假正例率为横坐标,真正例率为纵坐标作曲线
plt.plot([0, 1], [0, 1], color = 'navy', linestyle = '--')
plt.xlim([0.0, 1.0])
plt.ylim([0.0, 1.05])
plt.xlabel('False Positive Rate')
plt.ylabel('True Positive Rate')
plt.title('ROC 曲线示例')
plt.legend(loc = "lower right")
plt.show()
```

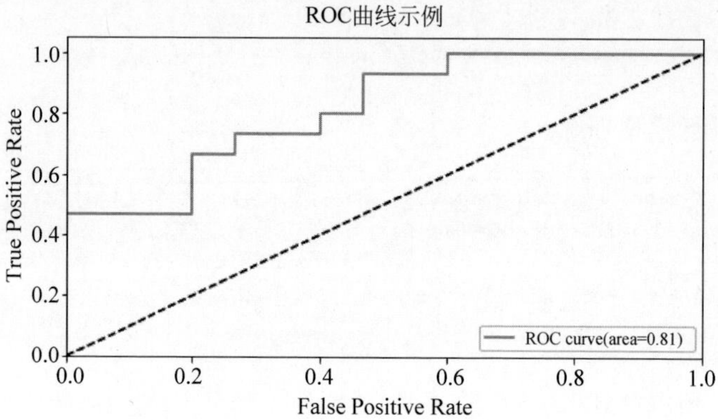

图 7-8 ROC 曲线

7.6.2 模型选择

当假设空间含有不同的复杂度的模型时,会面临模型选择(Model Selection)问题。我们希望所选择的模型要与真实模型的参数个数相同,所选择的模型的参数向量与真实模型的参数向量相近。然而,一味追求提高分类器的预测能力,所选择的模型的复杂度会比真实模型要高,这种现象称为过拟合(Overfitting)。过拟合指学习时选择的模型所含的参数过多,导致该模型对已知数据预测得很好,但对未知数据预测得很差的现象。因此,模型选择旨在避免过拟合并提高模型的预测能力。在模型选择时,不仅要考虑对已知数据的预测能力,还要考虑对未知数据的预测能力。

模型选择方法主要有正则化和交叉验证方法。

1. 正则化

模型选择的典型方法是正则化(Regularization)。正则化是结构风险最小化策略的实现,是在经验风险上加一个正则化项(Regularizer)或惩罚项(Penalty)。正则化项一般是模型复杂度的单调递增函数,模型越复杂,正则化值就越大。例如,正则化项可以是模型参数向量的范数。

正则化一般具有如下形式。

$$\min_{f \in F} \frac{1}{N}\sum_{i=1}^{N} L[y_i, f(x_i)] + \lambda J(f) \tag{7.42}$$

其中，第一项为经验风险；第二项为正则化项，$\lambda \geqslant 0$ 为调整两者之间关系的系数。正则化项可以取不同的形式，如在回归问题中，损失函数是平方误差，正则化项可以是参数向量的 L_2 范数。

$$L(\boldsymbol{w}) = \frac{1}{N}\sum_{i=1}^{N}[f(x_i;\boldsymbol{w}) - y_i]^2 + \frac{\lambda}{2}\|\boldsymbol{w}\|^2 \tag{7.43}$$

其中，$\|\boldsymbol{w}\|$ 表示参数向量 $\boldsymbol{w}$ 的 L_2 范数。

正则化项也可以是参数向量的 L_1 范数。

$$L(\boldsymbol{w}) = \frac{1}{N}\sum_{i=1}^{N}[f(x_i;\boldsymbol{w}) - y_i]^2 + \frac{\lambda}{2}\|\boldsymbol{w}\|_1 \tag{7.44}$$

其中，$\|\boldsymbol{w}\|_1$ 表示参数向量 $\boldsymbol{w}$ 的 L_1 范数。

经验风险较小的模型可能较复杂(有多个非零参数)，这时第二项的模型复杂度会较大。正则化的作用是选择经验风险与模型复杂度同时较小的模型。正则化符合奥卡姆剃刀(Occam's Razor)原理。将奥卡姆剃刀原理应用于模型选择时，认为在所有可能选择的模型中，能够很好地解释已知数据并且尽可能简单才是最好的模型，也就是应该选择的模型。从贝叶斯估计的角度来看，正则化项对应于模型的先验概率。可以假设复杂的模型有较大的先验概率，简单的模型有较小的先验概率。

2. 交叉验证

另一种常用的模型选择方法是交叉验证(Cross Validation)。如果给定的样本数据充足，进行模型选择的一种简单方法是随机地将数据集划分为训练集(Training Set)、验证集(Validation Set)和测试集(Test Set)三部分。训练集用来训练模型，验证集用于模型的选择，测试集则用于最终对学习方法进行评估。在学习到的不同复杂度的模型中，选择对验证集有最小预测误差的模型。由于验证集有足够多的数据，用它对模型进行选择是有效的。

然而，在许多实际应用中，数据是不充足的，为了选择好的模型，可以采用交叉验证方法。交叉验证的基本思路是重复地使用数据，把给定数据划分为训练集和测试集，在此基础上进行反复训练、测试和模型选择。

1) 简单交叉验证

简单交叉验证方法是随机地将给定数据划为训练集和测试集(如70%的数据作为训练集，30%的数据作为测试集)，然后用训练集在各种条件下(如不同的参数个数)训练模型，从而得到不同的模型，在测试集上评价各个模型的测试误差，选出测试误差最小的模型。

【例 7-8】 简单交叉验证示例。

```
In[9]:    from sklearn.model_selection import train_test_split
          import numpy as np
```

```
          X = np.array([[1, 2], [3, 4],[5,6],[7, 8]])
          y = np.array([1, 2, 2, 1])
          X_train,X_test,y_train,y_test = train_test_split(X,y, test_size = 0.50,
          random_state = 5)
          print("X_train:\n",X_train)
          print("y_train:\n",y_train)
          print("X_test:\n",X_test)
          print("y_test:\n",y_test)
Out[9]:   X_train:
           [[5 6]
           [7 8]]
          y_train:
           [2 1]
          X_test:
           [[1 2]
           [3 4]]
          y_test:
           [1 2]
```

2）k-折交叉验证

在k-折交叉验证(k-Fold Cross-Validation)中,首先随机地将给定数据划分为k个互不相交的大小相同的子集,然后利用$k-1$个子集的数据训练模型,利用余下的子集测试模型。将这一过程对可能的k种选择重复进行,最后选出k次评测中平均测试误差最小的模型。

【例 7-9】 k-折交叉验证示例。

```
In[10]:   from sklearn.model_selection import KFold
          import numpy as np
          X = np.array([[1, 2], [3, 4],[5,6],[7, 8]])
          y = np.array([1, 2, 2, 1])
          kf = KFold(n_splits = 2)
          for train_index, test_index in kf.split(X):
                print("Train:", train_index,"Validation:",test_index)
                X_train, X_test = X[train_index], X[test_index]
                y_train, y_test = y[train_index], y[test_index]
Out[10]:  Train: [2 3] Validation: [0 1]
          Train: [0 1] Validation: [2 3]
```

3）留一交叉验证

k-折交叉验证的特殊情形是$k=N$,即将k设置为元组的个数,称为留一交叉验证(Leave-One-Out Cross Validation),往往在数据缺乏的情况下使用。

【例 7-10】 留一交叉验证示例。

```
In[11]:   from sklearn.model_selection import LeaveOneOut
          import numpy as np
          X = np.array([[1, 2], [3, 4],[5,6],[7, 8]])
          y = np.array([1, 2, 2, 1])
          loo = LeaveOneOut()
```

```
          loo.get_n_splits(X)
          for train_index, test_index in loo.split(X):
                  print("train:", train_index, "validation:", test_index)
Out[11]:  train: [1 2 3] validation: [0]
          train: [0 2 3] validation: [1]
          train: [0 1 3] validation: [2]
          train: [0 1 2] validation: [3]
```

scikit-learn 还提供了 RepeatedKFold 和 StratifiedKFold 验证方法。StratifiedKFold 是针对非平衡数据的分层采样。分层采样就是在每一个子集中都保持原始数据集的类别比例。例如,原始数据集中正类∶负类=3∶1,这个比例也要保持在各个子集中才行。

扫一扫

视频讲解

7.7 组合分类

组合分类器是一个复合模型,由多个分类器组合而成。组合分类器往往比它的成员分类器更准确。

7.7.1 组合分类方法简介

组合分类方法产生一系列分类模型 $M_1,M_2,\cdots,M_k$,给定一个待分类的新数据元组,每个基分类器对该元组的类标号进行"组合投票"返回类预测,如图 7-9 所示。袋装、提升和随机森林都是组合分类的例子。

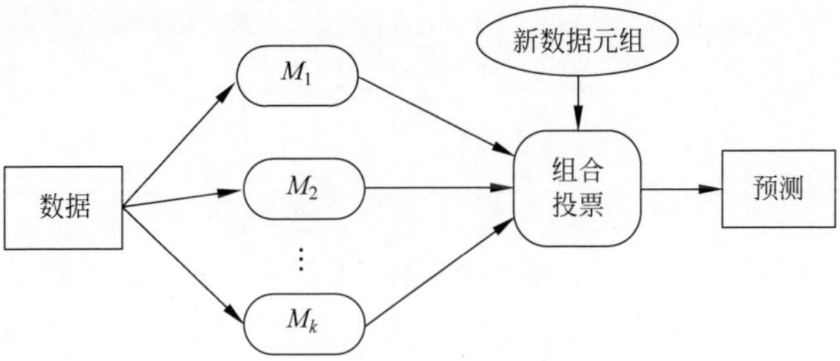

图 7-9 组合分类器原理

7.7.2 袋装

袋装(Bagging)是一种采用随机有放回抽样选择训练数据构造分类器进行组合的方法。如同找医生看病,选择多个医生,根据多个医生的诊断结果得出最终结果(多数表决),每个医生具有相同的投票权重。

给定含有 d 个元组的数据集合 D,袋装在构造 k 个基分类器的过程中,每次从 D 中有放回抽样得到 d 个元组的训练集 D_i,进行第 i 个基分类器的训练,最后对 k 个基分类器进行组合。由于使用有放回抽样,D 的元组可以不在 D_i 中出现,而其他元组可能出现多次。算法描述如下。

```
输入: D//d 个训练元组的数据集
      k//组合分类器中的模型数
      一种学习方案(如决策树、后向传播等)
输出: 组合分类器 M*
方法:
    for i = 1:k do
        对 D 有放回抽样创建自助样本 D_i;
        使用 D_i 和学习方法获得基分类器 M_i;
    end for
    使用组合分类器对元组 x 分类:
      让 k 个基分类器对x 分类并返回多数表决;
```

袋装分类器的准确率通常显著高于从原训练集 D 导出的单个分类器的准确率。即使有噪声数据和过拟合的影响,它的效果也不会很差。准确率的提高是因为复合模型降低了个体分类器的方差。

在 scikit-learn 中,Bagging 方法由 BaggingClassifier 统一提供,以用户输入的基模型和划分子集的方法作为参数。其中,max_samples 和 max_features 控制子集的大小;而 bootstrap 和 bootstrap_features 控制数据样本和属性是否替换;Oob_score=True 可使估计时采用已有的数据划分样本。

【例 7-11】 使用 Bagging 方法集成 KNeighborClassifier 估计,其训练样本划分规则为:随机 50%的数据样本和 50%的属性。

```
In[12]:    from sklearn.ensemble import BaggingClassifier
           from sklearn.neighbors import KNeighborsClassifier
           bagging = BaggingClassifier(KNeighborsClassifier(),
           max_samples = 0.5, max_features = 0.5)
```

7.7.3 提升和 AdaBoost

考虑找医生看病的另一种情况,选择多个医生,根据多个医生的诊断结果得出最终结果(加权表决),每个医生具有不同的投票权重,这就是提升(Boosting)的基本思想。

在提升方法中,给每个训练元组赋予一个权重。在迭代学习 k 个基分类器的过程中,学习得到分类器 M_i 之后,更新元组的权重,使其后的分类器更关注 M_i 误分类的训练元组。最终提升的分类器 M^* 组合每个分类器的表决,其中每个分类器投票的权重是其准确率的函数。

AdaBoost(Adaptive Boosting)是一种流行的提升算法。给定包含 d 个具有类标号的数据集$(X_1,y_1),(X_2,y_2),\cdots,(X_d,y_d)$。起始时,AdaBoost 对每个训练元组赋予相等的权重 $1/d$,为组合分类器产生 k 个基分类器需要执行算法的其余 k 轮。在第 i 轮,从 D 中元组抽样,形成大小为 d 的训练集 D_i。采用有放回抽样,每个元组被选中的概率由它们的权重决定。从训练集 D_i 得到分类器 M_i,然后使用 D_i 作为检验集计算 M_i 的误差。训练元组的权重根据它们的分类情况调整。

如果元组分类不正确,则它的权重增加,元组的权重反映了对它们分类的困难程度。

根据元组的权重进行抽样，为下一轮产生训练样本。

AdaBoost 算法描述如下。

```
输入：D//d 个训练元组的数据集
      k//迭代轮数(每轮产生一个分类器)
      一种学习方案(如决策树、后向传播等)
输出：一个复合模型
方法：
      将 D 中每个元组的权重初始化为 1/d
      for i = 1:k do
         根据元组的权重对 D 有放回抽样创建自助样本 D_i;
         使用 D_i 和学习方法获得基分类器 M_i;
         计算 M_i 的错误率 error(M_i);
         if  error(M_i)> 0.5   终止循环   end if
         for D 的每个被正确分类的元组 do
             元组的权重乘以 error(M_i)/(1 - error(M_i));
         end for
         规范化每个元组的权重;
      end for
      使用组合分类器对元组 x 分类：
          将每个类的权重初始化为 0;
      for i = 1: k do
           w_i = log (1 - error(M_i)) / error(M_i);
           从 M_i 得到 x 的类预测 c = M_i(x);
           将 w_i 加到类 c 的权重;
      end for
      返回具有最大权重的类;
```

为了计算 M_i 的错误率，求 M_i 误分类 D 中的每个元组的加权和，即

$$\text{error}(M_i)=\sum_{j=1}^{d} w_i \times \text{err}(X_j) \tag{7.45}$$

其中，$\text{err}(X_j)$为元组 X_j 的误分类误差，如果 X_j 被误分类，则 $\text{err}(X_j)=1$，否则 $\text{err}(X_j)=0$。如果分类器 M_i 的性能太差，错误率超过 0.5，则丢弃，重新产生新的训练集 D_i 训练新的 M_i。

M_i 的错误率影响训练元组权重的更新。如果一个元组在第 i 轮正确分类，则其权重乘以 $\text{error}(M_i)/[1-\text{error}(M_i)]$。一旦所有正确分类的元组的权重都被更新，就对所有元组的权重规范化。为了规范化权重，将它乘以旧权重之和，除以新权重之和，这样误分类元组的权重增加，正确分类的元组的权重减少。

在对分类器组合进行预测时，对每个分类的表决赋予一个权重。分类器的错误率越低，它的准确率就越高。分类器 M_i 的表决权重为

$$\log\frac{1-\text{error}(M_i)}{\text{error}(M_i)} \tag{7.46}$$

scikit-learn 中的 AdaBoost 类库包括 AdaBoostClassifier 和 AdaBoostRegressor，AdaBoostClassifier 用于分类，AdaBoostRegressor 用于回归。

【例 7-12】 AdaBoostClassifier 的使用。

首先导入相关的包。

```
In[13]:  import numpy as np
         import matplotlib.pyplot as plt
         %matplotlib inline
         from sklearn.ensemble import AdaBoostClassifier
         from sklearn.tree import DecisionTreeClassifier
         from sklearn.datasets import make_gaussian_quantiles
```

生成样本数据并绘制散点图,如图 7-10 所示。

```
In[14]:  # 生成二维正态分布,生成的数据按分位数分为两类,500 个样本,两个样本特征,
         # 协方差系数为 2
         X1, y1 = make_gaussian_quantiles(cov = 2.0,n_samples = 500,
         n_features = 2,n_classes = 2, random_state = 1)
         # 生成二维正态分布,生成的数据按分位数分为两类,400 个样本,两个样本特征均
         # 值都为 3,协方差系数为 2
         X2, y2 = make_gaussian_quantiles(mean = (3, 3), cov = 1.5,n_samples = 400,
         n_features = 2, n_classes = 2, random_state = 1)
         #将两组数据合成一组数据
         X = np.concatenate((X1, X2))
         y = np.concatenate((y1, - y2 + 1))
         plt.scatter(X[:, 0], X[:, 1], marker = 'o', c = y)
```

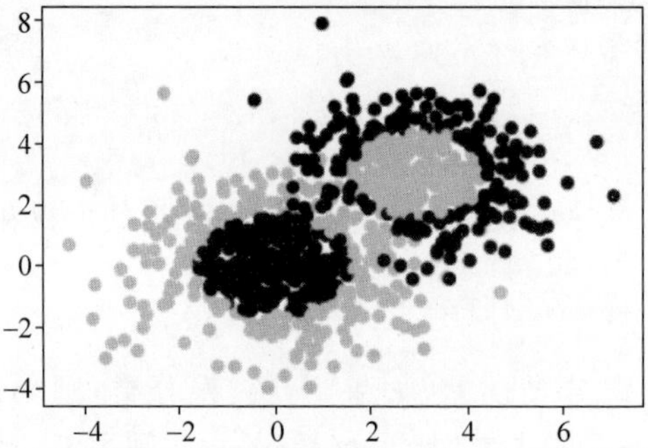

图 7-10 样本数据散点图

基于决策树的 AdaBoost 进行分类拟合。

```
In[15]:  bdt = AdaBoostClassifier(DecisionTreeClassifier(max_depth = 2, min_samples_
         split = 20, min_samples_leaf = 5), algorithm = "SAMME", n_estimators = 200,
         learning_rate = 0.8)
         bdt.fit(X, y)
         x_min, x_max = X[:, 0].min() - 1, X[:, 0].max() + 1
         y_min, y_max = X[:, 1].min() - 1, X[:, 1].max() + 1
         xx, yy = np.meshgrid(np.arange(x_min, x_max, 0.02),
                              np.arange(y_min, y_max, 0.02))
         Z = bdt.predict(np.c_[xx.ravel(), yy.ravel()])
         Z = Z.reshape(xx.shape)
         cs = plt.contourf(xx, yy, Z, cmap = plt.cm.Paired)
```

```
plt.scatter(X[:, 0], X[:, 1], marker = 'o', c = y)
plt.show()
print('Score:', bdt.score(X,y))
```

输出结果如图 7-11 所示。

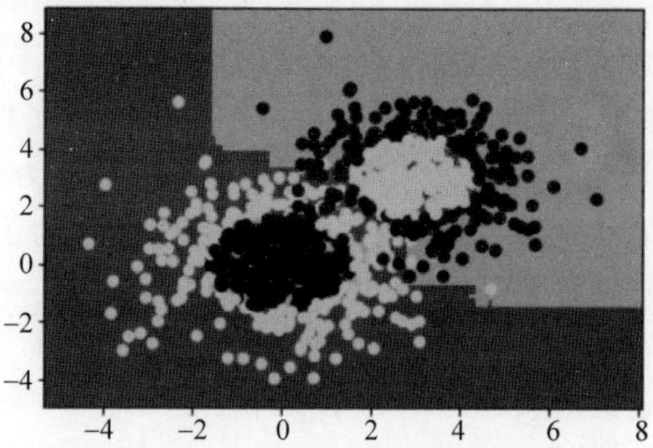

图 7-11 分类拟合结果

7.7.4 随机森林

随机森林就是通过集成学习的思想将多棵树集成的一种算法，它的基本单元是决策树。想象组合分类器中的每个分类器都是一棵决策树，因此，分类器的集合就是一个“森林”。更准确地说，每一棵树都依赖于独立抽样，并与森林中所有树具有相同分布的随机向量值。随机森林是利用多个决策树对样本进行训练、分类并预测的一种算法，主要应用于回归和分类场景。在对数据进行分类的同时，还可以给出各个变量的重要性评分，评估各个变量在分类中所起的作用。分类时，每棵树都投票并且返回得票最多的类。

1. 随机森林算法流程

(1) 训练总样本的个数为 N，则单棵决策树从 N 个训练集中随机有放回抽取 N 个样本作为此单棵树的训练样本。

(2) 令训练样例的输入特征的个数为 M，$m \ll M$，则在每棵决策树的每个节点上进行分裂时，从 M 个输入特征里随机选择 m 个输入特征，然后从这 m 个输入特征里选择一个最好的进行分裂。m 在构建决策树的过程中不会改变。在构建过程中，要为每个节点随机选出 m 个特征，然后选择最好的那个特征进行分裂。决策树中分裂属性的选择度量采用信息增益，信息增益率或基尼指数。

(3) 每棵树都一直这样分裂下去，直到该节点的所有训练样例都属于同一类，不需要剪枝。

2. 随机森林的两种形式

1) Forest-RI

使用 Bagging 算法与随机属性选择结合构建。给定 d 个元组的训练集 D，为组合分类器产生 k 棵决策树的一般过程如下。对于每次迭代 $i(i=1,2,3,\cdots,k)$，使用有放回抽样，由 D 产生 d 个元组的训练集 D_i。也就是说，每个 D_i 都是 D 的一个自助样本，使某些元组可能在 D_i 出现多次，而另一些可能不出现。设 F 为在每个节点决定划分的属性数，F 远小于可用的属性数。为了构造决策树分类器 M_i，在每个节点随机选择 F 个属性作为节点划分的候选属性。使用 CART 算法增长树，树增长至最大规模，并且不剪枝。

2) Forest-RC

使用输入属性的随机线性组合。它不是随机地选择一个属性子集，而是由已有属性的线性组合创建一些新属性(特征)，即一个属性由指定的 L 个原属性组合产生。在每个给定的节点，随机选取 L 个属性，并且从[-1,1]中随机选取数作为系数相加，产生 F 个线性组合，并在其中搜索到最佳划分。当只有少量属性可用时，为了降低个体分类器之间的相关性，这种形式的随机森林是有用的。

理想的情况是保持个体分类器的能力而不提高它们的相关性。随机森林对每次划分所考虑的属性数很敏感，通常选取 $\mathrm{lb}(d+1)$ 个属性。

在使用随机森林算法时，需要注意以下几点。

(1) 在构建决策树的过程中不需要剪枝。

(2) 整个森林的树的数量和每棵树的特征需要人为进行设定。

(3) 构建决策树的时候，分裂节点的选择是根据最小基尼系数指定。

随机森林具有诸多优点，主要体现为以下几个方面。

(1) 可以用来解决分类和回归问题：随机森林可以同时处理分类和数值特征。

(2) 抗过拟合能力：通过平均决策树，降低过拟合的风险性。

(3) 只有在半数以上的基分类器出现差错时才会做出错误的预测：随机森林非常稳定，即使数据集中出现了一个新的数据点，整个算法也不会受到过多影响，它只会影响到一棵决策树，很难对所有决策树产生影响。

(4) 对数据集的适应能力强：既能处理离散型数据，也能处理连续型数据，数据集无须规范化。

(5) 由于随机森林在每次划分时只考虑很少的属性，因此它们在大型数据库上非常有效，可能比装袋(Bagging)和提升(Boosting)更快。

但是，如果一些分类/回归问题的训练数据中存在噪声，随机森林中的数据集会出现过拟合现象，而且，由于其本身的复杂性，它比其他类似的算法需要更多的时间来训练。

【例 7-13】 随机森林的 Python 实现。

```
In[16]:  from sklearn.tree import DecisionTreeClassifier
         from sklearn.ensemble import RandomForestClassifier
         from sklearn.datasets import load_wine
         wine = load_wine()                                #导入数据集
         #划分训练集和测试集
         from sklearn.model_selection import train_test_split
         Xtrain, Xtest, Ytrain, Ytest = train_test_split(wine.data, wine.target,
         test_size = 0.3)
         clf = DecisionTreeClassifier(random_state = 0)
         rfc = RandomForestClassifier(random_state = 0)
         #分别构建决策树和随机森林并进行训练
```

```
          clf = clf.fit(Xtrain, Ytrain)
          rfc = rfc.fit(Xtrain, Ytrain)
          #显示决策树和随机森林的准确率
          score_c = clf.score(Xtest, Ytest)
          score_r = rfc.score(Xtest, Ytest)
          print("Single Tree: {} \n".format(score_c)
                ,"Random Forest: {}".format(score_r))
Out[16]:  Single Tree: 0.9074074074074074
          Random Forest: 0.9629629629629629
```

7.8 小结

(1) 分类是一种数据分析方法,它提取描述数据类的模型。分类和数值预测是两类主要的预测问题。分类预测类别标签(类);数值预测建立连续值函数模型。

(2) 决策树归纳是一种自顶向下的递归树归纳算法,它使用一种属性选择度量为树的每个非叶节点选择测试属性。ID3、C 4.5 和 CART 都是这种算法的例子,它们使用不同的属性选择度量。树剪枝算法试图通过剪去反映数据中噪声的分支来提高准确率。早期的决策树算法通常假定数据是驻留内存的。

(3) 朴素贝叶斯分类基于后验概率的贝叶斯定理。它假定类条件独立,即一个属性值对给定类的影响独立于其他属性的值。

(4) 支持向量机(SVM)是一种用于线性和非线性数据的分类算法。它把源数据变换到较高维空间,使用称为支持向量的基本元组,从中发现分离数据的超平面。

(5) 混淆矩阵可以用来评估分类器的质量。对于二元分类问题,它显示真正例、真负例、假正例、假负例。评估分类器预测能力的度量包括准确率、灵敏度(又称为召回率)、特效性、精度、F 和 F_β。

(6) 分类器的构造与评估需要把标记的数据集划分成训练集和检验集。正则化、随机抽样、交叉验证都是用于这种划分的典型方法。

(7) 组合方法可以通过学习和组合一系列个体(基)分类器模型提高总体准确率。装袋、提升和随机森林都是流行的组合方法。

(8) 当感兴趣的主类只由少量元组代表时,就会出现类不平衡问题。处理这一问题的策略包括过采样、欠采样、阈值移动和组合技术。

习题 7

扫一扫

自测题

(1) 简述决策树分类的主要步骤,并比较 ID3、C4.5 和 CART 算法之间的差异。

(2) 简述 K 近邻算法的主要思想,并给定最近邻数 K 和描述每个元组的属性数,写一个 K 最近邻分类算法。

(3) 什么是支持向量?简述 SVM 算法的基本思想。

(4) 朴素贝叶斯中的"朴素"有何含义?简述朴素贝叶斯分类的主要思想及其优缺点。

(5) 证明准确度是灵敏度和特效性度量的函数。

(6) 什么是提升? 简述它为何能够提高决策树归纳的准确性。

(7) 使用如表 7-7 所示的训练数据,分别利用 ID3、C4.5 和 CART 算法构造决策树。

表 7-7 训练数据

咽痛	咳嗽	体温	感冒
是	否	高	是
是	是	正常	否
否	是	很高	是
是	是	高	是
否	否	高	否
是	是	很高	是
否	否	高	否

本章实训:乳腺癌预测

本实训采用决策树、KNN、朴素贝叶斯、SVM、Logistic 回归和随机森林算法预测病人是否患有乳腺癌,数据集取自 sklearn 的 dataset。

1. 导入数据

```
In[1]:  import warnings
        from sklearn.datasets import load_breast_cancer
        from sklearn.model_selection import train_test_split
        from sklearn.metrics import accuracy_score
        import pandas as pd
        import matplotlib.pyplot as plt
        import numpy as np
        %matplotlib inline
        warnings.filterwarnings('ignore')
        # 加载乳腺癌数据集
        data = load_breast_cancer()
        X = data.data                                          # 特征数据
        y = data.target                                        # 目标变量
        plt.rcParams['font.family'] = 'SimHei'
        plt.rcParams['font.size'] = 10
        plt.rcParams['axes.unicode_minus'] = False             # 用来正常显示符号
        df = pd.DataFrame(X)
        df[30] = y
        df.sample(5)
Out[1]:
```

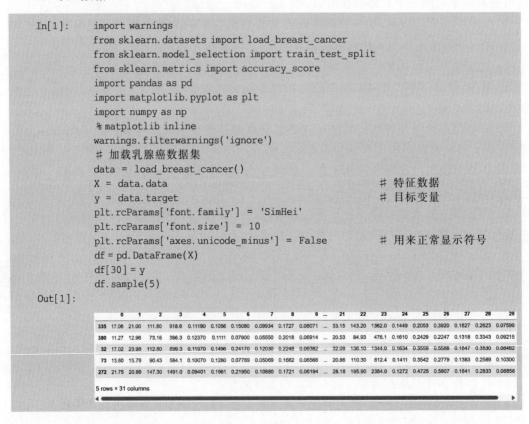

	0	1	2	3	4	5	6	7	8	9	...	21	22	23	24	25	26	27	28	29
335	17.06	21.00	111.80	918.6	0.11190	0.1056	0.15080	0.09934	0.1727	0.06071	...	33.15	143.20	1362.0	0.1449	0.2053	0.3920	0.1827	0.2623	0.07599
380	11.27	12.96	73.16	386.3	0.12370	0.1111	0.07900	0.05550	0.2018	0.06914	...	20.53	84.93	476.1	0.1610	0.2429	0.2247	0.1318	0.3343	0.09215
32	17.02	23.98	112.80	899.3	0.11970	0.1496	0.24170	0.12030	0.2248	0.06382	...	32.09	136.10	1344.0	0.1634	0.3559	0.5588	0.1847	0.3530	0.08482
73	13.80	15.79	90.43	584.1	0.10070	0.1280	0.07789	0.05069	0.1662	0.06566	...	20.86	110.30	812.4	0.1411	0.3542	0.2779	0.1383	0.2589	0.10300
272	21.75	20.99	147.30	1491.0	0.09401	0.1961	0.21950	0.10880	0.1721	0.06194	...	28.18	195.90	2384.0	0.1272	0.4725	0.5807	0.1841	0.2833	0.08858

5 rows × 31 columns

2. 决策树分类模型

```
In[2]:  # 将数据集拆分为训练集和测试集
        X_train, X_test, y_train, y_test = train_test_split(X, y, test_size = 0.2,
        random_state = 42)
        from sklearn.tree import DecisionTreeClassifier
        # 创建决策树分类器
        clf = DecisionTreeClassifier(criterion = 'entropy')
        clf2 = DecisionTreeClassifier(criterion = 'gini')
        # 在训练集上训练模型
        clf.fit(X_train, y_train)
        clf2.fit(X_train, y_train)
        # 在测试集上进行预测
        y_pred = clf.predict(X_test)
        y_pred2 = clf2.predict(X_test)
        # 计算准确率
        accuracy = accuracy_score(y_test, y_pred)
        accuracy2 = accuracy_score(y_test, y_pred2)
        print("entropy 准确率: {:.2f} % ".format(accuracy * 100))
        print("gini 准确率: {:.2f} % ".format(accuracy2 * 100))
        # 假设有两类结果,0 表示阴性,1 表示阳性
        class_names = ['阴性', '阳性']
        # 计算预测结果中各类别的数量
        pred_counts = np.bincount(y_pred)
        # 计算测试集中各类别的数量
        test_counts = np.bincount(y_test)
        # 绘制对比柱状图
        bar_width = 0.35
        index = np.arange(len(class_names))
        plt.bar(index, test_counts, bar_width, label = '原始测试集结果')
        plt.bar(index + bar_width, pred_counts, bar_width, label = '预测结果')
        plt.xlabel('类别')
        plt.ylabel('数量')
        plt.xticks(index + bar_width/2, class_names)
        plt.title('乳腺癌预测结果与原始测试集结果对比')
        plt.legend()
        plt.show()
Out[2]: entropy 准确率: 94.74 %
        gini 准确率: 92.98 %
```

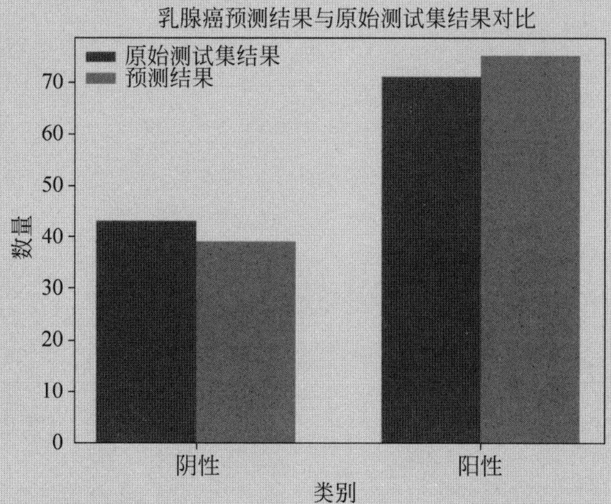

3. KNN 分类

```
In[3]:    from sklearn.neighbors import KNeighborsClassifier
          # 创建 KNN 分类器
          knn = KNeighborsClassifier(n_neighbors = 5)
          # 在训练集上训练模型
          knn.fit(X_train, y_train)
          # 在测试集上进行预测
          y_pred = knn.predict(X_test)
          # 计算准确率
          accuracy = accuracy_score(y_test, y_pred)
          print("KNN 分类准确率: {:.2f} %".format(accuracy * 100))
Out[3]:   KNN 分类准确率: 95.61 %
```

4. 朴素贝叶斯分类

```
In[4]:    from sklearn.naive_bayes import GaussianNB
          # 创建朴素贝叶斯分类器
          nb = GaussianNB()
          # 在训练集上训练模型
          nb.fit(X_train, y_train)
          # 在测试集上进行预测
          y_pred = nb.predict(X_test)
          # 计算准确率
          accuracy = accuracy_score(y_test, y_pred)
          print("朴素贝叶斯分类准确率: {:.2f} %".format(accuracy * 100))
Out[4]:   朴素贝叶斯分类准确率: 97.37 %
```

5. SVM 分类

```
In[5]:    from sklearn.svm import SVC
          # 创建 SVM 分类器
          svm = SVC(kernel = 'linear',gamma = 0.1,decision_function_shape = 'ovo',C = 0.1)
          # 在训练集上训练模型
          svm.fit(X_train, y_train)
          # 在测试集上进行预测
          y_pred = svm.predict(X_test)
          # 计算准确率
          accuracy = accuracy_score(y_test, y_pred)
          print("SVM 分类准确率: {:.2f} %".format(accuracy * 100))
Out[5]:   SVM 分类准确率: 96.49 %
```

6. Logistics 回归

```
In[6]:    from sklearn.linear_model import LogisticRegression
          # 创建逻辑回归分类器
          logreg = LogisticRegression(random_state = 0)
          # 在训练集上训练模型
          logreg.fit(X_train, y_train)
          # 在测试集上进行预测
          y_pred = logreg.predict(X_test)
```

```
            # 计算准确率
            accuracy = accuracy_score(y_test, y_pred)
            print("Logistics 回归分类准确率: {:.2f} % ".format(accuracy * 100))
Out[6]:     Logistics 分类准确率: 95.61 %
```

7. 随机森林分类

```
In[7]:      from sklearn.ensemble import RandomForestClassifier
            # 创建随机森林分类器
            rf = RandomForestClassifier()
            # 在训练集上训练模型
            rf.fit(X_train, y_train)
            # 在测试集上进行预测
            y_pred = rf.predict(X_test)
            # 计算准确率
            accuracy = accuracy_score(y_test, y_pred)
            print("随机森林分类准确率: {:.2f} % ".format(accuracy * 100))
Out[7]:     随机森林分类准确率: 96.49 %
```

8. 各个模型分类准确率对比

```
In[8]:      import pandas as pd
            data = [['Decisiontree_entropy','94.74 % '],
                   ['Decisiontree_gini','93.86 % '],
                   ['KNN','95.61 % '],
                   ['Naive Bayes','97.37 % '],
                   ['SVM','96.49 % '],
                   ['Logistic Regression','95.61 % '],
                   ['Random Forest','96.49 % '], ]
            data = pd.DataFrame(data = data,columns = ['算法类别','模型准确率'])
            data
Out[8]:
```

	算法类别	模型准确率
0	Decisiontree_entropy	94.74%
1	Decisiontree_gini	93.86%
2	KNN	95.61%
3	Naive Bayes	97.37%
4	SVM	96.49%
5	Logistic Regression	95.61%
6	Random Forest	96.49%

第 8 章

聚　类

聚类算法强调把对象的集合划分为多个簇，从而更好地分析对象。本章介绍聚类分析的基本概念、典型的聚类分析算法和 Python 应用，以及聚类的评估分析方法。

扫一扫

视频讲解

8.1　聚类分析概述

8.1.1　聚类分析的概念

无监督学习(Unsupervised Learning)着重于发现数据本身的分布特点。与监督学习(Supervised Learning)不同，无监督学习不需要对数据进行标记。从功能角度讲，无监督学习模型可以发现数据的“群落”，同时也可以寻找“离群”的样本。另外，对于特征维度非常高的数据样本，同样可以通过无监督学习进行数据降维，保留最具有区分性的低维度特征。

数据聚类是无监督学习的主流应用之一。聚类是一个将数据对象集划分为多个组或簇的过程，使簇内的数据对象具有很高的相似性，但不同簇间的对象具有很高的相异性。相似性和相异性根据描述对象的属性值进行评估，通常涉及数据对象的距离度量。聚类分析作为一种数据挖掘工具在很多领域得到了广泛应用，如生物学、心理学、医学以及 Web 搜索等。

8.1.2　聚类算法分类

随着聚类分析技术的蓬勃发展，目前已有很多类型的聚类算法，但很难对聚类算法进行简单的分类，因为这些类别的聚类可能重叠，从而使一种算法具有一些交叉的特征。一般而言，聚类算法被划分为以下几类。

1. 划分方法

划分方法基于距离判断数据对象相似度，通过不断迭代将含有多个数据对象的数据集划分成若干簇，使每个数据对象都属于且只属于一个簇，同时聚类的簇的总数小于数据对象的总数目。基于划分方法的聚类算法有 K-Means 算法和 K 中心点算法。

2. 基于层次的方法

基于层次的方法分为凝聚的方法和分裂的方法。这是根据聚类层次形成的方向进行划分的。凝聚的方法也称为自底向上的方法，开始将每个对象作为单独的一类逐渐与相似的对象合并直到满足聚类的目标。分裂的方法恰好相反，将所有数据对象作为一个整体逐渐划分为簇以满足聚类条件。层次聚类方法可以是基于距离或基于密度和连通性的。

3. 基于密度的方法

典型的聚类方法都是基于距离进行聚类，在聚类非球形的数据集时并不理想。为了发现不规则形状的簇，通常将簇看作由稀疏区域或稠密区域组成的空间。基于密度的方法定义了邻域的半径范围，领域内的对象数目超过某限定值则添加到簇中。基于密度的方法可以形成任意形状的簇，而且对于过滤噪声数据也很有效。

4. 基于网格的方法

基于网格的方法使用一种多分辨率的网格数据结构，将对象空间量化为有限数目的单元。这些单元形成了网格结构，所有聚类操作都在该结构上进行。这种方法的处理时间独立于数据对象数，仅依赖于量化空间中每一维上的单元数，处理速度较快。

扫一扫

视频讲解

8.2 K-Means 聚类

聚类分析中最广泛使用的算法为 K-Means 聚类算法。K-Means 算法属于聚类分析中较为经典的一种。

8.2.1 算法原理

给定一个有 n 个对象或元组的数据库，一个划分方法构建数据的 K 个划分，每个划分表示一个簇，$K \leqslant n$，而且满足：

(1) 每个组至少包含一个对象；

(2) 每个对象属于且仅属于一个组。

划分时要求同一个聚类中的对象尽可能地接近或相关，不同聚类中的对象尽可能地远离或不同。K-Means 算法是一个迭代的优化算法，最终使均方误差最小，如式(8-1)所示。

$$\min\sum_{i=0}^{K}\sum_{x_j\in C_i}(\| x_j-u_i \|^2) \tag{8.1}$$

其中，x_j 是第 j 个数据对象；u_i 为第 i 个聚类中心；K 为划分簇数。

一般，簇的表示有两种方法：

(1) K 平均算法，由簇的均值代表整个簇；

(2) K 中心点算法，由处于簇的中心区域的某个值代表整个簇。

K-Means 算法具体步骤如下。

> **输入**：簇的数目 K 和包含 n 个对象的数据库
> **输出**：K 个簇，使平方误差最小
> **方法**：
> (1) 随机选择 K 个对象，每个对象代表一个簇的初始均值或中心；
> (2) 对剩余的每个对象，根据它与簇均值的距离，将它指派到最相似的簇；
> (3) 计算每个簇的新均值；
> (4) 回到步骤(2)，循环直到不再发生变化。

用于划分的 K-Means 算法，其中每个簇的中心都用簇中所有对象的均值表示。K-Means 聚类模型所采用的迭代算法直观易懂且非常实用，但是具有容易收敛到局部最优解和需要预先设定簇的数量的缺点。

8.2.2 算法改进

1. K-Means++算法

K-Means 算法初始时随机选取数据集中 K 个点作为聚类中心，不同的初始聚类中心可能导致完全不同的聚类结果。K-Means++算法初始的聚类中心之间的相互距离要尽可能远。具体按照如下步骤选取 K 个聚类中心。

(1) 假设已经选取了 n 个初始聚类中心($0<n<K$)，则在选取第 $n+1$ 个聚类中心时，距离当前 n 个聚类中心越远的点会有更高的概率被选为第 $n+1$ 个聚类中心。

(2) 在选取第一个聚类中心($n=1$)时，同样采用随机的方法。

可以说这也符合我们的直觉：聚类中心当然是互相离得越远越好。这个改进虽然直观简单，却非常有效。

在 sklearn.cluster.KMeans()函数的参数中，参数 init 用于指定初始化方法，此参数有 3 个可选值(k-means++、random 和传递一个 ndarray 向量)，分别指用 K-Means++算法选取初始聚类中心、随机从训练数据中选取初始质心和使用形如(n_clusters, n_features)的数据并给出初始质心。默认值为 k-means++。

2. ISODATA 算法

在 K-Means 算法中，K 的值需要预先人为确定，并且在整个算法运行过程中无法更

改。而作为非监督分类，事先很难去确定待分类的集合(样本)中到底有多少类别。ISODATA的全称是迭代自组织数据分析法(Iterative Self-Organizing Data Analysis Techique)，是在K-Means算法的基础上，增加对聚类结果的“合并”和“分裂”两个操作。当属于某个类别的样本数过少时，删除该类；当属于某个类别的样本数过多，分散程度较大时，把这个类分裂为两个子类别。

3. Mini Batch-K-Means

Mini Batch-K-Means是一种能尽量保持聚类准确性但能大幅降低计算时间的聚类模型。Mini Batch-K-Means聚类每次迭代并不采用所有样本，而是每次等量采样获得小的样本集并把小样本集中的样本划归到距离最近的中心所在的簇，然后进行聚类中心点的更新。与K-Means算法相比，簇中心点的更新是在每个小的样本集上。Mini Batch-K-Means可以大大减少算法运行时间，但产生的聚类效果只是略低于K-Means算法，适合于极大数据量的聚类分析。

8.2.3 K-Means算法实现

【例8-1】 K-Means和Mini Batch-K-Means聚类。

```
In[1]:   import warnings
         import time
         import numpy as np
         import matplotlib.pyplot as plt
         import matplotlib as mpl
         from sklearn.cluster import MiniBatchKMeans, KMeans
         from sklearn.metrics.pairwise import pairwise_distances_argmin
         from sklearn.datasets import make_blobs
         warnings.filterwarnings('ignore')
         mpl.rcParams['font.sans-serif'] = [u'SimHei']
         mpl.rcParams['axes.unicode_minus'] = False
         #初始化三个中心,产生30000组二维的数据
         centers = [[1, 1], [-1, -1], [1, -1]]
         clusters = len(centers)                  #聚类的数目为3
         X, Y = make_blobs(n_samples = 30000, centers = centers, cluster_std = 0.4,
         random_state = 28)
         #构建K-Means算法
         k_means = KMeans(init = 'k-means++', n_clusters = clusters, random_state = 28)
         t0 = time.time()                         #当前时间
         k_means.fit(X)                           #训练模型
         km_batch = time.time() - t0              #使用K-Means训练数据的消耗时间
         print ("K-Means模型训练消耗时间:%.4fs" % km_batch)
         #构建MiniBatchKMeans算法
         batch_size = 100
         mbk = MiniBatchKMeans(init = 'k-means++', n_clusters = clusters, batch_size = batch_
         size, random_state = 28)
         t0 = time.time()
         mbk.fit(X)
```

```
mbk_batch = time.time() - t0
print ("Mini Batch K-Means 模型训练消耗时间: %.4fs" % mbk_batch)
#预测结果
km_y_hat = k_means.predict(X)
mbkm_y_hat = mbk.predict(X)
print(km_y_hat[:20])
print(mbkm_y_hat[:20])
#获取聚类中心点并对聚类中心点进行排序
k_means_cluster_centers = k_means.cluster_centers_
mbk_means_cluster_centers = mbk.cluster_centers_
print ("K-Means 算法聚类中心点:\n", k_means_cluster_centers)
print ("Mini Batch K-Means 算法聚类中心点:\n", mbk_means_cluster_centers)
# pairwise_distances_argmin: 将 X 和 Y 中的元素按照从大到小做一个排序
order = pairwise_distances_argmin(X = k_means_cluster_centers,
Y = mbk_means_cluster_centers)
#结果可视化
plt.figure(figsize = (9,5), facecolor = 'w')
plt.subplots_adjust(left = 0.05, right = 0.8, bottom = 0.05, top = 0.9)
#子图 1: 原始数据
plt.subplot(221)
plt.scatter(X[:, 0], X[:, 1],c = Y,s = 6,edgecolors = 'none')
plt.title(u'原始数据分布图')
plt.xticks(())
plt.yticks(())
plt.grid(True)
#子图 2: K-Means 算法聚类结果图
plt.subplot(222)
plt.scatter(X[:,0], X[:,1], c = km_y_hat, s = 6, edgecolors = 'none')
plt.scatter(k_means_cluster_centers[:,0], k_means_cluster_centers[:,1],c =
range(clusters),s = 60,edgecolors = 'none')
plt.title(u'K-Means 聚类结果图')
plt.xticks(())
plt.yticks(())
plt.text(-2.5, 2, 'train time: %.2fms' % (km_batch * 1000))
plt.grid(True)
 #子图 3: Mini Batch K-Means 算法聚类结果图
plt.subplot(223)
plt.scatter(X[:,0], X[:,1], c = mbkm_y_hat, s = 6, edgecolors = 'none')
plt.scatter(mbk_means_cluster_centers[:,0], mbk_means_cluster_centers[:,1],
c = range(clusters),s = 60,edgecolors = 'none')
plt.title(u'Mini Batch K-Means 聚类结果图')
plt.xticks(())
plt.yticks(())
plt.text(-2.5, 2,'train time: %.2fms' % (mbk_batch * 1000))
plt.grid(True)
# 获取 K-Means 算法和 MiniBatchKmeans 算法预测不一致的样本数目
different = list(map(lambda x: (x!= 0) & (x!= 1) & (x!= 2), mbkm_y_hat))
for k in range(clusters):
    different += ((km_y_hat == k) != (mbkm_y_hat == order[k]))
identic = np.logical_not(different)
different_nodes = len(list(filter(lambda x:x, different)))
plt.subplot(224)
# 二者预测相同的
plt.plot(X[identic,0], X[identic, 1], 'w', markerfacecolor = 'g', marker = '.')
```

```
# 二者预测不相同的
plt.plot(X[different,0], X[different, 1], 'w', markersize = 10, markerfacecolor =
'r', marker = '.')
plt.title(u'Mini Batch K - Means 和 K - Means 预测结果不同的点')
plt.xticks(())
plt.yticks(())
plt.text( - 2.5, 2, 'different nodes: %d' % (different_nodes))
plt.show()
```

```
Out[1]:   K - Means 模型训练消耗时间:0.2469s
          Mini Batch K - Means 模型训练消耗时间:0.1879s
          [0 0 0 1 1 0 0 1 0 0 0 2 2 2 1 1 1 2 2 2]
          [2 2 2 0 0 2 2 0 2 2 2 1 1 1 0 0 0 1 1 1]
          K - Means 算法聚类中心点:
           [[ 0.99472363  - 0.99992301]
           [ - 0.99811742  - 1.00197249]
           [ 1.00327457   0.99504892]]
          Mini Batch K - Means 算法聚类中心点:
           [[ - 0.99990432  - 0.99884162]
           [ 1.01196979   0.99585172]
           [ 0.99072972  - 1.00885662]]
```

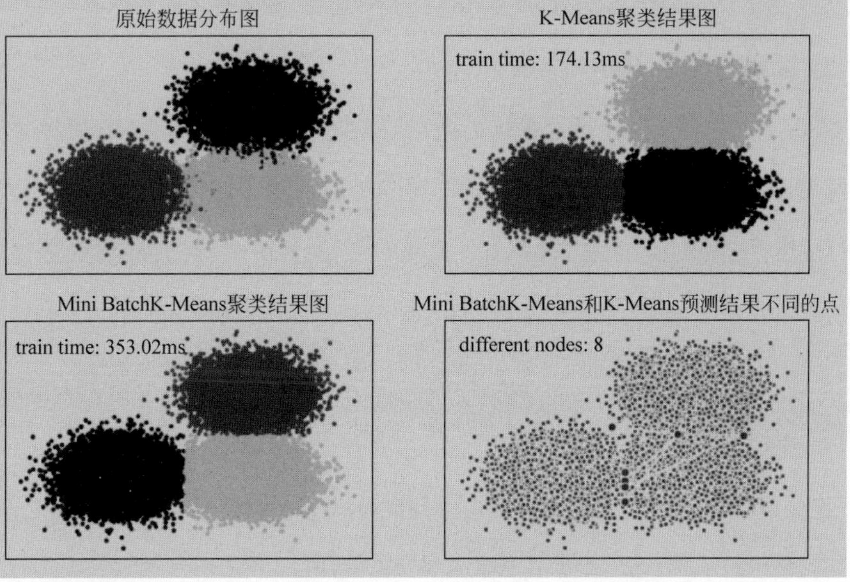

K-Means 聚类简洁高效，设迭代 t 次算法结束，时间复杂度为 $O(nKt)$，一般有 $t \ll n$ 和 $K \ll n$，适用于大规模的数据挖掘。但是使用 K-Means 算法需要预先设定聚类个数 K，而类别数事先很难获取。

扫一扫

视频讲解

8.3 层次聚类

8.3.1 算法原理

层次聚类(Hierarchical Clustering)就是按照某种方法进行层次分类，直到满足某种条件为止。层次聚类主要分成以下两类。

(1) 凝聚：自底向上。首先将每个对象作为一个簇，然后将这些原子簇合并为越来越大的簇，直到所有的对象都在一个簇中，或者满足某个终止条件。

(2) 分裂：自顶向下。首先将所有对象置于同一个簇中，然后逐渐细分为越来越小的簇，直到每个对象自成一簇，或者满足某个终止条件。

8.3.2 簇间的距离度量

无论是凝聚方法还是分裂方法，一个核心问题是度量两个簇之间的距离，其中每个簇是一个对象集合。簇间距离的度量主要采用以下方法。

1. 最短距离法(最大相似度)

簇 C_i 和 C_j 之间的最短距离定义为两个簇中最靠近的两个对象间的距离为簇间距离，如式(8.2)所示。

$$\mathrm{dist}_{\min}(C_i,C_j)=\min\{|p-q|\},\quad p\in C_i,q\in C_j \tag{8.2}$$

2. 最长距离法(最小相似度)

最长距离定义为两个类中最远的两个对象间的距离为簇间距离，如式(8.3)所示。

$$\mathrm{dist}_{\max}(C_i,C_j)=\max\{|p-q|\},\quad p\in C_i,q\in C_j \tag{8.3}$$

3. 类平均法

计算两个类中任意两个对象间的距离的平均值作为簇间距离，如式(8.4)所示。

$$\mathrm{dist}_{\mathrm{avg}}(C_i,C_j)=\frac{1}{n_in_j}\sum\{|p-q|\},\quad p\in C_i,q\in C_j \tag{8.4}$$

4. 中心法

定义两个类的两个中心点的距离为簇间距离，如式(8.5)所示。

$$\mathrm{dist}_{\mathrm{mean}}(C_i,C_j)=|m_i-m_j| \tag{8.5}$$

其中，m_i 和 m_j 为两个簇 C_i 和 C_j 的中心点。

同一种层次的聚类方法，选定的类间聚类度量不同，聚类的次序和结果也可能不同。

8.3.3 凝聚层次聚类

凝聚层次聚类方法使用自底向上的策略把对象组织到层次结构中。开始时以每个对象作为一个簇，每一步合并两个最相似的簇。AGNES(Agglomerative Nesting)算法是典型的凝聚层次聚类，起始将每个对象作为一个簇，然后根据合并准则逐步合并这些簇。两个簇间的相似度由这两个不同簇中距离最近的数据点的相似度确定。聚类的合并过程反复进行直到所有对象最终满足终止条件设置的簇数目。

AGNES 算法描述如下。

输入：样本数据
输出：层次聚类结果
方法：

(1) 将每个对象归为一类，共得到 N 类，每类仅包含一个对象，类与类之间的距离就是它们所包含的对象之间的距离；
(2) 找到最接近的两个类并合并成一类，于是总的类数少了一个；
(3) 重新计算新的类与所有旧类之间的距离；
(4) 重复步骤(2)和步骤(3)，直到最后合并成一个类为止。

【例 8-2】 有如表 8-1 所示的 5 个一维属性样本的数据，利用凝聚层次聚类方法进行聚类分析。

表 8-1 5 个一维属性样本数据

ID	data	ID	data
1	10	4	20
2	7	5	35
3	28		

(1) 将所有样本划分为 5 个单样本簇。

(2) 计算 5 个簇两两间的距离(本例采用欧式距离)，找到相邻最近的两个簇{10}和{7}合并为新的簇{10,7}，更新新的簇{10,7}的特征为 10(新簇的特征可以用合并前 5 个簇的中值、平均值、最大值或最小值等数值表示)，此时，数据聚类为 4 个簇{{10,7},{28},{20},{35}}。

(3) 重复第(2)步，直到只剩下一个簇。

最终生成的簇用树状图表示如图 8-1 所示。

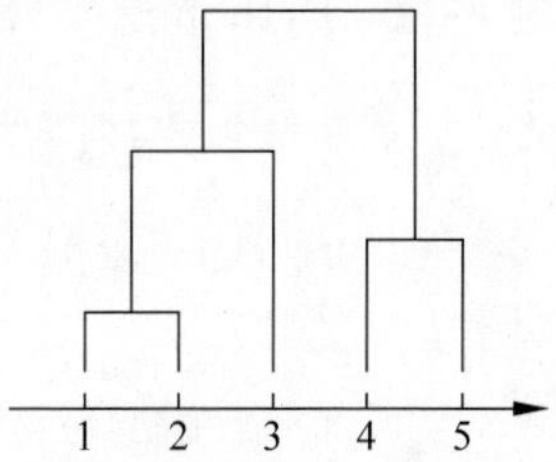

图 8-1 生成簇的树状图

在生成簇的树状图上，可以设置阈值距离绘制水平线，就可以得到簇数目及相应的簇划分。

8.3.4 分裂层次聚类

分裂层次聚类方法使用自顶向下的策略把对象划分到层次结构中。从包含所有对象的簇开始，每一步分裂一个簇，直到仅剩单点簇或满足用户指定的簇数为止。

DIANA(Divisive Analysis)算法是典型的分裂层次聚类算法。在聚类中以指定得到的簇数作为结束条件，以平均距离作为类间距离度量，并指定簇的直径由簇中任意两个数据点的距离中的最大值表示。

DIANA 算法中用到以下两个定义。

(1) 簇的直径：计算一个簇中任意两个数据点之间的欧氏距离，选取距离中的最大值作为簇的直径。

(2) 平均相异度：两个数据点之间的平均距离。

DIANA 算法描述如下。

输入: 样本数据
输出: 层次聚类结果
方法:
(1) 将所有对象作为一个初始簇,将 splinter group 和 old party 作为两个对象集合置空;
(2) 在所有簇中选取具有最大直径的簇 C,找出 C 中与其他点平均相异度最大的一个点 p 放入 splinter group,剩余的放入 old party 中;
(3) 不断地在 old party 中找出一个点,使该点到 splinter group 中的点的最近距离小于或等于该点到 old party 中的点的最近距离,并把该点加入 splinter group,直到没有新的 old party 的点被找到.此时,splinter group 和 old party 两个簇与其他簇一起形成新的簇集合;
(4) 重复步骤(2)和步骤(3),直到簇的数目达到终止条件。

8.3.5 层次聚类应用

Python 中层次聚类的函数为 AgglomerativeClustering(),最重要的参数有 3 个: n_clusters 为聚类数目; affinity 为样本距离定义; linkage 为类间距离的定义,有以下 3 种取值。

(1) ward: 组间距离等于两类对象之间的最小距离;

(2) average: 组间距离等于两组对象之间的平均距离;

(3) complete: 组间距离等于两组对象之间的最大距离。

【例 8-3】 Python 层次聚类实现。

```
In[2]:  from sklearn.datasets.samples_generator import make_blobs
        from sklearn.cluster import AgglomerativeClustering
        import numpy as np
        import matplotlib.pyplot as plt
        from itertools import cycle                #Python 自带的迭代器模块
        #产生随机数据的中心
        centers = [[1, 1], [-1, -1], [1, -1]]
        #产生的数据个数
        n_samples = 3000
        #产生数据
        X, lables_true = make_blobs(n_samples = n_samples, centers = centers,
        cluster_std = 0.6,random_state = 0)
        #设置分层聚类函数
        linkages = ['ward', 'average', 'complete']
        n_clusters_ = 3
        ac = AgglomerativeClustering(linkage = linkages[2],n_clusters = n_clusters_)
        #训练数据
        ac.fit(X)
        #每个数据的分类
        lables = ac.labels_
        plt.figure(1)          #绘图
        plt.clf()
        colors = cycle('bgrcmykbgrcmykbgrcmykbgrcmyk')
        for k, col in zip(range(n_clusters_), colors):
            #根据 lables 中的值是否等于 k,重新组成一个 True、False 的数组
            my_members = lables == k
```

```
        #X[my_members, 0]取出 my_members 对应位置为 True 的值的横坐标
        plt.plot(X[my_members, 0], X[my_members, 1], col + '.')
    plt.title('Estimated number of clusters: %d' % n_clusters_)
    plt.show()
```

层次聚类结果如图 8-2 所示。

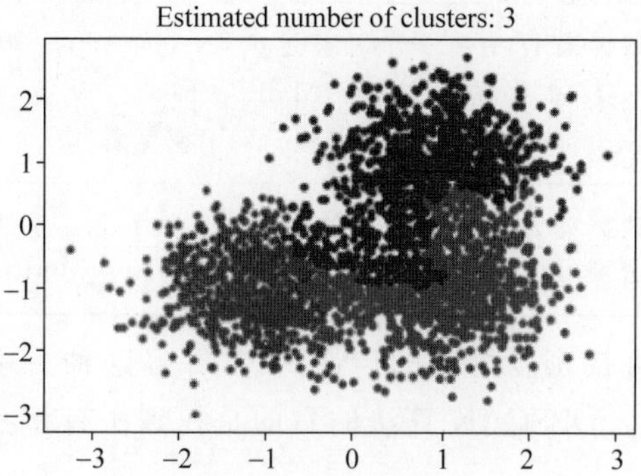

图 8-2　层次聚类结果

8.4　基于密度的聚类

扫一扫

视频讲解

基于划分的聚类和基于层次的聚类往往只能发现凸型的聚类簇。为了更好地发现任意形状的聚类簇，提出了基于密度的聚类算法。

8.4.1　算法原理

基于密度的聚类算法的主要思想是：只要邻近区域的密度(对象或数据点的数目)超过某个阈值，就把它加到与之相近的聚类中。也就是说，对给定类中的每个数据点，在一个给定范围的区域中必须至少包含某个数目的点。

基于密度的聚类算法代表算法有 DBSCAN 算法、OPTICS 算法和 DENCLUE 算法等。

DBSCAN 算法涉及两个参数，5 个定义。

两个参数如下。

(1) Eps：邻域最大半径；

(2) MinPts：在 Eps 邻域中的最少点数。

5 个定义如表 8-2 所示。

表 8-2　DBSCAN 算法相关的定义及其内容

定　义	内　容
Eps 邻域	给定一个对象 p，p 的 Eps 邻域 $N_{\text{Eps}}(p)$定义为以 p 为核心，以 Eps 为半径的 d 维超球体区域
核心点与边界点	对于对象 $p \in D$，给定一个整数 MinPts，如果 p 的 Eps 邻域内的对象数满足$\lvert N_{\text{Eps}}(p)\rvert \geq$MinPts，则称 p 为(Eps，MinPts)条件下的核心点；不是核心点但落在某个核心点的 Eps 邻域内的对象称为边界点

续表

定　义	内　容
直接密度可达	给定(Eps,MinPts),如果对象 p 和 q 同时满足如下条件: $p \in N_{\text{Eps}}(q)$; $\lvert N_{\text{Eps}}(q) \rvert \geqslant \text{MinPts}$(即 q 为核心点),则称对象 p 为从对象 q 出发,直接密度可达
密度可达	给定数据集 D,存在一个对象链 $p_1,p_2,p_3,\cdots,p_n$,其中 $p_1=q,p_n=p$,对于 $p_i \in D$,如果在条件(Eps,MinPts)下 p_{i+1} 从 p_i 直接密度可达,则称对象 p 从对象 q 在条件(Eps,MinPts)下密度可达
密度相连	如果数据集 D 中存在一个对象 o,使对象 p 和 q 是从 o 在(Eps,MinPts)条件下密度可达的,那么称对象 p 和 q 在 (Eps,MinPts)条件下密度相连

可以发现,密度可达是直接密度可达的传递闭包,并且这种关系是非对称的。只有核心对象之间相互密度可达。DBSCAN 算法的目的是找到所有相互密度相连对象的最大集合。

DBSCAN 算法描述如下。

输入: Eps、MinPts 和包含 n 个对象的数据库
输出: 基于密度的聚类结果
方法:
(1) 任意选取一个没有加簇标签的点 p;
(2) 得到所有从 p 关于 Eps 和 MinPts 密度可达的点;
(3) 如果 p 是一个核心点,形成一个新的簇,给簇内所有对象点加簇标签;
(4) 如果 p 是一个边界点,没有从 p 密度可达的点,DBSCAN 将访问数据库中的下一个点;
(5) 继续这一过程,直到数据库中所有的点都被处理。

8.4.2 算法改进

DBSCAN 需要对数据集中的每个对象进行考查,通过检查每个点的 ε-邻域寻找聚类,将具有足够高密度的区域划分为簇,并可以在带有噪声的空间数据库中发现任意形状的聚类。

但是,DBSCAN 算法对用户设置的参数敏感,Eps 和 MinPts 的设置会影响聚类的效果。针对这一问题,提出了 OPTICS(Ordering Points to Identify the Clustering Structure)算法,它通过引入核心距离和可达距离,使聚类算法对输入的参数不敏感。

8.4.3 DBSCAN 算法实现

【例 8-4】 DBSCAN 算法实现。

```
In[3]:   from sklearn import datasets
         import numpy as np
         import random
```

```
import matplotlib.pyplot as plt
def findNeighbor(j,X,eps):
    N = []
    for p in range(X.shape[0]):                    #找到所有邻域内对象
        temp = np.sqrt(np.sum(np.square(X[j] - X[p])))
#欧氏距离
        if(temp <= eps):
            N.append(p)
    return N
def dbscan(X,eps,min_Pts):
    k = -1
    NeighborPts = []                               #array,某点邻域内的对象
    Ner_NeighborPts = []
    fil = []                                       #初始时已访问对象列表为空
    gama = [x for x in range(len(X))]              #初始所有点标为未访问
    cluster = [-1 for y in range(len(X))]
    while len(gama)> 0:
        j = random.choice(gama)
        gama.remove(j)                             #未访问列表中移除
        fil.append(j)                              #添加入访问列表
        NeighborPts = findNeighbor(j,X,eps)
        if len(NeighborPts) < min_Pts:
            cluster[j] = -1                        #标记为噪声点
        else:
            k = k+1
            cluster[j] = k
            for i in NeighborPts:
                if i not in fil:
                    gama.remove(i)
                    fil.append(i)
                    Ner_NeighborPts = findNeighbor(i,X,eps)
                    if len(Ner_NeighborPts) >= min_Pts:
                        for a in Ner_NeighborPts:
                            if a not in NeighborPts:
                                NeighborPts.append(a)
                    if (cluster[i] == -1):
                        cluster[i] = k
    return cluster
X1, y1 = datasets.make_circles(n_samples = 1000, factor = .6,noise = .05)
X2, y2 = datasets.make_blobs(n_samples = 300, n_features = 2,
centers = [[1.2,1.2]], cluster_std = [[.1]],random_state = 9)
X = np.concatenate((X1, X2))
eps = 0.08
min_Pts = 10
C = dbscan(X,eps,min_Pts)
plt.figure(figsize = (12, 9), dpi = 80)
plt.scatter(X[:,0],X[:,1],c = C)
plt.show()
```

DBSCAN 聚类结果如图 8-3 所示。

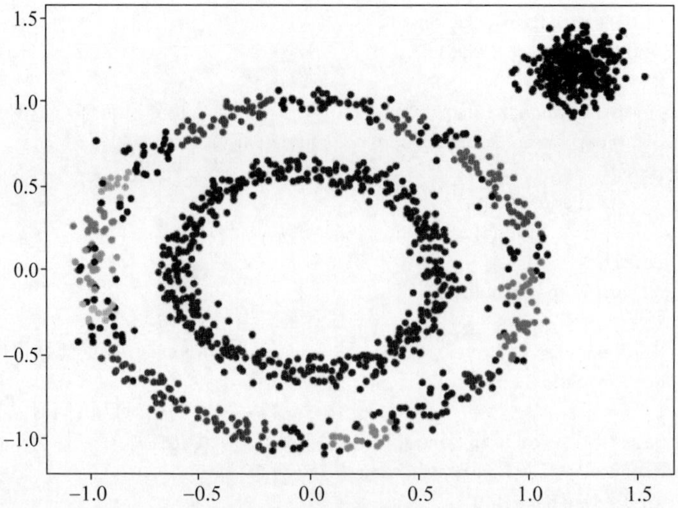

图 8-3 DBSCAN 聚类结果

【例 8-5】 利用 sklearn 中的 DBSCAN 实现例 8-4 中的数据聚类。

```
In[4]:    from sklearn.cluster import DBSCAN
          eps = 0.08
          min_Pts = 10
          dbscan = DBSCAN(eps = eps,min_samples = min_Pts)
          dbscan.fit(X)
          label_pred = dbscan.labels_
          plt.figure(figsize = (12, 9), dpi = 80)
          plt.scatter(X[:,0],X[:,1],c = label_pred)
          plt.show()
Out[4]:
```

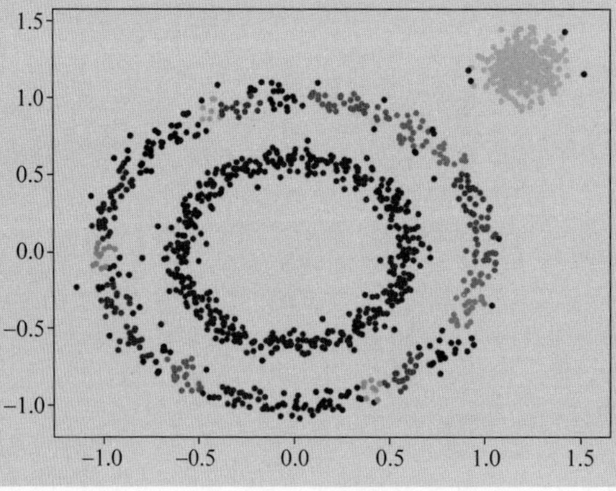

8.5 其他聚类方法

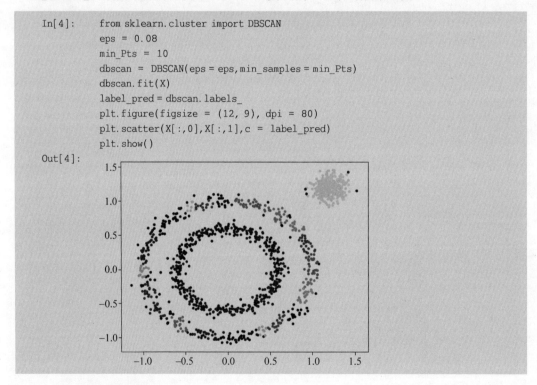

除了常用的划分聚类、层次聚类和密度聚类方法之外，还有一些聚类方法，如网格聚类方法 STING、概念聚类方法 COBWEB 和模糊聚类方法等。

8.5.1 STING 聚类

STING(Statistical Information Grid-Based Method)是一种基于网格的多分辨率的聚类技术,它将输入对象的空间区域划分成矩形单元,空间可以用分层和递归方法进行划分。这种多层矩形单元对应不同的分辨率,并且形成一个层次结构,每个高层单元被划分为低一层的单元。有关每个网格单元的属性的统计信息(如均值、最大值和最小值)被作为统计参数预先计算和存储。

STING 算法采用了一种多分辨率的方法进行聚类分析,该聚类算法的质量取决于网格结构最底层的粒度。如果粒度较细,处理的代价会显著增加;但如果粒度较粗,则聚类质量会受到影响。

STING 算法效率高,通过对数据集扫描一次计算单元的统计信息,因此产生聚类的时间复杂度为 $O(n)$。在建立层次结构以后,查询的时间复杂度为 $O(g)$,$g \ll n$。

8.5.2 概念聚类

概念聚类是机器学习中的一种聚类算法。大多数的概念聚类方法采用了统计学方法,在决定概念或聚类时使用概率度量。COBWEB 算法即简单增量概念聚类算法,以一个分类树的形式创建层次聚类,它的输入对象用分类属性-值对进行描述。

分类树和判定树不同,分类树中的每个节点对应一个概念,包含该概念的一个概率描述,概述被分在该节点下的对象。概率描述包括概念和形如 $P(A_i = V_{ij} | C_k)$ 的条件概率,其中,$A_i = V_{ij}$ 为属性-值对,C_k 为概念类。在分类树某层次上的兄弟节点形成了一个划分。

COBWEB 采用分类效用指导树的构建。分类效用的定义为

$$C_{\mathrm{f}} = \frac{\sum_{k=1}^{n} P(C_k)\left[\sum_i \sum_j P(A_i = V_{ij} \mid C_k)^2 - \sum_i \sum_j P(A_i = V_{ij})^2\right]}{n} \tag{8.6}$$

其中,n 为在树的某个层次上形成一个划分 $\{C_1, C_2, \cdots, C_n\}$ 的节点、概念或“种类”的数目。

概率 $P(A_i = V_{ij} | C_k)$ 表示类内相似性,该值越大,共享该属性-值对的类成员比例越高,更能预见该属性-值对是类成员。概率 $P(C_k | A_i = V_{ij})$ 表示类间相异性,该值越大,在对照类中的对象共享该属性-值对就越少,就能预见该属性-值对是类成员。

8.5.3 模糊聚类

扫一扫

视频讲解

前面介绍的几种聚类算法可以导出确定的类,即一个数据点最多仅属于一个类,具有非此即彼的性质。这些聚类方法称为“确定性分类”或硬划分。而实际上大多数对象并没有严格的所属关系,具有亦此亦彼的性质,因此适合进行软划分。

模糊 C 均值聚类(Fuzzy C-Means,FCM)融合了模糊理论的精髓。相较于 K-Means 的硬聚类,FCM 聚类提供了更加灵活的聚类结果,它为每个对象和每个簇赋予一个权

值,指明对象属于该簇的程度(隶属度)。对于要聚类的样本 $X=\{x_1,x_2,\cdots,x_j,\cdots,x_N\}$,FCM 定义并最小化聚类损失函数为

$$\min J_m(U,v)=\sum_{i=1}^{C}\sum_{j=1}^{N}u_{ij}^m d^2(x_j,v_i) \tag{8.7}$$

$$\sum_{i=1}^{c}u_{ij}=1,\quad j=1,2,\cdots,n \tag{8.8}$$

其中,K 表示簇的个数;$u_{ij}\in[0,1]$表示样本 j 属于 i 的隶属度;$C=\{c_1,c_2,\cdots,c_k\}$为聚类中心。对于每个隶属度,模糊度的权值由参数 $m\in(1,\infty)$控制,$d^2(x_j,c_i)=|x_j-c_i|$为样本 x_j 到聚类中心 c_i 的距离度量。

采用拉格朗日乘数法,求解 u_{ij} 和 v_i 的迭代更新值为

$$u_{ij}=\frac{1}{\sum_{k=1}^{c}\left(\frac{|x_j-v_i|^2}{|x_j-v_k|^2}\right)^{\frac{1}{m-1}}} \tag{8.9}$$

$$v_i=\frac{\sum_{j=1}^{n}u_{ij}^m x_j}{\sum_{j=1}^{N}u_{ij}^m} \tag{8.10}$$

FCM 算法描述如下。

输入:数据样本 X
输出:每个样本 j 属于 i 的隶属度 u_{ij} 和聚类中心$\{c_1,c_2,\cdots,c_k\}$
过程:
(1) 设置初始值:算法迭代时目标函数的精度阈值 ε,模糊度 m 和迭代的最大次数 T_m;
(2) 初始化聚类中心$\{c_1,c_2,\cdots,c_k\}$和隶属度矩阵 $\boldsymbol{U}=\{u_{ij}\}$;
(3) 使用式(8.9)和式(8.10)更新隶属度矩阵 $\boldsymbol{U}=\{u_{ij}\}$和聚类中心 $C=\{c_i\}$;
(4) 加入$|J(t)-J(t-1)|<\varepsilon$ 或迭代次数 $t>T_m$ 结束迭代过程,否则转至步骤(3)。

FCM 算法是一种梯度下降优化算法,对初始值非常敏感并且容易获得局部最优解。

Python 提供了模糊运算的包 scikit-fuzzy,简称 skfuzzy,初次使用时需要安装。skfuzzy 中包含了 FCM 聚类方法:

```
center, u, u0, d, jm, p, fpc = cmeans(x.T, m = 2, c = k, error = 0.5, maxiter = 1000)
```

其中,主要参数 u 是最终的隶属度矩阵;u0 是初始化隶属度矩阵;d 是每个数据到各个中心的欧式距离矩阵;jm 是目标函数优化;p 是迭代次数;fpc 是评价指标,0 表示最差,1 表示最好。

【例 8-6】 利用 skfuzzy 实现 iris 数据集的 FCM 聚类。

```
In[5]:    %matplotlib inline
          import numpy as np
          from skfuzzy.cluster import cmeans
```

```
import matplotlib.pyplot as plt
from sklearn import datasets
iris = datasets.load_iris()
x = iris.data
colo = ['b', 'g', 'r', 'c', 'm']
shape = x.shape
FPC = []
labels = []
for k in range(2, 5):
    center, u, u0, d, jm, p, fpc = cmeans(x.T, m = 2, c = k, error = 0.5, maxiter = 1000)
    label = np.argmax(u, axis = 0)
    for i in range(shape[0]):
        plt.xlabel('x')
        plt.ylabel('y')
        plt.title('c = ' + str(k))
        plt.plot(x[i, 0], x[i, 1], colo[label[i]] + 'o')
    plt.show()
    print('c = %d:  FPC = %0.2f' % (k, fpc))
    FPC.append(fpc)
```

Out[5]:

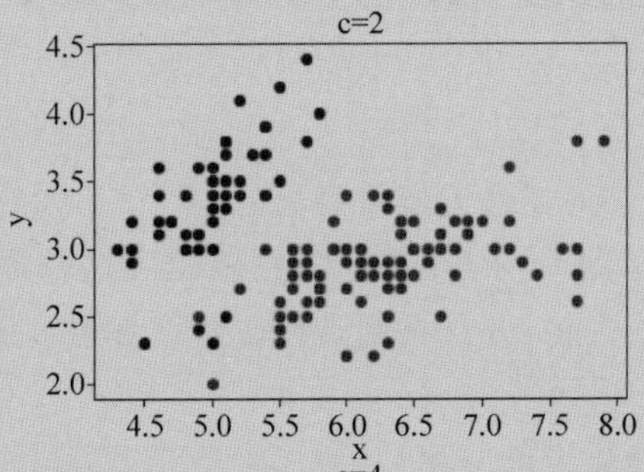

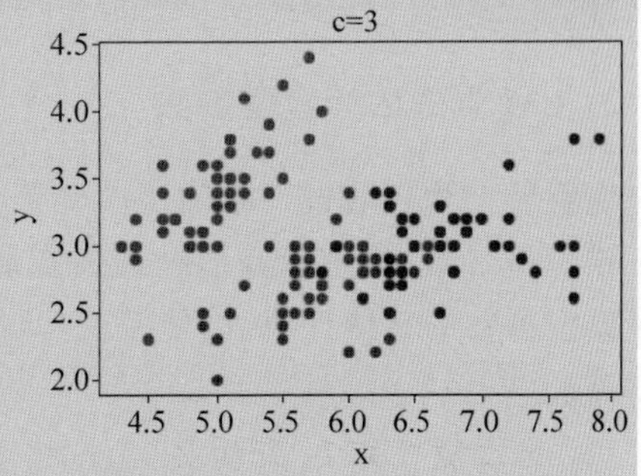

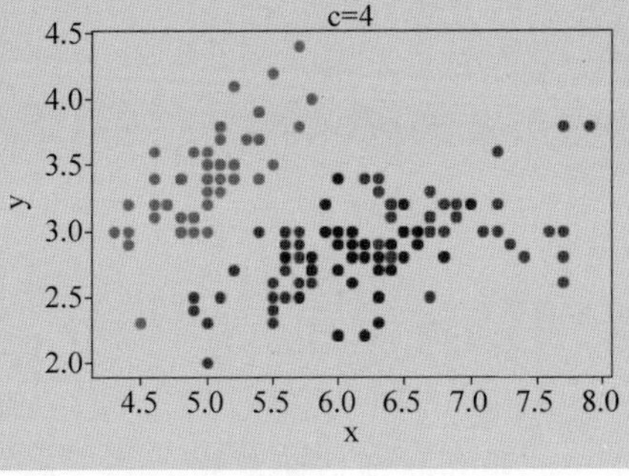

c=2: FPC=0.89
c=3: FPC=0.78
c=4: FPC=0.71

8.5.4　高斯混合模型聚类

基于概率分布的聚类模型假设每个簇服从相同的概率分布，是一种生成模型。经常使用的聚类模型是多维正态分布，即高斯混合模型(Gaussian Mixture Model，GMM)。

1. 高斯混合模型

高斯混合模型通过多个正态分布(高斯分布)的加权和来描述一个随机变量的概率分布，概率密度函数定义为

$$p(\boldsymbol{x})=\sum_{i=1}^{k} w_i N(x;\boldsymbol{\mu}_i,\boldsymbol{\Sigma}_i) \tag{8.11}$$

其中,$\boldsymbol{x}$ 为随机向量;k 为高斯分布的数量;w_i 为高斯分布的权重;$\boldsymbol{\mu}_i$ 为高斯分布的均值向量;$\boldsymbol{\Sigma}_i$ 为协方差矩阵。

任意一个样本 $\boldsymbol{x}$ 可以看作这样产生:先以 w_i 的概率从 k 个高斯分布中选择出一个高斯分布,再由这个高斯分布 $N(\boldsymbol{x};\boldsymbol{\mu}_i,\boldsymbol{\Sigma}_i)$产生样本数据 $\boldsymbol{x}$。从中心极限定理的角度看,把混合模型假设为高斯模型的组合是较为合理的。此外,理论上也可以通过增加模型个数,使高斯混合模型逼近任何类型的概率分布。

高斯混合模型的参数为所有高斯分量的权重 w_i、均值向量$\boldsymbol{\mu}_i$ 和协方差矩阵$\boldsymbol{\Sigma}_i$。训练高斯混合模型时采用极大似然估计。高斯混合模型的对数似然函数为

$$\sum_{n=1}^{N}\ln\left(\sum_{j=1}^{k} w_j N(\boldsymbol{x}_n;\boldsymbol{\mu}_i,\boldsymbol{\Sigma}_i)\right) \tag{8.12}$$

由于对数函数中有 k 个求和项,以及参数 w_j 的存在,使得利用常规求导计算的过程非常复杂。一般高斯混合模型采用期望最大化(expectation maximization,EM)算法进行求解。

2. EM 算法估计模型参数

期望最大化是通过不断估计模型参数以得到最大似然函数的方法。EM 算法首先决定 k 组模型参数,接着计算每个数据点属于每个分布的概率,然后使用这些概率来重新计算模型参数的新估计值,以使得似然值最大化,并且不断迭代改善估计值。EM 算法步骤如下:

(1) 选择簇个数 K 并初始化 K 组分布模型的参数。

(2) 期望步骤(expectation step)。

对于第 n 个样本 x_i,计算它由第 k 个模型生成的后验概率为

$$\gamma(z_{nk})=\frac{w_k N\left(x_n;\mu_k,\sum_k\right)}{\sum_{j=1}^{K} w_j N\left(x_n \mid \mu_j,\sum_j\right)} \tag{8.13}$$

(3) 最大化步骤(maximization step)。

根据期望步骤中计算的 $\gamma(z_{nk})$,按以下公式重新更新估计参数。

$$\mu_k^{\text{new}}=\frac{1}{N_k}\sum_{n=1}^{N}\gamma(z_{nk})x_n \tag{8.14}$$

$$\sum\nolimits_k^{\text{new}}=\frac{1}{N_k}\sum_{n=1}^{N}\gamma(z_{nk})(x_n-\mu_k^{\text{new}})^2 \tag{8.15}$$

$$w_k^{\text{new}}=\frac{N_k}{N},\quad N_k=\sum_{n=1}^{N}\gamma(z_{nk}) \tag{8.16}$$

重复步骤(2)和(3),直到收敛。

在 sklearn 中利用 GaussianMixture 方法实现高斯混合聚类,主要参数有 n_components、 covariance_type 和 max_iter。其中，n_components 表示高斯混合模型的个数，即要聚类的个数，默认值为 1；max_iter 代表最大迭代次数，默认值为 100；covariance_type 代表协方差类型。

【例 8-7】 利用 sklearn 实现高斯混合聚类。

```
In[6]:  from sklearn.mixture import GaussianMixture
        from sklearn.metrics import silhouette_score
        #产生随机数据的中心
        centers = [[1, 1.5], [-1, -1.5], [1.5, -1.8]]
        #产生的数据个数
        n_samples = 3000
        #产生数据
        X, lables_true = make_blobs(n_samples = n_samples, centers= centers, cluster_
        std = 0.8,random_state = 71)
        gmm = GaussianMixture(n_components = 3, random_state = 23)
        gmm.fit(X)
        gmm_labels = gmm.predict(X)
        gmm_silhouette_score = silhouette_score(X, gmm_labels)
        print("高斯混合模型聚类性能:")
        print("轮廓系数: {:.4f}".format(gmm_silhouette_score))
        x0 = X[gmm_labels == 0]
        x1 = X[gmm_labels == 1]
        x2 = X[gmm_labels == 2]
        plt.scatter(x0[:, 0], x0[:, 1], c = "red", marker = 'o', label = 'label0')
        plt.scatter(x1[:, 0], x1[:, 1], c = "green", marker = '*', label = 'label1')
        plt.scatter(x2[:, 0], x2[:, 1], c = "blue", marker = '+', label = 'label2')
        plt.legend(loc = 2)
        plt.show()
Out[6]: 高斯混合模型聚类性能:
        轮廓系数: 0.5203
```

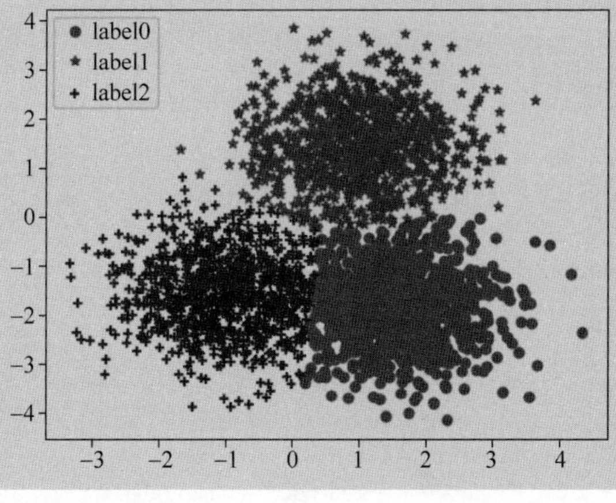

8.5.5 近邻传播聚类

近邻传播(Affinity Propagation，AP)聚类也被称为亲和力传播聚类，是一种通过数据对象之间的“消息传递”进行聚类的算法。AP 算法不需要事先确定聚类中心，而是将全部样本点都看作潜在的聚类中心，通过循环迭代不断搜索合适的聚类中心，自动从数据点间识别簇中心的位置及个数。

设有 N 个数据样本构成的数据集 $X=\{x_1,x_2,\cdots,x_n\}$，其中，任意两个样本点 x_i 和 x_k 间的相似度定义为二者欧式距离的负值，如式(8.17)，所有样本间的相似度存放于相似矩阵 $\boldsymbol{S}$ 中。

$$s(i,k)=-\|x_i-x_k\|^2 \tag{8.17}$$

相似矩阵 $\boldsymbol{S}$ 的主对角线的值用偏向参数值 p 代替，表示各样本点被选作聚类中心的倾向性。p 值越大，表明该点被选为代表点(聚类中心)的概率越大。调节 p 值可以改变聚类的结果，一般在没有先验知识的情况下将 p 值初始设置为 $s(i,k)$ 的中值。此外，定义 $R(i,k)$ 为候选代表点 k 对每个数据点 i 的吸引度(responsibility)，$A(i,k)$ 为数据点 i 支持 k 作为代表点的程度，称为归属度(availability)。$R(i,k)+A(i,k)$ 越大，代表点 k 作为数据中心(exemplar)的可能性就越大。为了找到合适的聚类中心，AP 算法通过迭代过程不断更新每个点的吸引度和归属度，直到产生 m 个高质量的 Exemplar(相当于质心)，并将其余的数据点划分到相应的聚类簇中。$R(i,k)$ 和 $A(i,k)$ 的迭代公式为

$$R(i,k)=S(i,k)-\max_{j\neq k}\{A(i,j)+S(i,j)\} \tag{8.18}$$

$$A(i,k)=\min\left\{0,R(k,k)+\sum_{j\notin\{i,k\}}\max\{0,R(j,k)\}\right\} \tag{8.19}$$

其中，$j=0,1,2,\cdots,N$。

AP 算法的迭代快慢可以通过调节阻尼系数实现。对于数据点 x_i，若数据点 x_k 使得 $R(i,k)+A(i,k)$ 为 $R(i,j)+A(i,j)$，$j=0,1,2,\cdots,N$ 中的最大值，则 x_k 就是 x_i 的聚类中心。通过迭代竞争的方式，AP 聚类可以得到最优的聚类中心和各个样本点的类属情况。

【例 8-8】 利用 AP 算法对 iris 数据集进行聚类。

```
In[7]:   from sklearn.cluster import AffinityPropagation
         from sklearn import metrics
         import matplotlib.pyplot as plt
         from sklearn import datasets
         iris = datasets.load_iris()
         X = iris.data
         af = AffinityPropagation(preference = - 50, random_state = 0).fit(X)
         cluster_centers_indices = af.cluster_centers_indices_
         labels = af.labels_
         labels_true = iris.target
         n_clusters_ = len(cluster_centers_indices)
         print("Estimated number of clusters: %d" % n_clusters_)
         print("Homogeneity: %0.3f" % metrics.homogeneity_score(labels_true, labels))
print("Completeness: %0.3f" % metrics.completeness_score(labels_true, labels))
print("V-measure: %0.3f" % metrics.v_measure_score(labels_true, labels))
         print("Adjusted Rand Index: %0.3f" % metrics.adjusted_rand_score(labels_
true, labels))
```

```
        print("Adjusted Mutual Information: %0.3f"
             % metrics.adjusted_mutual_info_score(labels_true, labels))
        print("Silhouette Coefficient: %0.3f"
             % metrics.silhouette_score(X, labels, metric = "sqeuclidean"))
        plt.close("all")
        plt.figure(figsize = (5,3))
        plt.clf()
        for k, col in zip(range(n_clusters_), colors):
            class_members = labels == k
            cluster_center = X[cluster_centers_indices[k]]
            plt.plot(X[class_members, 0], X[class_members, 1], col + ".")
            plt.plot(
                cluster_center[0],
                cluster_center[1],
                "o",
                markerfacecolor = col,
                markeredgecolor = "k",
                markersize = 14,)
            for x in X[class_members]:
                plt.plot([cluster_center[0], x[0]], [cluster_center[1], x[1]], col)
        plt.title("Estimated number of clusters: %d" % n_clusters_)
        plt.show()
Out[7]: Estimated number of clusters: 3
        Homogeneity: 0.800
        Completeness: 0.805
        V-measure: 0.802
        Adjusted Rand Index: 0.802
        Adjusted Mutual Information: 0.800
        Silhouette Coefficient: 0.688
```

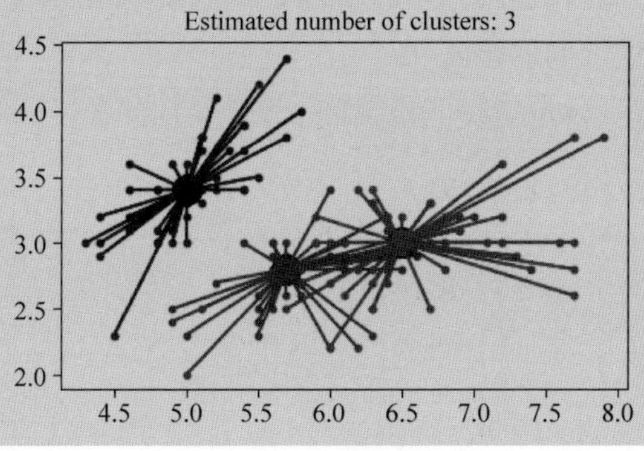

8.6 聚类评估

扫一扫

视频讲解

聚类评估用于对在数据集上进行聚类的可行性和被聚类方法产生的结果的质量进行评估。聚类评估主要包括以下任务。

1. 估计聚类趋势

对于给定的数据集，聚类趋势估计用于评估该数据集是否存在非随机结构。如果盲目地在数据集上使用聚类方法返回一些簇,所挖掘的簇可能是误导,因为数据集上的聚类分析仅当数据中存在非随机结构时才有意义。

2. 确定数据集中的划分簇数

一些聚类算法(如 K-Means)需要数据集划分的簇的个数作为参数。此外,簇的个数可以看作数据集的重要的概括统计量。因此,在进行聚类前要估计簇的合理的个数。

3. 测定聚类质量

在数据集上使用聚类划分簇后,需要评估结果簇的质量。聚类质量的评估一般有外在方法和内在方法。

8.6.1 聚类趋势的估计

聚类趋势评估用以确定数据集是否具有可以导致有意义的聚类的非随机结构。因为对任何非随机结构的数据集(如均匀分布的点)进行聚类是没有意义的。为了处理这样的问题,可以使用多种算法评估结果簇的质量。如果簇都很差,则可能表明数据中确实没有簇。要评估数据集的聚类趋势,可以评估数据集被均匀分布产生的概率。

霍普金斯统计量(Hopkins Statistic)是一种空间统计量,可以检验空间分布的变量的空间随机性。给定数据集 D,它可以看作随机变量 o 的一个样本,来确定 o 在多大程度上不同于数据空间中的均匀分布。霍普金斯统计量的计算过程如下。

(1) 从 D 的空间中随机产生 n 个点 $p_1,p_2,\cdots,p_n$,也就是说 D 的空间中每个点都以相同的概率包含在这个样本中。对于每个点 $p_i(1\leqslant i\leqslant n)$,找出 p_i 在 D 中的最近邻,并令 x_i 为 p_i 与它在 D 中的最近邻之间的距离,即

$$x_i=\min_{v\in D}[\mathrm{dist}(p_i,v)] \tag{8.20}$$

(2) 均匀地从 D 中抽取 n 个点 $q_1,q_2,\cdots,q_n$。对于每个点 $q_i(1\leqslant i\leqslant n)$,找出 q_i 在 $D-\{q_i\}$ 中的最近邻,并令 y_i 为 q_i 与它在 $D-\{q_i\}$ 中的最近邻之间的距离,即

$$y_i=\min_{v\in D,v\neq q_i}[\mathrm{dist}(q_i,v)] \tag{8.21}$$

(3) 计算霍普金斯统计量 H。

$$H=\frac{\sum_{i=1}^{n}y_i}{\sum_{i=1}^{n}x_i+\sum_{i=1}^{n}y_i} \tag{8.22}$$

如果 D 是均匀分布的,则 $\sum_{i=1}^{n}x_i$ 和 $\sum_{i=1}^{n}y_i$ 会很接近,因为 $H\approx0.5$。H 值接近 0 或 1 分别表明数据是高度聚类的和数据在数据空间是有规律分布的。原假设是同质假设,即 D 是均匀分布的,因而不包括有意义的簇。非均匀假设是备择假设,使用 0.5 作为拒绝备择假设阈值,即如果 $H>0.5$,则 D 不大可能具有统计显著的簇。

8.6.2 聚类簇数的确定

确定数据集中“正确的”簇数是重要的，不仅因为像 K-Means 这样的聚类算法需要这个参数，而且因为合适的簇数可以控制适当的聚类分析粒度。这可以看作在聚类分析的可压缩性与准确性之间寻找好的平衡点。然而，确定簇数并非易事，因为“正确的”簇数常常是含糊不清的。通常，找出正确的簇数依赖于数据集分布的形状和尺度，也依赖于用户要求的聚类分辨率。有许多估计簇数的方法，下面简略介绍几种简单但流行和有效的方法。

一种简单的经验方法是，对于 n 个点的数据集，设置簇数 $p \approx \sqrt{n/2}$，在期望情况下，每个簇大约有 $\sqrt{2n}$ 个点。

另一种方法是肘方法（Elbow Method）。肘方法的核心指标是 SSE（Sum of the Squared Errors，误差平方和），SSE 的定义如式(8.23)所示。

$$\mathrm{SSE} = \sum_{i=1}^{k} \sum_{p \in C_i} | p - m_i |^2 \tag{8.23}$$

其中，C_i 是第 i 个簇；p 是 C_i 中的样本点；m_i 是 C_i 的质心（C_i 中所有样本的均值）；SSE 是所有样本的聚类误差，代表聚类效果的好坏。

肘方法的核心思想是：随着聚类数 K 的增大，样本划分会更加精细，每个簇的聚合程度会逐渐提高，那么误差平方和 SSE 自然会逐渐变小。并且，当 K 小于真实聚类数时，由于 K 的增大会大幅增加每个簇的聚合程度，故 SSE 的下降幅度会很大，而当 K 到达真实聚类数时，再增加 K 所得到的聚合程度回报会迅速变小，所以 SSE 的下降幅度会骤减，然后随着 K 值的继续增大而趋于平缓。也就是说 SSE 和 K 的关系图是一个手肘的形状，而这个肘部对应的 K 值就是数据的真实聚类数。

【例 8-9】 使用肘方法确定 iris 数据集的聚类簇数。

```
In[8]:  import pandas as pd
        from sklearn.cluster import KMeans
        import matplotlib.pyplot as plt
        iris = datasets.load_iris()
        df_features = iris.data
        SSE = [] # 存放每次结果的误差平方和
        for k in range(1, 9):
            estimator = KMeans(n_clusters = k)
            estimator.fit(df_features)
            SSE.append(estimator.inertia_)
        X = range(1, 9)
        plt.xlabel('K')
        plt.ylabel('SSE')
        plt.plot(X,SSE, 'o-')
        plt.show()
```

Out[8]:

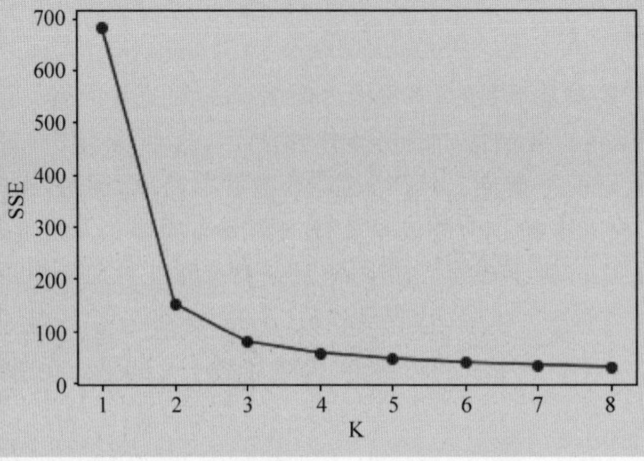

由图可以看出，该数据的簇个数选 $K=3$ 较为合理。

8.6.3 聚类质量的测定

在得到有关数据的所属类标号后，通常要度量簇标号与类标号的对应程度。这种分析的目的是比较聚类技术与"基本事实"，或评估人工分类过程可能在多大程度上被聚类分析自动地实现。

一般而言，根据是否有基准(由专家构建的理想的聚类)，将聚类质量的测定分为外在方法(Extrinsic Method)和内在方法(Intrinsic Method)。外在方法通过比较聚类结果和基准进行聚类质量测定。内在方法没有可用的基准，它通过簇的分离情况评估聚类的好坏。

1. 外在方法

有许多度量(如熵、纯度、精度、召回率和 F 度量)用来评估分类模型的性能。对于分类，度量预测的类标号与实际类标号的对应程度。但是这些度量通过使用簇标号而不是预测的类标号，不需要做较大的改变。下面简要介绍这些度量的含义。

1）熵

每个簇由单个类的对象组成。对于每个簇，首先计算数据的类分布，即对于簇 i，计算簇 i 的成员属于类 j 的概率 $p_{ij}=m_{ij}/m_i$，其中 m_i 为簇 i 中对象的个数，m_{ij} 为簇 i 中类 j 的对象个数。使用类分布，用熵的公式 $H_i=-\sum_{j=1}^{L}p_{ij}\operatorname{lb}p_{ij}$ 计算每个簇 i 的熵，其中 L 为类的个数。簇集合的总熵用每个簇的熵的加权和计算，即 $H=\sum_{i=1}^{K}\frac{m_i}{m}H_i$，其中 K 为簇的个数，m 为数据点的总数。

2）纯度

纯度是簇包含单个类的对象的另一种度量。簇 i 的纯度为 $p_i=\max_j p_{ij}$，聚类的总纯度为 $\text{Purity}=\sum_{i=1}^{K}\frac{m_i}{m}p_i$。

3) 精度

精度用于度量簇中一个特定类的对象所占的比例。簇 i 关于类 j 的精度定义为 $\text{Precision}(i,j)=p_{ij}$。

4) 召回率

召回率用于评价簇包含一个特定类的所有对象的程度。簇 i 关于类 j 的召回率为 $\text{Recall}(i,j)=m_{ij}/m_j$，其中 m_j 为类 j 的对象的个数。

5) F 度量

F 度量是精度和召回率的组合，度量在多大程度上簇只包含一个特定类的对象。簇 i 关于类 j 的 F 度量为

$$F(i,j)=[2\times\text{Precision}(i,j)\times\text{Recall}(i,j)]/[\text{Precision}(i,j)+\text{Recall}(i,j)] \tag{8.24}$$

6) 兰德系数和调整兰德系数

兰德系数(Rand Index，RI)定义为

$$\text{RI}=\frac{a+b}{\text{C}_2^{n_{\text{samples}}}} \tag{8.25}$$

其中，a 表示在实际类别信息与聚类结果中都是同类别的元素对数；b 表示在实际类别信息与聚类结果中都是不同类别的元素对数。分母表示数据集中可以组成的总元素对数。

兰德系数的值在[0,1]区间，当聚类结果完美匹配时，兰德系数为1。对于随机结果，RI并不能保证分数接近零。为了实现在聚类结果随机产生的情况下指标应该接近零，提出了调整的兰德系数(Adjusted Rand Index，ARI)，它具有更高的区分度。ARI定义为

$$\text{ARI}=\frac{\text{RI}-E(\text{RI})}{\max(\text{RI})-E(\text{RI})} \tag{8.26}$$

ARI取值范围为[−1,1]，负数代表结果不好，值越大意味着聚类结果与真实情况越吻合。ARI可用于聚类算法之间的比较。

【例 8-10】 scikit-learn中的ARI计算。

```
In[9]:    from sklearn import metrics
          labels_true = [0, 0, 0, 1, 1, 1]
          labels_pred = [0, 0, 1, 1, 2, 2]
          print(metrics.adjusted_rand_score(labels_true, labels_pred))
Out[204]: 0.24242424242424246
```

2. 内在方法

内在方法用于没有基准可用时的聚类质量评估，通过考查簇的分离情况和簇的紧凑度进行聚类评估。

轮廓系数(Silhouette Coefficient)是一种典型的内在评估方法。对于 n 个对象的数据集 D，假设 D 被划分为 k 个簇。计算样本 i 到同簇内其他所有样本的平均距离为 a_i，a_i 越小，说明样本 i 越应该被聚类到该簇中，因此，将 a_i 称为样本 i 的簇内不相似度，簇

C 中所有样本的 a_i 均值称为簇 C 的簇不相似性。同时,计算样本 i 到与它最相近的某个簇内所有样本的平均距离 b_i,b_i 被定义为样本 i 的簇间不相似度。根据样本 i 的簇内不相似度 a_i 和簇间不相似度 b_i,定义样本 i 的轮廓系数如式(8.17)所示。

$$s(i)=\frac{b(i)-a(i)}{\max\{a(i),b(i)\}} \tag{8.27}$$

$s(i)$接近 1,则说明样本 i 聚类合理；$s(i)$接近−1,则说明样本 i 更应该被分到其他簇；若 $s(i)$近似为 0,则说明样本 i 在两个簇的边界上。所有样本的 $s(i)$的均值称为聚类结果的轮廓系数。

在 scikit-learn 中通过 sklearn.metrics.silhouette_score()方法计算聚类结果的轮廓系数。

【例 8-11】 对 Iris 数据聚类并计算轮廓系数。

```
In[10]:    import numpy as np
           from sklearn.cluster import Kmeans
           from sklearn import metrics
           from sklearn.metrics import silhouette_score
           from sklearn.datasets import load_iris          # 导入 iris 数据集
           X = load_iris().data                            # 载入数据集
           kmeans_model = KMeans(n_clusters = 3, random_state = 1).fit(X)
           labels = kmeans_model.labels_
           metrics.silhouette_score(X, labels, metric = 'euclidean')
Out[205]:  0.5528190123564091
```

8.7 小结

(1) 簇是数据对象的集合,同一个簇中的对象彼此相似,而不同簇中的对象彼此相异。将物理或抽象对象的集合划分为相似对象的类的过程称为聚类。

(2) 聚类分析具有广泛的应用场景,包括商务智能、图像模式识别、Web 搜索、生物学和安全等。聚类分析可以作为独立的数据挖掘工具获得对数据分布的了解,也可以作为在检测的簇上运行的其他数据挖掘算法的预处理过程。

(3) 聚类是数据挖掘研究的一个富有活力的领域。它与机器学习的无监督学习有关。聚类是一个充满挑战性的领域,其典型的要求包括可伸缩性、处理不同类型的数据和属性的能力、发现任意形状的簇、确定输入参数的最小领域知识需求、处理噪声数据的能力、增量聚类和对输入次序的不敏感性、聚类高维数据的能力、基于约束的能力,以及聚类的可解释性和可用性。

(4) 目前已经开发了许多聚类算法,这些算法可以从多方面分类,如根据划分标准、簇的分离性、所使用的相似性度量和聚类空间。常用的聚类方法有划分方法、层次方法、基于密度的方法和概率模型的聚类方法。

(5) 划分方法首先创建 k 个分区的初始结合,其中参数 k 是要构建的分区数。然后,它采用迭代重定位技术,试图通过把对象从一个簇移到另一个簇改进划分的质量。

(6) 层次方法创建给定数据对象集的层次分解。根据层次分解的形成方式,层次方法可以分为凝聚的(自底向上)或分裂的(自顶向下)。

(7) 基于密度的方法使用密度的概念聚类对象。一种典型的方法是 DBSCAN,它使用基于中心的方法定义相似度,根据邻域中对象的密度来生成簇。

(8) 聚类评估对在数据集上进行聚类分析的可行性和由聚类方法产生的结果的质量进行估计,包括评估聚类趋势、确定簇的个数和测定聚类的质量。

扫一扫

自测题

习题 8

(1) 什么是聚类? 简单描述聚类分析中的划分方法、基于层次的方法和基于密度的方法。

(2) 聚类是一种重要的数据挖掘方法,有着广泛的应用。对以下每种情况给出一个应用例子。

① 采用聚类作为主要的数据挖掘方法的应用;

② 采用聚类作为预处理工具,为其他数据挖掘任务作数据准备的应用。

(3) 在一维点集(1,4,9,16,25,36,49,64,81)上执行层次聚类方法,假定簇表示其质心,每一次迭代中将最近的两个簇合并。

(4) 编程实现 K-Means 算法,选定某数据集,设置 3 组不同的 K 值,3 组不同的初始中心点进行实验比较,并讨论设置什么样的初始中心可以改善聚类效果。

本章实训:鸢尾花数据聚类分析

对鸢尾花数据使用 K-Means、AGENS、FCM 和高斯混合模型进行聚类分析,不使用数据集中的类别标签,只使用属性值。簇的个数 K 取值为 3。聚类后将结果可视化,并评估兰德系数、调整的兰德系数和轮廓系数值,比较几种聚类方法的性能。

1. 导入数据

```
In[1]:    import numpy as np
          import matplotlib.pyplot as plt
          from sklearn.datasets import load_iris
          from sklearn.preprocessing import StandardScaler
          from sklearn.cluster import KMeans, AgglomerativeClustering
          from sklearn.metrics import adjusted_rand_score, rand_score, silhouette_score
          from sklearn.mixture import GaussianMixture
          iris = load_iris()
          X = iris.data[:, :4]      #取前四个特征
          # 数据标准化
          scaler = StandardScaler()
          X_scaled = scaler.fit_transform(X)
          X.shape
Out[1]:   (150, 4)
```

2. K-Means 聚类与结果可视化

```
In[2]:   kmeans = KMeans(n_clusters = 3, random_state = 66,n_init = 10)
         kmeans.fit(X_scaled)
         kmeans_labels = kmeans.labels_        # 获取聚类标签
         kmeans_rand_score = rand_score(iris.target, kmeans_labels)
         kmeans_adjusted_rand_score = adjusted_rand_score(iris.target, kmeans_labels)
         kmeans_silhouette_score = silhouette_score(X_scaled, kmeans_labels)
         print("K-Means 聚类性能 :")
         print("兰德系数: {:.4f}".format(kmeans_rand_score))
         print("调整的兰德系数: {:.4f}".format(kmeans_adjusted_rand_score))
         print("轮廓系数: {:.4f}".format(kmeans_silhouette_score))
         x0 = X[kmeans_labels == 0]
         x1 = X[kmeans_labels == 1]
         x2 = X[kmeans_labels == 2]
         plt.scatter(x0[:, 0], x0[:, 1], c = "red", marker = 'o', label = 'label0')
         plt.scatter(x1[:, 0], x1[:, 1], c = "green", marker = '*', label = 'label1')
         plt.scatter(x2[:, 0], x2[:, 1], c = "blue", marker = '+', label = 'label2')
         plt.xlabel('sepal length')
         plt.ylabel('sepal width')
         plt.legend(loc = 2)
         plt.show()
Out[2]:  K-Means 聚类性能:
         兰德系数: 0.8322
         调整的兰德系数: 0.6201
         轮廓系数: 0.4599
```

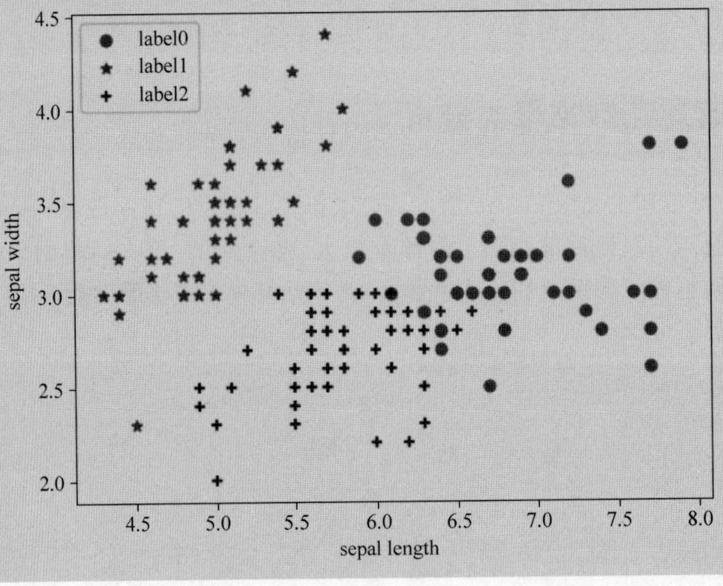

3. AGENS 聚类与结果可视化

```
In[3]:   agens = AgglomerativeClustering(n_clusters = 3)
         agens.fit(X_scaled)
         agens_labels = agens.labels_          # 获取聚类标签
         agens_rand_score = rand_score(iris.target, agens_labels)
         agens_adjusted_rand_score = adjusted_rand_score(iris.target, agens_labels)
```

```
agens_silhouette_score = silhouette_score(X_scaled, agens_labels)
print("AGENS 聚类性能:")
print("兰德系数: {:.4f}".format(agens_rand_score))
print("调整的兰德系数: {:.4f}".format(agens_adjusted_rand_score))
print("轮廓系数: {:.4f}".format(agens_silhouette_score))
%matplotlib inline
x0 = X[agens_labels == 0]
x1 = X[agens_labels == 1]
x2 = X[agens_labels == 2]
plt.scatter(x0[:, 0], x0[:, 1], c = "red", marker = 'o', label = 'label0')
plt.scatter(x1[:, 0], x1[:, 1], c = "green", marker = '*', label = 'label1')
plt.scatter(x2[:, 0], x2[:, 1], c = "blue", marker = '+', label = 'label2')
plt.xlabel('sepal length')
plt.ylabel('sepal width')
plt.legend(loc = 2)
plt.show()
```

Out[3]:
```
AGENS 聚类性能:
兰德系数: 0.8252
调整的兰德系数: 0.6153
轮廓系数: 0.4467
```

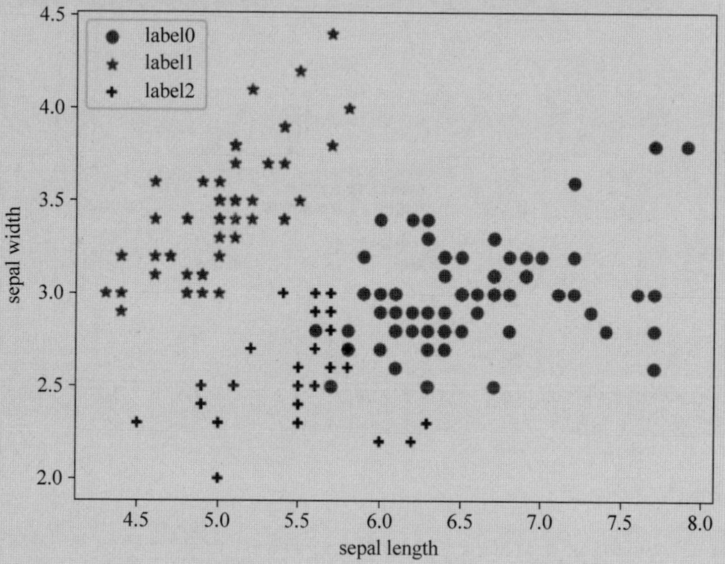

4. FCM 聚类及结果可视化

In[4]:
```
from skfuzzy.cluster import cmeans
fcm_centers, fcm_u, _, _, fcm_d, _, fcm_fpc = cmeans(X_scaled.T, 3, 2, error =
0.005, maxiter = 1000)
fcm_labels_hard = np.argmax(fcm_u, axis = 0)
fcm_rand_score = rand_score(iris.target, fcm_labels_hard)
fcm_adjusted_rand_score = adjusted_rand_score(iris.target, fcm_labels_hard)
fcm_silhouette_score = silhouette_score(X_scaled, fcm_labels_hard)
print("模糊 C 均值聚类性能:")
print("兰德系数: {:.4f}".format(fcm_rand_score))
print("调整的兰德系数: {:.4f}".format(fcm_adjusted_rand_score))
```

```
              print("轮廓系数: {:.4f}".format(fcm_silhouette_score))
              x0 = X[fcm_labels_hard == 0]
              x1 = X[fcm_labels_hard == 1]
              x2 = X[fcm_labels_hard == 2]
              plt.scatter(x0[:, 0], x0[:, 1], c = "red", marker = 'o', label = 'label0')
              plt.scatter(x1[:, 0], x1[:, 1], c = "green", marker = ' * ', label = 'label1')
              plt.scatter(x2[:, 0], x2[:, 1], c = "blue", marker = ' + ', label = 'label2')
              plt.xlabel('sepal length')
              plt.ylabel('sepal width')
              plt.legend(loc = 2)
              plt.show()
Out[4]:       模糊C均值聚类性能:
              兰德系数: 0.8368
              调整的兰德系数: 0.6303
              轮廓系数: 0.4584
```

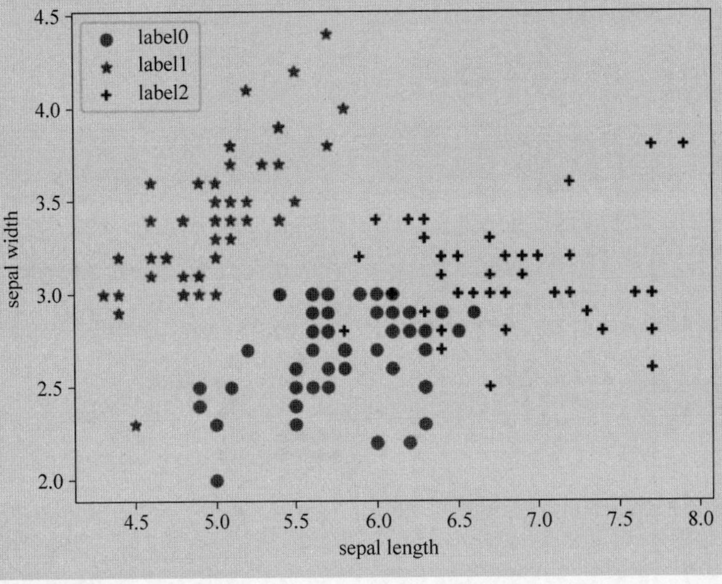

5. 高斯混合模型聚类

```
In[5]:        gmm = GaussianMixture(n_components = 3, random_state = 66)
              gmm.fit(X_scaled)
              gmm_labels = gmm.predict(X_scaled)
              gmm_rand_score = rand_score(iris.target, gmm_labels)
              gmm_adjusted_rand_score = adjusted_rand_score(iris.target, gmm_labels)
              gmm_silhouette_score = silhouette_score(X_scaled, gmm_labels)
              print("高斯混合模型聚类性能:")
              print("兰德系数: {:.4f}".format(gmm_rand_score))
              print("调整的兰德系数: {:.4f}".format(gmm_adjusted_rand_score))
              print("轮廓系数: {:.4f}".format(gmm_silhouette_score))
              x0 = X[gmm_labels == 0]
              x1 = X[gmm_labels == 1]
              x2 = X[gmm_labels == 2]
              plt.scatter(x0[:, 0], x0[:, 1], c = "red", marker = 'o', label = 'label0')
              plt.scatter(x1[:, 0], x1[:, 1], c = "green", marker = ' * ', label = 'label1')
```

```
        plt.scatter(x2[:, 0], x2[:, 1], c = "blue", marker = '+', label = 'label2')
        plt.xlabel('sepal length')
        plt.ylabel('sepal width')
        plt.legend(loc = 2)
        plt.show()
Out[5]: 高斯混合模型聚类性能:
        兰德系数: 0.9575
        调整的兰德系数: 0.9039
        轮廓系数: 0.3742
```

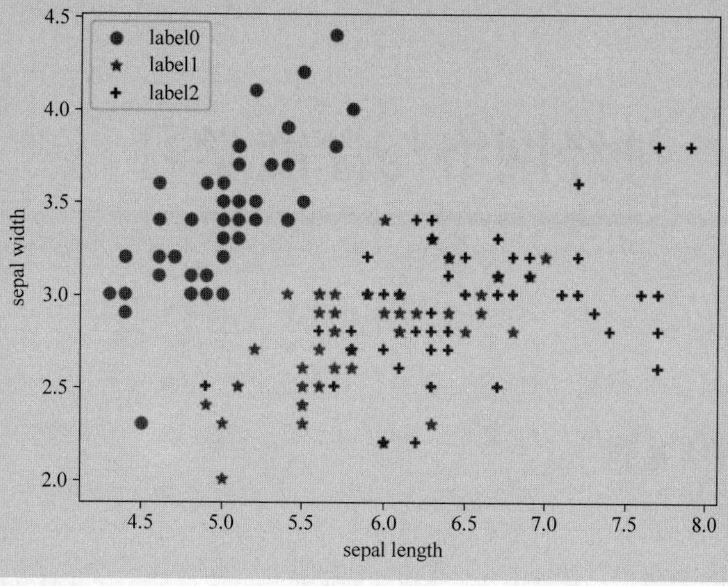

6. 评价结果比较

```
In[6]:  import pandas as pd
        metrics = {
            '兰德系数':[kmeans_rand_score, agens_rand_score, fcm_rand_score, gmm_rand_
        score],
            '调整的兰德系数':[kmeans_adjusted_rand_score, agens_adjusted_rand_score,
        fcm_adjusted_rand_score, gmm_adjusted_rand_score],
            '轮廓系数':[kmeans_silhouette_score, agens_silhouette_score, fcm_silhouette_
        score, gmm_silhouette_score]
        }
        metrics_df = pd.DataFrame(metrics, index = ['K-means', 'AGENS', 'FCM',
        'GaussianMixture'])
        metrics_df
Out[6]:
```

	兰德系数	调整的兰德系数	轮廓系数
K-means	0.832215	0.620135	0.459948
AGENS	0.825235	0.615323	0.446689
FCM	0.836779	0.630339	0.458442
GaussianMixture	0.957494	0.903874	0.374165

从上面结果可以看出,高斯混合模型的兰德系数和调整的兰德系数都较其他三个模型的系数高,但是轮廓系数较低。

第 9 章

神经网络与深度学习

扫一扫

视频讲解

9.1 神经网络基础

神经网络(Neural Network)最早由心理学家和神经学家开创,旨在寻求开发和检验生物神经系统的计算模拟。它是由具有适应性的简单单元组成的广泛并行互联的网络,它的组织能模拟生物神经系统对真实世界物体所作出的交互反应。今天的"神经网络"已是一个相当大的、多学科交叉的学科领域。神经网络可以用于分类(预测给定元组的类标号)和数值预测(预测连续值输出)等。

9.1.1 神经元模型

神经网络中最基本的成分是神经元(Neuron)模型。生物神经网络中的每个神经元彼此互联,当它"兴奋"时,就会向相连的神经元发送化学物质,从而改变这些神经元内的电位。如果某神经元的电位超过一个阈值,它就会被激活,即"兴奋"起来,向其他神经元发送化学物质。神经元细胞结构如图 9-1 所示。

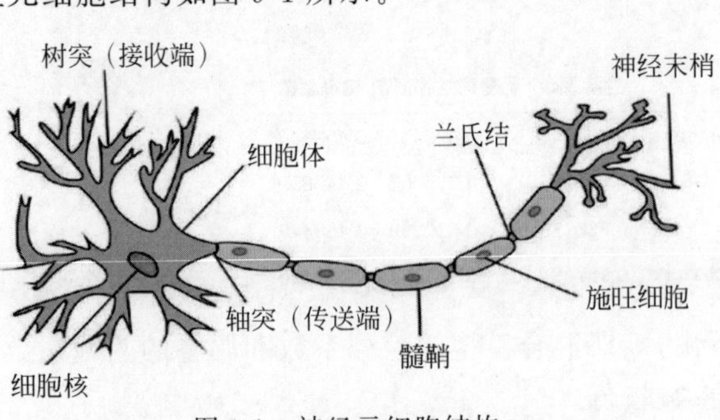

图 9-1　神经元细胞结构

1943 年，美国心理学家麦卡洛克(McCulloch)和数学家皮茨(Pitts)按照生物神经元的结构和工作原理建立了 M-P 模型(McCulloch-Pitts Model)。在该模型中，为了使建模更加简单，以便于进行形式化表达，忽略时间整合作用、不应期等复杂因素，并把神经元的突触时延和强度设为常数。M-P 神经元模型如图 9-2 所示。

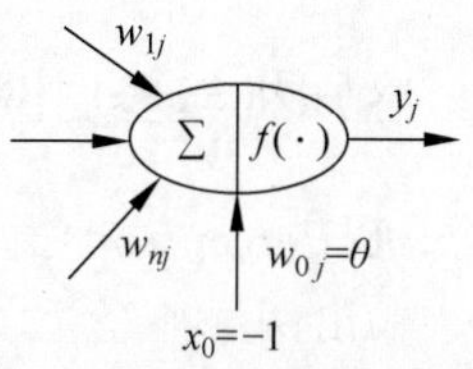

图 9-2　M-P 神经元模型

M-P 神经元模型和生物神经元的对应关系如表 9-1 所示。

表 9-1　M-P 神经元模型与生物神经元的对应关系

生物神经元	神经元	输入信号	权值	输出	总和	膜电位	阈值
M-P 神经元模型	j	χ_i	ω_{ij}	y_j	$\sum$	$\sum_{i=1}^{n}\omega_{ij}\chi_i(t)$	θ_j

结合 M-P 模型示意图，对于某一个神经元 j，它可能同时接受了许多个输入信号，用 χ_i 表示。由于生物神经元具有不同的突触性质和突触强度，所以对神经元的影响不同，用权值 ω_{ij} 表示，其正负模拟了生物神经元中突触的兴奋和抑制，其大小则代表了突触的不同连接强度。θ_j 表示为一个阈值(Threshold)，或称为偏置(Bias)。

由于累加性，对全部输入信号进行累加整合，相当于生物神经元中的膜电位，其值为

$$\mathrm{net}_j(t)=\sum_{i=1}^{n}\omega_{ij}\chi_i(t)-\theta_j \tag{9.1}$$

若将阈值看作神经元 j 的一个输入 χ_0 的权重 ω_{0j}，式(9.1)可以化简为

$$\mathrm{net}_j(t)=\sum_{i=0}^{n}\omega_{ij}\chi_i(t) \tag{9.2}$$

神经元激活与否取决于某一阈值电平，即只有当其输入总和超过阈值时，神经元才被激活而发射脉冲，否则神经元不会发生输出信号。整个过程为

$$y_j=f(\mathrm{net}_j) \tag{9.3}$$

其中，y_j 表示神经元 j 的输出；函数 f 称为激活函数(Activation Function)或转移函数(Transfer Function)；$\mathrm{net}_j(t)$称为净激活(Net Activation)。

这种“阈值加权和”的神经元模型即为 M-P 模型，也称为神经网络的一个处理单元(Processing Element，PE)。

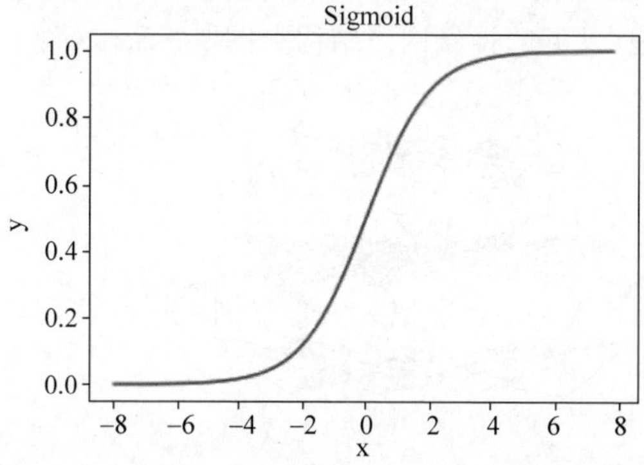

图 9-3　典型的神经元激活函数(Sigmoid 函数)

激活函数将输入值映射为输出值 0 或 1，0 表示神经元“抑制”，1 表示神经元“兴奋”。然而，阶跃函数具有不连续和不光滑等不太好的性质，因此实际常用 Sigmoid 函数作为激活函数。典型的 Sigmoid 函数如图 9-3 所示。它把可能在较大范围内变化的输入值挤压到 0～1 内。

将许多神经元按一定的层次结构连接起来，就得到了神经网络。

9.1.2 感知机与多层网络

感知机(Perceptron)由两层神经元组成,如图 9-4 所示。这个结构非常简单,它其实就是输入输出两层神经元之间的简单连接。

令 $w_1=w_2=1,\theta=0.5$,则 $y=f(1\cdot x_1+1\cdot x_2-0.5)$,$x_1=1$ 或 $x_2=1$ 时,$y=1$。这样就实现了"或"运算($x_1 \vee x_2$)。同理,$w_1=-0.6,w_2=0,\theta=-0.5$,则 $y=f(-0.6\cdot x_1+0\cdot x_2+0.5)$,$x_1=1$ 时,$y=0$; $x_1=0$ 时,$y=1$,由此实现了"非"运算($\neg x_1$)。

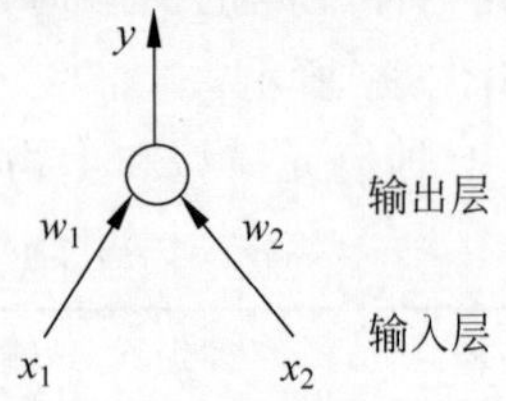

图 9-4 两个输入神经元的感知机网络结构

更一般地,给定训练数据集,权重 $w_i(i=1,2,\cdots,n)$以及阈值 θ 可以通过学习得到。学习的目标是通过改变权值使神经网络由给定的输入得到给定的输出。作为分类器,可以用已知类别的模式向量作为训练集,当输入为属于第 j 类的特征向量 $\boldsymbol{X}$ 时,应使对应于各类的输出 $y_1=1$,而其他神经元的输出则为 0(或-1)。设理想的输出为$\boldsymbol{Y}=(y_1,y_2,\cdots,y_m)^{\mathrm{T}}$,实际的输出为$\hat{\boldsymbol{Y}}=(\hat{y}_1,\hat{y}_2,\cdots,\hat{y}_m)^{\mathrm{T}}$。为了使实际的输出逼近理想输出,可以反复依次输入训练集中的向量 $\boldsymbol{X}$,并计算出实际的输出$\hat{\boldsymbol{Y}}$,对权值 ω 进行如下修改。

$$\omega_{ij}(t+1)=\omega_{ij}(t)+\Delta\omega_{ij}(t) \tag{9.4}$$

$$\Delta\omega_{ij}(t)=\eta(y_i-\hat{y}_i)x_i \tag{9.5}$$

其中,$\eta\in(0,1)$称为学习率。由式(9.5)可以看出,若感知机对训练样本(x, y)预测正确,即 $y=\hat{y}$,则感知机不再发生变化,否则将根据错误的程度进行权重调整。

感知机的学习过程与求取线性判别的过程是等价的。感知机学习过程收敛很快,且与初始值无关。需要注意的是,感知机只有输出层神经元进行激活函数处理,即拥有一层功能神经元,其学习能力非常有限。两层感知机只能用于解决线性可分问题。事实上,上述与、或、非问题都是线性可分问题。

要解决非线性可分问题需要使用多层感知机(多层网络)来解决。多层感知机(Multilayer Perceptron,MLP)除了输入输出层,中间可以有多个隐藏层。最简单的 MLP 只含一个隐藏层,即 3 层的结构。更一般地,常见的神经网络结构如图 9-5 所示,每

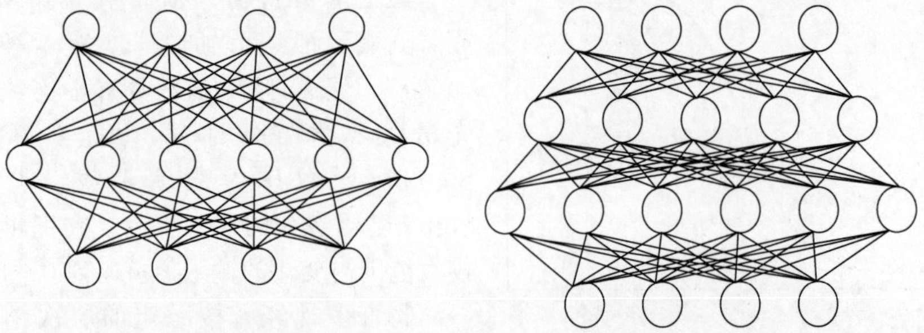

(a) 单隐藏层前馈网络　　(b) 双隐藏层神经网络

图 9-5 多层前馈神经网络结构示意图

层神经元与下一层神经元全连接，神经元之间不存在同层连接，也不存在跨层连接。这样的网络结构通常称为多层前馈神经网络（Multilayer Feedforward Neural Networks），其中输入层神经元接收外界输入，隐藏层与输出层神经元对信号进行加工，最终结果由输出层神经元输出。输入神经元仅接收输入，不进行函数处理，隐藏层与输出层包含功能神经元。神经网络的学习过程就是根据训练数据来调整神经元之间的“连接权”以及每个功能神经元的阈值。

扫一扫

视频讲解

9.2 BP 神经网络

多层网络的学习能力比单层感知机强很多，要训练多层网络，简单的感知机学习规则显然不够，需要更强大的学习算法。误差逆传播（Error Back Propagation）算法就是学习算法中的杰出代表。现实任务中使用神经网络时，大多是使用后向传播（Back Propagation，BP）算法进行训练。需要注意的是，BP 算法不仅可以用于多层前馈神经网络，还可以用于其他类型的神经网络。通常说 BP 网络时，常指利用 BP 算法训练的多层前馈神经网络。神经网络可以用于分类（预测给定元组的类标号）和数值预测（预测连续值输出）等。

9.2.1 多层前馈神经网络

多层前馈神经网络由一个输入层、一个或多个隐藏层和一个输出层组成，如图 9-6 所示。它利用后向传播算法迭代地学习用于元组类标号预测的一组权重。

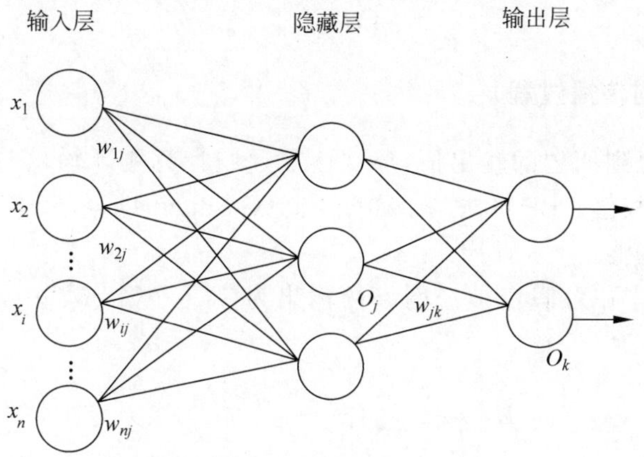

图 9-6 多层前馈神经网络结构

网络中，每层由一些单元组成，网络的输入对应于对每个训练元组的观测属性。输入同时提供给构成输入层的单元。这些输入通过输入层加权求和后提供给称为隐藏层的“类神经元的”第二层。该隐藏层单元的输出输入到下一个隐藏层。隐藏层的数量是任意的。最后一个隐藏层的权重输出作为构成输出层的单元输入。输出层发布给定元组的网络预测。前馈网络中的权重都不回送到输入单元或前一层的输出单元。网络是全连接的，即每个单元都向下一层的每个单元提供输入。

对于“最好的”隐藏层单元数,没有明确的规则确定。网络设计是一个反复试验的过程,并可能影响结果训练网络的准确性。权重的初值也可能影响结果的准确性。

9.2.2 后向传播算法

后向传播(BP)通过迭代地处理训练元组数据集,把每个元组的网络预测与实际已知的目标值相比较进行学习。对于每个训练样本,修改权重使网络预测和实际目标值之间的均方误差最小。这种修改“后向”进行,即由输出层,经由每个隐藏层到第一个隐藏层。BP算法的主要思想是把训练过程分为以下两个阶段。

1. 第一阶段(正向传播过程)

给出输入信息,通过输入层经隐藏层逐层处理并计算每个单元的实际输出值。也就是说,在输入层,每个输入单元 j,它的输出 O_j 等于它的输入 I_j。然后计算隐藏层和输出层每个单元的净输入和输出。隐藏层和输出层单元的净输入是其输入的线性组合,如式(9.6)所示。

$$I_j = \sum_i w_{ij} O_i + \theta_j \tag{9.6}$$

其中,w_{ij} 为与上一层神经元 i 和单元 j 的连接权重;O_i 为单元 i 的输出,θ_j 是单元 j 的偏置,作为阈值改变单元的活性。

对隐藏层和输出层的每个单元取其净输入,然后利用激活函数获得其输出。例如,单元 j,使用Sigmoid函数作用于净输入 I_j 得到输出 O_j,如式(9.7)所示。

$$O_j = \frac{1}{1 + e^{-I_j}} \tag{9.7}$$

2. 第二阶段(反向传播过程)

若在输出层不能得到期望的输出值,那么逐层递归计算实际输出与期望输出的差值,以便根据差值调节权值。BP算法基于梯度下降(Gradient Descent)策略,以目标的负梯度方向对参数进行调整。

对于训练元组 (x_k, y_k),假定神经网络的输出为 $\hat{y}_k = (\hat{y}_1^k, \hat{y}_2^k, \cdots, \hat{y}_l^k)$,则网络在 (x_k, y_k) 上的均方误差为

$$E_k = \frac{1}{2} \sum_{j=1}^{l} (\hat{y}_j^k - y_j^k)^2 \tag{9.8}$$

对于连接权 w_{hj},给定学习率 η,更新变化估计值为

$$\Delta w_{hj} = -\eta \frac{\partial E_k}{\partial w_{hj}} \tag{9.9}$$

注意到 w_{hj} 先影响第 j 个输出层神经元的输入值 β_j,然后影响其输出值 $\hat{y}_j^k$,再影响到 E_k,因此有

$$\frac{\partial E_k}{\partial w_{hj}} = \frac{\partial E_k}{\partial \hat{y}_j^{\ k}} \cdot \frac{\partial \hat{y}_j^{\ k}}{\partial \beta_j} \cdot \frac{\partial \beta_j}{\partial w_{hj}} \tag{9.10}$$

利用以上链式规则,得到每次迭代更新的参数更新变化量。对于输出层单元 j,误差 Err_j 的计算式为

$$\mathrm{Err}_j = O_j(1-O_j)(T_j - O_j) \tag{9.11}$$

其中,O_j 为单元 j 的实际输出；T_j 为 j 给定训练元组的已知目标值。

对于隐藏层单元 j,它的误差为

$$\mathrm{Err}_j = O_j(1-O_j)\sum_k \mathrm{Err}_k w_{jk} \tag{9.12}$$

其中,w_{jk} 为由下一较高层中单元 k 到单元 j 的连接权重；Err_k 为单元 k 的误差。

权重更新如下所示。

$$\Delta w_{ij} = \eta \mathrm{Err}_j O_i \tag{9.13}$$

$$w'_{ij} = w_{ij} + \Delta w_{ij} \tag{9.14}$$

其中,Δw_{ij} 为权重 w_{ij} 的改变量；η 为学习率,通常取值为 0～1。后向传播使用梯度下降法搜索权重的集合。

偏置更新如下所示。

$$\Delta \theta_j = \mu \mathrm{Err}_j \tag{9.15}$$

$$\theta'_j = \theta_j + \Delta \theta_j \tag{9.16}$$

其中,$\Delta\theta_j$ 为 θ_j 的改变量。

误差反向传播的过程就是将误差分摊给各层所有单元,从而获得各层单元的误差信号,进而修正各单元的权值,即权值调整的过程。每处理一个样本,就更新权重和偏置,称为实例更新(Case Update)；如果处理完训练集中的所有元组之后再更新权重和偏置,称为周期更新(Epoch Update)。理论上,反向传播算法的数据推导使用周期更新,但是在实践中,实例更新通常产生更加准确的结果。

BP 算法描述如下。

输入：训练集 $D=\{(x_k, y_k)\}_{k=1}^{m}$,学习率 η

输出：连接权值与阈值确定的多层前馈神经网络

方法：

```
在(0,1)范围内随机初始化网络中的所有连接权和阈值;
repeat
    for all(x_k, y_k)∈D do
        根据当前参数以及式(9.5)和式(9.9)计算样本的输出 O_j 和误差 Err_j;
        对于隐藏层单元 j,根据式(9.12)计算其误差;
        根据式(9.14)和式(9.16)更新权重和偏置;
    end for
until 达到迭代停止条件
```

算法迭代中,如果满足以下条件之一,就可以停止训练。

(1) 前一周期所有的 Δw_{ij} 都太小,小于某个指定阈值；

(2) 前一周期误分类的元组百分比小于某个阈值；

(3) 超过预先指定的周期数。

BP 神经网络具有简单易行、计算量小和并行性强的优点,但也存在学习效率低、收

敛速度慢等问题。BP神经网络的优点和缺点如表9-2所示。

表9-2 BP神经网络的优点和缺点

优　　点	缺　　点
(1) BP算法根据预设参数的更新规则不断调整网络中的参数,能够自适应自主学习; (2) BP神经网络具有很强的非线性映射能力; (3) 误差的反向传播所采用的链式法则具有严谨的推导过程; (4) BP算法具有很强的泛化能力	(1) BP神经网络参数众多,每次迭代要更新众多数量的参数,故收敛速度较慢; (2) 网络中隐含层节点数目设定没有明确的准则,只能通过实验根据网络误差确定最终隐含层节点个数; (3) BP算法是一种快速的梯度下降算法,但对初始参数敏感且容易陷入局部极小值

【例9-1】 利用后向传播算法学习的样本计算。图9-7给出了一个多层前馈神经网络,令学习率为0.9,第一个训练元组为$X=\{1,0,1\}$,类标号$Y=1$。计算每个单元的净输入和输出。

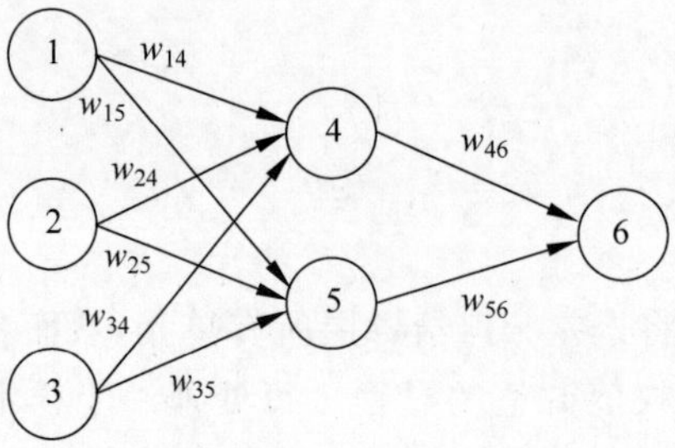

图9-7 多层前馈神经网络示例

(1) 随机初始化参数值,如表9-3所示。

表9-3 初始输入、权重和偏置

x_1	x_2	x_3	w_{14}	w_{15}	w_{24}	w_{25}	w_{34}	w_{35}	w_{46}	w_{56}	θ_4	θ_5	θ_6
1	0	1	0.2	−0.3	0.4	0.1	−0.5	0.2	−0.3	−0.2	−0.4	0.2	0.1

(2) 根据BP算法中的前馈过程,计算净输入和输出值,结果如表9-4所示。

表9-4 净输入和输出的计算结果

单元j	净输入I_j	输出O_j
4	$0.2+0-0.5-0.4=-0.7$	$1/(1+e^{0.7})=0.332$
5	$-0.3+0+0.2+0.2=0.1$	$1/(1+e^{-0.1})=0.525$
6	$-0.3\times0.332-0.2\times0.525+0.1=-0.105$	$1/(1+e^{0.105})=0.474$

(3) 计算每个节点的误差,结果如表9-5所示。

表9-5 每个节点的误差值

单元j	Err_j
6	$0.474\times(1-0.474)\times(1-0.474)=0.1311$
5	$0.525\times(1-0.525)\times0.1311\times(-0.2)=-0.0065$
4	$0.332\times(1-0.332)\times0.1311\times(-0.3)=-0.02087$

(4) 更新权重和偏置,结果如表 9-6 所示。

表 9-6　权重和偏置更新

权重或偏置	新　值
w_{46}	－0.3＋0.9×0.1311×0.332＝－0.261
w_{56}	－0.2＋0.9×0.1311×0.525＝－0.138
w_{14}	0.2＋0.9×(－0.02087)×1＝0.181
w_{15}	－0.3＋0.9×(－0.0065)×1＝－0.306
w_{24}	0.4＋0.9×(－0.02087)×0＝0.4
w_{25}	0.1＋0.9×(－0.0065)×0＝0.1
w_{34}	－0.5＋0.9×(－0.02087)×1＝－0.519
w_{35}	0.2＋0.9×(－0.0065)×1＝0.194
θ_6	0.1＋0.9×0.1311＝0.218
θ_5	0.2＋0.9×(－0.0065)＝0.194
θ_4	－0.4＋0.9×(－0.02087)＝－0.419

9.2.3　BP 神经网络应用

【例 9-2】 BP 神经网络 Python 实现。

```
In[1]:    import numpy as np
          import math
          import random
          import string
          import matplotlib as mpl
          import matplotlib.pyplot as plt
          #random.seed(0)
          #生成区间[a,b]内的随机数
          def random_number(a,b):
              return (b - a) * random.random() + a
          #生成一个矩阵,大小为 m×n,并且设置默认零矩阵
          def makematrix(m, n, fill = 0.0):
              a = []
              for i in range(m):
                  a.append([fill] * n)
              return a
          #Sigmoid 函数,这里采用 tanh
          def sigmoid(x):
              return math.tanh(x)
          #Sigmoid 函数的派生函数
          def derived_sigmoid(x):
              return 1.0 - x ** 2
          #构造 3 层 BP 网络架构
          class BPNN:
              def __init__(self, num_in, num_hidden, num_out):
                  #输入层、隐藏层、输出层的节点数
                  self.num_in = num_in + 1                   #增加一个偏置节点
                  self.num_hidden = num_hidden + 1           #增加一个偏置节点
```

```
            self.num_out = num_out
            #激活神经网络的所有节点(向量)
            self.active_in = [1.0] * self.num_in
            self.active_hidden = [1.0] * self.num_hidden
            self.active_out = [1.0] * self.num_out
            #创建权重矩阵
            self.wight_in = makematrix(self.num_in, self.num_hidden)
            self.wight_out = makematrix(self.num_hidden, self.num_out)
            #对权值矩阵赋初值
            for i in range(self.num_in):
                for j in range(self.num_hidden):
                    self.wight_in[i][j] = random_number(-0.2, 0.2)
            for i in range(self.num_hidden):
                for j in range(self.num_out):
                    self.wight_out[i][j] = random_number(-0.2, 0.2)
            #最后建立动量因子(矩阵)
            self.ci = makematrix(self.num_in, self.num_hidden)
            self.co = makematrix(self.num_hidden, self.num_out)
        #信号正向传播
        def update(self, inputs):
            if len(inputs) != self.num_in-1:
                raise ValueError('与输入层节点数不符')
            #数据输入输入层
            for i in range(self.num_in - 1):
                #self.active_in[i] = sigmoid(inputs[i])
                #或者先在输入层进行数据处理
                self.active_in[i] = inputs[i]#active_in[]为输入数据的矩阵
            #数据在隐藏层的处理
            for i in range(self.num_hidden - 1):
                sum = 0.0
                for j in range(self.num_in):
                    sum = sum + self.active_in[i] * self.wight_in[j][i]
                self.active_hidden[i] = sigmoid(sum)
            #数据在输出层的处理
            for i in range(self.num_out):
                sum = 0.0
                for j in range(self.num_hidden):
                    sum = sum + self.active_hidden[j] * self.wight_out[j][i]
                self.active_out[i] = sigmoid(sum)        #与上同理
            return self.active_out[:]
        #误差反向传播
    def errorbackpropagate(self, targets, lr, m):
    #lr为学习率, m为动量因子
            if len(targets) != self.num_out:
                raise ValueError('与输出层节点数不符!')
            #首先计算输出层的误差
            out_deltas = [0.0] * self.num_out
            for i in range(self.num_out):
                error = targets[i] - self.active_out[i]
                out_deltas[i] = derived_sigmoid(self.active_out[i]) * error
            #然后计算隐藏层误差
```

```
        hidden_deltas = [0.0] * self.num_hidden
        for i in range(self.num_hidden):
            error = 0.0
            for j in range(self.num_out):
                error = error + out_deltas[j] *  self.wight_out[i][j]
            hidden_deltas[i] = derived_sigmoid(self.active_hidden[i])
                                 * error
        #首先更新输出层权值
        for i in range(self.num_hidden):
            for j in range(self.num_out):
                change = out_deltas[j] * self.active_hidden[i]
                self.wight_out[i][j] = self.wight_out[i][j] +
                lr * change + m * self.co[i][j]
                self.co[i][j] = change
        #然后更新输入层权值
        for i in range(self.num_in):
            for j in range(self.num_hidden):
                change = hidden_deltas[j] * self.active_in[i]
                self.wight_in[i][j] = self.wight_in[i][j] +
                lr * change + m *  self.ci[i][j]
                self.ci[i][j] = change
        #计算总误差
        error = 0.0
        for i in range(len(targets)):
            error = error + 0.5 * (targets[i] - self.active_out[i]) ** 2
        return error
    #测试
    def test(self, patterns):
        for i in patterns:
            print(i[0], '->', self.update(i[0]))
    #权重
    def weights(self):
        print("输入层权重")
        for i in range(self.num_in):
            print(self.wight_in[i])
        print("输出层权重")
        for i in range(self.num_hidden):
            print(self.wight_out[i])
    def train(self, pattern, itera = 100000, lr = 0.1, m = 0.1):
        for i in range(itera):
            error = 0.0
            for j in pattern:
                inputs = j[0]
                targets = j[1]
                self.update(inputs)
                error = error + self.errorbackpropagate(targets, lr, m)
def demo():
    patt = [
            [[1,2,5],[0]],
            [[1,3,4],[1]],
            [[1,6,2],[1]],
```

```
                    [[1,5,1],[0]],
                    [[1,8,4],[1]]
                    ]
        #创建神经网络,3个输入节点,3个隐藏层节点,一个输出层节点
        n = BPNN(3, 3, 1)
        n.train(patt)                           #训练神经网络
        n.test(patt)                            #测试神经网络
        n.weights()                             #查阅权重值
    if __name__ == '__main__':
        demo()
Out[1]:     [1, 2, 5] ->[0.0014062068014854105]
            [1, 3, 4] ->[0.9702690840904798]
            [1, 6, 2] ->[0.9944652174898995]
            [1, 5, 1] ->[0.0003245909109257318]
            [1, 8, 4] ->[0.9999946995373022]
            输入层权重
            [-0.1577610397215987, 0.08892417804152114, 0.15479295509394303,
            -0.07368636270961795]
            [-0.46957605284838183, -0.11101497556260163, -0.07333746972641864,
            -0.17689165835445775]
            [0.4168113611810933, -0.0984697367479507, 0.037318893213036025,
            0.07892233799344861]
            [0.21052573138886138, -0.17459600587377247, 0.16354481886666866,
            -0.1663464186147765]
            输出层权重
            [3.97997681579315e-14]
            [-15.824345010631994]
            [9.570865255789348]
            [-16.884733168162853]
```

9.3 深度学习

9.3.1 深度学习概述

理论上说,参数越多的模型复杂度越高、容量越大,这意味着它能完成更复杂的学习任务。但一般情形下,复杂模型的训练效率低,易陷入过拟合。随着云计算和大数据时代的到来,计算能力的大幅提高可以缓解训练的低效性,训练数据的大幅增加可以降低过拟合风险。因此,以深度学习(Deep Learning,DL)为代表的复杂模型受到了关注。

深度学习是机器学习(Machine Learning,ML)领域中一个新的研究方向。它使机器模仿视听和思考等人类的活动,解决了很多复杂的模式识别难题,使人工智能相关技术得到了很大进步。深度学习是一类模式分析方法的统称,就具体研究内容而言,主要涉及3类方法。

(1) 基于卷积运算的神经网络系统,即卷积神经网络(Convolutional Neural Network,CNN)。

(2) 基于多层神经元的自编码神经网络,包括自编码(Auto Encoder)以及近年来受

到广泛关注的稀疏编码(Sparse Coding)。

(3) 以多层自编码神经网络的方式进行预训练,进而结合鉴别信息进一步优化神经网络权值的深度置信网络(Deep Belief Network,DBN)。

通过多层处理,逐渐将初始的"低层"特征表示转换为"高层"特征表示,用"简单模型"即可完成复杂的分类等学习任务。由此可将深度学习理解为进行特征学习(Feature Learning)或表示学习(Representation Learning)。

以往在机器学习用于现实任务时,描述样本的特征通常需要人类专家设计,称为特征工程(Feature Engineering)。众所周知,特征的好坏对泛化性能有至关重要的影响,人类专家设计出好的特征也并非易事;特征学习(表征学习)则通过机器学习技术自身产生好特征,这使机器学习向"全自动数据分析"又前进了一步。

近年来,研究人员也逐渐将这几类方法结合起来,如对原本是以有监督学习为基础的卷积神经网络结合自编码神经网络进行无监督的预训练,进而利用鉴别信息微调网络参数形成的卷积深度置信网络。与传统的学习方法相比,深度学习方法预设了更多的模型参数,因此模型训练难度更大。根据统计学习的一般规律,模型参数越多,需要参与训练的数据量也越大。

9.3.2 常用的深度学习算法

常见的深度学习算法主要包括卷积神经网络、循环神经网络和生成对抗网络(Generative Adversarial Network,GAN)等。这些算法是深度学习的基础算法,在各种深度学习相关系统中均有不同程度的应用。

1. 卷积神经网络

卷积神经网络(CNN)是第一个被成功训练的多层神经网络结构,具有较强的容错、自学习及并行处理能力。CNN 最初是为识别二维图像形状而设计的多层感知机,局部连接和权值共享网络结构类似于生物神经网络,降低神经网络模型的复杂度,减少权值数量,使网络对于输入具备一定的不变性。经典的 LeNet-5 卷积神经网络结构如图 9-8 所示。

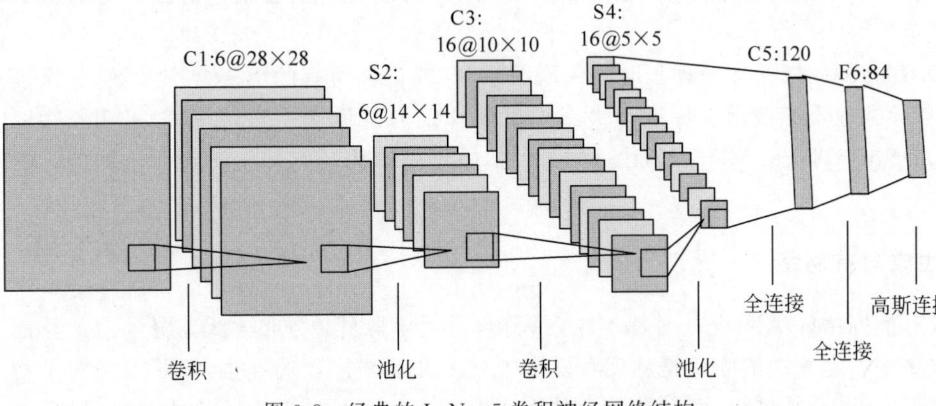

图 9-8 经典的 LeNet-5 卷积神经网络结构

经典的 LeNet-5 卷积神经网络包括了输入层、卷积层、池化层、全连接层和输出层。

1）输入层

卷积神经网络中输入层的结构可以是多维的，如 MNIST 数据集中是 28×28 像素的灰度图片，因此输入为 28×28 的二维矩阵。

2）卷积层

卷积层(Convolutional Layer)使用卷积核提取特征。在卷积层中需要理解局部感受野和共享权值。局部感受野好比一个滑动窗口，以窗口的范围提取对应范围的神经元携带的特征。根据局部感受野提取特征，原始数据中的一部分神经元与卷积层中的一个神经元相连接，每一条线对应一个权重，而在卷积层中，对于同一个卷积核，权重是相同的。

3）池化层

池化层(Pooling Layer)是将卷积得到的特征映射图进行稀疏处理，减少数据量。池化层实际上是一种形式的下采样，它会不断地减少数据的空间大小，因此参数的数量和计算量也会下降，这在一定程度上控制了过拟合。池化的计算方法有最大池化、重叠池化、均方池化和归一化池化等方法。

4）全连接层

在网络的末端对提取后的特征进行恢复，重新拟合，减少因为特征提取而造成的特征丢失。全连接层的神经元数目需要根据经验和实验结果进行反复调参。

5）输出层

输出层用于将最终的结果输出，针对不同的问题，输出层的结构也不相同。例如，MNIST 数据集识别问题中，输出层为有 10 个神经元的向量。

2. 循环神经网络

循环神经网络(Recurrent Neural Network, RNN)是一类以序列数据为输入，在序列的演进方向进行递归且所有节点(循环单元)按链式连接的递归神经网络(Recursive Neural Network)。之所以是“循环”，是因为其中隐藏层节点的输出不仅取决于当前输入值，还与上一次的输入相关，即节点的输出可以指向自身，进行循环递归运算，在处理时间序列相关的场景时效果明显，在分析语音、视频、天气预报、股票走势预测等方面具有突出优势。

RNN 存在的问题是在处理长时间关联关系时，要记住所有的历史样本参数，复杂度增加，容易导致权重参数出现梯度消失或梯度爆炸。为避免这一问题，一般采用长短时记忆(Long Short Term Memory, LSTM)网络，原理是采用了与传统神经元不同的记忆细胞。

3. 生成对抗网络

生成对抗网络(GAN)是一种深度学习模型，是近年来复杂分布上无监督学习最具前景的方法之一。它解决的问题是从现有样本中学习并创建出新的样本，按照人类对事物的学习过程，逐渐总结规律，而并非使用大量数据训练，所以在新的任务处理中，只需要少量的标记样本就可以训练出高效的分类器。

GAN 网络模型通过生成模型（Generative Model）和判别模型（Discriminative Model）的互相博弈学习产生相当好的输出。生成模型是给定某种隐含信息，随机产生观测数据。判别模型的主要任务是对样本进行区分。首先训练区分网络，从而提高模型的真假辨识能力，然后训练生成网络，提高其欺骗能力，生成接近于真实的训练样本。两种网络之间形成对抗关系，都极力优化自己的性能，直到达到一种动态平衡状态。

9.4 小结

(1) 神经网络是由具有适应性的简单单元组成的广泛并行互联的网络，它的组织能模拟生物神经系统对真实世界物体所做出的交互反应。在机器学习中谈论神经网络时一般指的是“神经网络学习”。

(2) 感知机的概念类似于大脑基本处理单元神经元的工作原理。感知机具有许多输入（通常称为特征），这些输入被馈送到产生一个二元输出的线性单元中。因此，感知机可用于解决二元分类问题，其中样本将被识别为属于预定义的两个类之一。

(3) BP 算法基于梯度下降策略，以目标的负梯度方向对网络参数进行调整。现实任务中使用神经网络时，大多是使用 BP 算法进行训练。BP 算法不仅可以用于多层前馈神经网络，还可以用于其他类型的神经网络。通常所说的 BP 网络指利用 BP 算法训练的多层前馈神经网络。

(4) 深度学习的概念源于人工神经网络的研究，含有多个隐藏层的多层感知机就是一种深度学习结构。深度学习通过组合低层特征形成更加抽象的高层表示属性类别或特征，以发现数据的分布式特征表示。研究深度学习的动机在于建立模拟人脑进行分析学习的神经网络，它模仿人脑的机制来解释数据，例如图像，声音和文本等。

(5) 卷积神经网络是针对二维数据设计的一种模拟“局部感受野”的局部连接的神经网络结构。它引入卷积运算实现局部连接和权值共享的特征提取，引入池化操作实现低功耗计算和高级特征提取。网络构造通过多次卷积和池化过程形成深度网络，网络的训练具有权共享和稀疏的特点，学习过程类似于 BP 算法。

习题 9

扫一扫

自测题

(1) 神经网络分别按结构、性能和学习方式，可分为哪些类型？

(2) 什么是深度学习？深度学习中的常用学习方法有哪些？

(3) 简述卷积神经网络中卷积层的作用与权值共享的思想。

(4) 从网上下载或自己编写代码，实现一个卷积神经网络，并在手写体字符识别数据集 MNIST 上进行实验测试。

本章实训：应用 BP 神经网络实现鸢尾花分类

神经网络模型的构建方法有很多种，如 TensorFlow 就是一个目前使用较为广泛的神经网络框架。使用 TensorFlow 可以设计网络的层级结构，但需要对神经网络有较深的理解。本实训采用 sklearn 下的 MLPClassifier 函数实现神经网络构建与训练。其中，MLPClassifier 可以选择修改各个可选参数优化的网络模型，包括激活函数、每层神经元个数、优化算法、学习率和最大迭代次数等。MLPClassifier 的主要参数及其含义如表 9-7 所示。

表 9-7　MLPClassifier 的主要参数及其含义

参　数	参 数 含 义
hidden_layer_sizes	一个整数或者整数元组，表示隐藏层的数量和每层的神经元数量，默认值是(100,)
activation	激活函数的类型，可以是 identity、logistic、tanh 或者 relu，默认值是 relu
solver	优化算法的类型，可以是 lbfgs、sgd 或者 adam。默认值是 adam
alpha	L2 正则化系数，默认值是 0.0001
max_iter	最大迭代次数，默认值是 200
random_state	随机数种子

模型训练完成后，可以通过返回值 model. get_params()显示模型的各个参数值。

1. 导入数据

```
In[1]:   #导入相关包
         import numpy as np
         from sklearn import datasets
         from sklearn.model_selection import train_test_split
         from sklearn.metrics import classification_report
         from sklearn.neural_network import MLPClassifier
         #导入数据
         data = datasets.load_iris()
         X = data.data
         Y = data.target
         target_names = data.target_names
         print('数据集特征：',data.feature_names)
         print('数据类别标签：',target_names)
Out[1]:  数据集特征：  ['sepal length (cm)', 'sepal width (cm)', 'petal length (cm)',
         'petal width (cm)']
         数据类别标签：  ['setosa' 'versicolor' 'virginica']
```

2. 构建训练模型并测试准确率

```
In[2]:   model = MLPClassifier(hidden_layer_sizes = (30,20),random_state = 1,
         max_iter = 1000)
         x_train,x_test,y_train,y_test = train_test_split(X,Y,test_size = 0.25)
         model.fit(x_train,y_train)
```

```
        print("测试集的准确率: %.4f" % model.score(x_test,y_test))
        y_hat = model.predict(x_test)
        print(classification_report(y_test,y_hat,target_names = target_names))
Out[2]: 测试集的准确率: 0.9474
                      precision    recall  f1-score   support

              setosa       1.00      1.00      1.00         8
          versicolor       1.00      0.89      0.94        19
           virginica       0.85      1.00      0.92        11

            accuracy                           0.95        38
           macro avg       0.95      0.96      0.95        38
        weighted avg       0.96      0.95      0.95        38

        样本预测类别是: ['setosa']
```

3. 显示模型参数

```
In[3]:  model.get_params()
Out[3]: {'activation': 'relu',
         'alpha': 0.0001,
         'batch_size': 'auto',
         'beta_1': 0.9,
         'beta_2': 0.999,
         'early_stopping': False,
         'epsilon': 1e-08,
         'hidden_layer_sizes': (30,20),
         'learning_rate': 'constant',
         'learning_rate_init': 0.001,
         'max_fun': 15000,
         'max_iter': 1000,
         'momentum': 0.9,
         'n_iter_no_change': 10,
         'nesterovs_momentum': True,
         'power_t': 0.5,
         'random_state': 1,
         'shuffle': True,
         'solver': 'adam',
         'tol': 0.0001,
         'validation_fraction': 0.1,
         'verbose': False,
         'warm_start': False}
```

4. 对新样本预测类型

```
In[4]:  #对新样本[4.6 3.1 1.5 0.2]进行预测
        newdata = np.array([[4.2, 3.8, 1.6, 0.3]])
        result = model.predict(newdata)
        print("样本[4.6 3.1 1.5 0.2]的类别是: ",target_names[result])
        # 鸢尾花的三个亚属类别,'setosa'setosa'setosa'(0), 'setosa'versicolor'setosa'(1),
'setosa'virginica'setosa'(2)
Out[4]: 样本[4.6 3.1 1.5 0.2]的类别是: ['setosa']
```

第 10 章

离群点检测

数据库中的数据由于各种原因常常会包含一些异常记录，对这些异常记录的检测和解释有很重要的意义。异常检测目前在入侵检测、工业损毁检测、金融欺诈、股票分析、医疗处理等领域都有着比较好的实际应用效果。异常检测的实质是寻找观测值和参考值之间有意义的偏差。离群点检测是异常检测中最常用的方法之一，目的是检测出那些与正常数据行为或特征属性差别较大的异常数据或行为。

扫一扫

视频讲解

10.1 离群点概述

10.1.1 离群点的概念

离群点(Outlier)是指显著偏离一般水平的观测对象。离群点检测(或称为异常检测)是找出不同于预期对象行为的过程。离群点的本质仍然是数据对象，但它与其他对象有显著差异，又被称为异常值。在图 10-1 中，大部分数据对象大致符合同一种数据产生机制，而区域 R 中的对象明显不同，不太可能与大部分数据对象符合同一种分布，因此在该数据集中，R 中的对象是离群点。

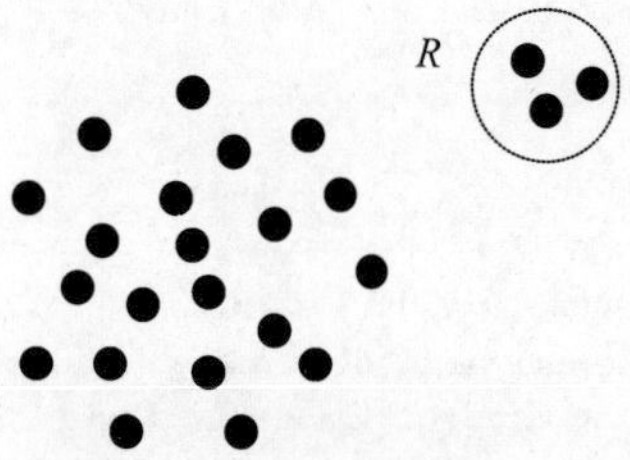

图 10-1　区域 R 中的对象为离群点

离群点不同于噪声数据。噪声是指观测数据的随机误差或方差，观测值是真实数据与噪声的混合。而离群点属于观测值，既可能由真实数据产生，也可能由噪声带来。例如，在信用卡欺诈检测中，顾客的购买行为可以用一个随机变量建模。一位顾客可能会产生某些看上去像随机误差或方差的噪声交易，因为比平常多了很多高额消费。但这种情况不能被认为是离群点。许多数据分析和数据挖掘任务在离群点检测之前都要删除噪声。

离群点的产生主要有以下原因。

(1) 第一类离群点是总体固有变异性的极端表现，这类离群点与样本中其余观测值属于同一总体；

(2) 第二类离群点是由实验条件和实验方法的偶然偏离所产生的结果，或产生于观测、记录、计算中的失误，这类离群点与样本中其余观测值不属于同一总体。

因此，在检测离群点时，要找到离群点产生的原因。通常的做法是在正常数据上进行各种假设，然后证明检测到的离群点明显违反了这些假设。

10.1.2　离群点的类型

离群点一般分为全局离群点、条件离群点和集体离群点。

1. 全局离群点

当一个数据对象明显地偏离了数据集中绝大多数对象时，该数据对象就是全局离群点(Global Outlier)。全局离群点有时也称为点异常，是最简单的一类离群点。如图 10-1 中区域 R 中的点，它们显著偏离数据集的绝大多数数据对象，因此属于全局离群点。

全局离群点检测的关键问题是针对所考虑的应用，找到一个合适的偏离度量。度量选择不同，检测方法的划分也不同。在许多应用中，全局离群点的检测都是重要的。例如，在账目审计过程中，不符合常规交易数目的记录很可能被视为全局离群点，应该搁置并等待严格审查。

2. 条件离群点

与全局离群点不同，当且仅当在某种特定情境下，一个数据对象显著地偏离数据集中的其他对象时，该数据对象称为条件离群点(Contextual Outlier)。例如，今天的气温是 32℃，这个值是否异常取决于地点和时间。

条件离群点依赖于选定的情境，又称为情境离群点。在检测条件离群点时，条件必须作为问题定义的一部分加以说明。一般地，在条件离群点检测中所考虑对象的属性分为条件属性和行为属性。

(1) 条件属性是指数据对象中定义条件的属性；

(2) 行为属性是指数据对象中定义对象特征的属性。

在温度的例子中，时间、地点是条件属性，温度是行为属性。条件属性的意义会影响离群点检测的质量，因此条件属性作为背景知识的一部分，常由领域专家确定。局部离群点(Local Outlier)是条件离群点的一种。如果数据集中一个对象的密度显著地偏离它所在的局部区域的密度，该对象就属于一个局部离群点。

3. 集体离群点

当数据集中的一些数据对象显著地偏离整个数据集时，该集合形成集体离群点

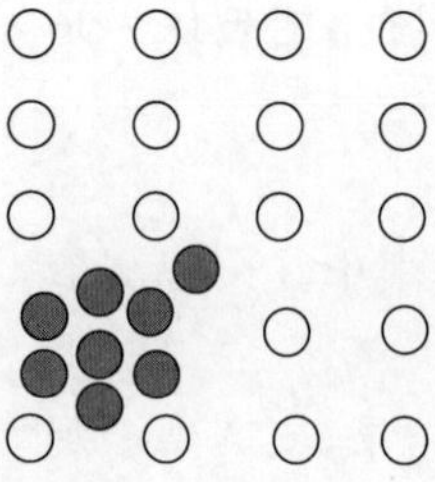
图 10-2　集体离群点

(Collection Outlier)。集体离群点中的个体数据对象可能不是离群点。如图 10-2 所示，黑色对象形成的集合密度远大于数据集中的其他对象，因此是一个集体离群点，但是每个黑色的数据对象个体对于整个数据集而言不属于离群点。

不同于全局或条件离群点，在集体离群点检测中，除了考虑个体对象的行为，还要考虑集体的行为，如在考试时有多位考生频繁地要求去卫生间。因此，为了检测集体离群点，需要一些关于对象之间联系的背景知识，如对象之间的距离或相似性测量方法。

10.1.3　离群点检测的挑战

目前已经有一些离群点检测的有效方法，但仍然面临一些挑战。

1. 正常对象和离群点的有效建模

离群点的检测质量依赖于正常数据对象和离群点的建模。通常，为数据的正常行为构建一个综合模型是有难度的，因为很难枚举一个应用中所有可能的正常行为。此外，正常数据和离群点之间的边界通常并不清晰，它们之间很可能有很宽的灰色地带。对这些数据对象的检测，不同的方法可能会获得不同的检测结果。

2. 针对应用的离群点检测

在离群点检测中，选择相似性/距离度量和描述数据对象的联系模式是至关重要的。然而，这种选择通常依赖于应用。不同应用可能会具有不同的要求。

3. 在离群点检测中处理噪声

离群点不同于噪声。噪声可能带来属性的偏差，甚至以缺失值的形式出现。低质量的数据和噪声数据给离群点检测带来了巨大的挑战。噪声会掩盖离群点，降低离群点检测的有效性，即离群点看上去像“伪装的”噪声点，而离群点检测方法可能错误地把噪声识别为离群点。

4. 可理解性

在离群点检测中，不仅要正确检测离群点，还要解释检测结果的合理性。为了满足用户要求，离群点检测方法必须要提供某种检测理由。

扫一扫

视频讲解

10.2　离群点的检测

离群点的检测方法很多，每种方法在检测时都会对正常数据对象或离群点做出假设。从假设的角度，离群点检测方法可以分为基于统计学的离群点检测、基于邻近性的离群点检测、基于聚类的离群点检测以及基于分类的离群点检测。

10.2.1　基于统计学的离群点检测

在基于统计学的离群点检测方法中，假设数据集中的正常数据对象由一个统计模型产生，如果某数据不符合该统计模型，则该数据对象是离群点。在基于统计的离群点检测过程中，一般先设定数据集的分布模型，如正态分布、泊松分布和二项式分布等，然后根据模型进行不和谐检验以发现离群点。不和谐检验中需要样本空间数据集的参数知识、分布的参数知识以及期望的离群点数目。

离群点的统计检测方法中的不和谐检验需要两个假设，即工作假设和备择假设。工作假设指如果某样本点的某个统计量相对于数据分布其显著性概率充分小，则认为该样本点是不和谐的，工作假设被拒，备择假设被采用，即该样本点来自另一个分布模型。如果某样本点不符合工作假设，则认为它是离群点；如果符合备择假设，则认为它是符合某一备择假设分布的离群点。

【例 10-1】　假设某类数据总体服从正态分布，现有部分数据{6,7,6,8,9,10,8,11,7,9,12,7,11,8,13,7,8,14,9,12}，基于统计方法检测离群点。

由数据计算相应的统计参数，均值 $m=9.1$，标准差 $s=2.3$。如果选择数据分布的阈值 q 按如下公式计算：$q=m\pm 2s$，则阈值下限和上限分别设置为 4.5 和 13.7。如果将工作假设为数据在阈值设定的区间内，则[4.5,13.7]之外的数据都是潜在的离群点，所以数据集中的 14 为离群点。

基于统计学的离群点检测方法建立在统计学原理之上，易于理解，实现方便，当数据充分或分布已知时，检验十分有效。但是，由于高维数据的分布往往很复杂，而且很难完全理解，因此高维数据上的离群点检测的统计学方法依然是一大难题。此外，统计学方法的计算开销依赖于模型。

10.2.2　基于邻近性的离群点检测

给定特征空间中的数据对象集，可以使用距离度量对象之间的相似性。直观地，远离其他大多数对象的数据对象被视为离群点。基于邻近性的方法假定离群点对象与它最近邻的邻近性显著偏离数据集中其他对象与其近邻之间的邻近性。基于邻近性的离群点检测方法有基于距离的和基于密度的方法。

1. 基于距离的离群点检测方法

在基于距离的离群点检测方法中，离群点就是远离大部分对象的点，即与数据集中的大多数对象的距离都大于某个给定阈值的点。基于距离的检测方法考虑的是对象给定半径的邻域。如果在某个对象的邻域内没有足够的其他的点，则称此对象为离群点。基于距离的离群点方法有嵌套-循环算法、基于索引的算法和基于单元的算法。下面简要介绍嵌套-循环算法。

对于数据对象集合 D，指定一个距离阈值 r 定义对象的邻域。设对象 $d,d'\in D$，考查 d 的 r 邻域中的其他数据对象的个数，如果 D 中的大多数对象远离 d，则 d 被视为一个离群点。令 $r(r\geqslant 0)$ 为距离阈值，$a(0\leqslant a\leqslant 1)$ 为分数阈值，如果 d 满足式(10.1)的条件，则 d 为一个 DB(r,a) 离群点。

$$\frac{\|\{d' \mid \text{dist}(d,d')\leqslant r\}\|}{\|D\|}\leqslant a \tag{10.1}$$

其中，$\text{dist}(d,d')$ 为距离度量。

同样，可以通过检查 d 与它第 k 个近邻 d_k 之间的距离确定对象是否为 DB(r,a) 离群点，其中 $k=\lceil a\|D\|\rceil$。如果 $\text{dist}(d,d_k)>r$，则对象 d 为离群点，因为在 d 的 r-邻域内，除了 d 之外，对象少于 k 个。

嵌套-循环算法是一种计算 DB(r,a) 离群点的简单方法。通过检查每个对象的 r-邻域，对每个对象 $d_i(1\leqslant d_i\leqslant n)$，计算它与其他对象之间的距离，并统计 r-邻域内的对象个数。如果找到 an 个对象，则停止此对象的计算，进行下一对象的计算。因为在此对象的 r-邻域内的对象不少于 an 个，所以它不是离群点。

2. 基于密度的离群点检测方法

基于密度的离群点检测方法考虑的是对象与它近邻的密度。如果一个对象的密度相对于它的近邻低得多，则被视为离群点。最有代表性的基于密度的离群点检测方法是基于局部离群因子(Local Outlier Factor，LOF)的离群点检测方法。

对数据集中的每个点计算一个离群因子(LOF)，通过判断 LOF 是否接近于 1 判定是否为离群点。若 LOF 远大于 1，则认为是离群点；若接近于 1，则是正常点。对于任何给定的数据点，局部离群因子算法计算的离群度等于数据点 p 的 K 近邻集合的平均局部数据密度与数据点自身局部数据密度的比值。为了计算数据点的局部数据密度，首先要确定数据点包含 K 个近邻的最小超球体半径 r，然后利用超球体的体积除以近邻数 K 得到数据点的局部数据密度。离群度越高，表示数据点 p 的局部数据密度相比其近邻平均局部数据密度越小，p 越有可能是离群点。正常数据点位于高密度区域，它的局部数据密度与其近邻非常相近，离群点接近于 1。

数据集中的数据点 x 和 x_i 的可达距离 reach_dist $k(x,x_i)$ 定义为

$$\text{reach\_dist}_k(x,x_i)=\max[\text{dist}_k(x_i),\text{dist}_k(x,x_i)] \tag{10.2}$$

其中，$\text{dist}_k(x_i)$ 为数据点 x_i 到其第 k 个近邻的距离；$\text{dist}_k(x,x_i)$ 为数据点 x 和 x_i 的距离。通常距离度量选用欧氏距离，而且 x 和 x_i 的可达距离与 x_i 和 x 的可达距离一般并不相同。

已知可达距离的定义，计算数据点 x 的局部可达密度，可以利用其到自身 K 近邻集合的平均可达距离作为依据，将该平均距离求倒数作为局部可达密度的定量表示。数据点 x 的局部可达密度定义为

$$\text{lrd}_k(x)=\frac{k}{\sum\limits_{x_i\in \text{KNN}(x)}\text{reach\_dist}_k(x,x_i)} \tag{10.3}$$

其中，$\text{KNN}(x)$ 为数据点 x 的 K 近邻的集合。

最后，将数据点 x 的 K 近邻可达数据密度与 x 的可达数据密度的比值的平均作为

数据点 x 的局部离群因子，如式(10.4)所示。

$$\mathrm{LOF}_k(x)=\frac{\sum\limits_{x_i\in \mathrm{KNN}(x)}\frac{\mathrm{lrd}_k(x_i)}{\mathrm{lrd}_k(x)}}{k} \tag{10.4}$$

LOF 是一个大于 1 的数值，并且没有固定的范围。而且当数据集通常数量较大，内部结构复杂时，有可能取到近邻点属于不同数据密度的聚类簇，使计算数据点的近邻平均数据密度产生偏差，导致得出与实际差别较大甚至相反的结果。

【例 10-2】 利用 LOF 检测 iris 数据集中的离群数据。

```
In[1]:   from sklearn import datasets
         import matplotlib.pyplot as plt
         import numpy as np
         iris = datasets.load_iris()          # 导入鸢尾花的数据集
         x = iris.data[:,0:2]                 # 取花瓣长、宽两个特征
         from sklearn.neighbors import LocalOutlierFactor
         model = LocalOutlierFactor(n_neighbors = 4,novelty = True, contamination = 0.1)
         # 定义一个 LOF 模型,异常比例是 10 %
         model.fit(x)
         y = model._predict(x)                # 若样本点正常则返回 1,不正常则返回 - 1
         # 可视化预测结果
         plt.scatter(x[:,0],x[:,1],c = y)     # 样本点的颜色由 y 值决定
         plt.show()
         print('异常值序号为: \n',np.argwhere(y == - 1) .T)
Out[1]:  异常值序号为:
```

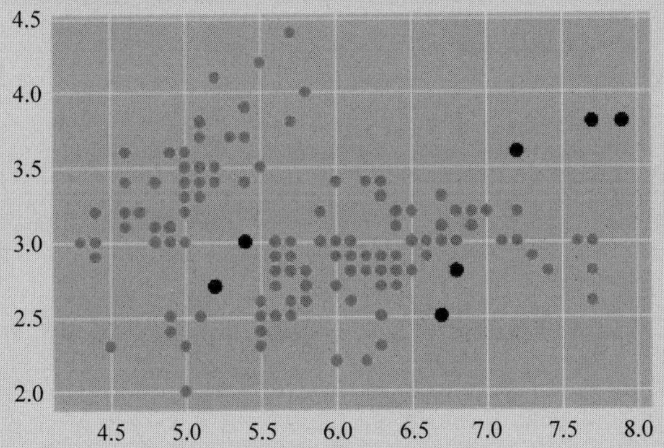

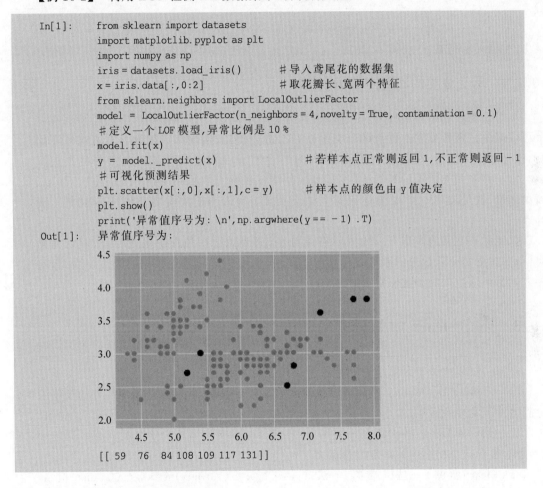

```
[[ 59  76  84 108 109 117 131]]
```

10.2.3　基于聚类的离群点检测

离群点与簇的概念高度相关，因此，可以通过考查对象与簇之间的关系检测离群点。直观地，离群点是一个属于小的偏远簇或不属于任何簇的数据对象。基于聚类的离群点检测方法分为两个阶段，首先对数据进行聚类，然后计算对象或簇的离群因子，将离群因子大的对象或稀疏簇中的对象判定为离群点。对于基于原型的聚类，可以用对象到其簇中心的距离度量对象属于簇的程度。

假设数据集 D 被聚类算法划分为 k 个簇 $C=\{C_1,C_2,\cdots,C_k\}$，对象 p 的离群因子 OF1(p)定义为 p 与所有簇间距离的加权平均值，如式(10.5)所示。

$$\mathrm{OF1}(p)=\sum_{j=1}^{k}\frac{|C_j|}{|D|}\cdot d(p,C_j) \tag{10.5}$$

其中，$d(p,C_j)$表示对象 p 与第 j 个簇 C_j 之间的距离，后续不同的离群因子定义符号用 OF 后缀编号加以区分。

利用定义的离群因子计算方法，计算数据集 D 中所有对象 p 的离群因子 OF1(p)及其均值 Ave_OF 和标准差 Dev_OF，满足如式(10.6)所示条件的对象则被判定为离群点。

$$\mathrm{OF1}(p)\geqslant \mathrm{Ave\_OF}+\beta\cdot \mathrm{Dev\_OF} \tag{10.6}$$

其中，$1\leqslant\beta\leqslant 2$，通常 $\beta=1$ 或 1.285。

10.2.4 基于分类的离群点检测

如果训练数据中有类标号，则可以将其视为分类问题。该问题的解决思路是训练一个可以区分正常数据和离群点的分类模型。构造分类器时，训练数据的分布可能极不均衡，相对于正常数据，离群点的数目极少，这样会造成在构建分类器时精度受到很大影响。为了解决两类数据的不均衡问题，可以使用一类模型(One-Class Model)进行检测。简单来说，就是构建一个仅描述正常类的分类器，不属于正常类的任何样本都属于离群点。

仅使用正常类的模型可以检测所有离群点，只要数据对象在决策边界外，就认为是离群点，数据和正常数据的距离变得不再重要，避免了提取离群点数据的繁重工作，但这种方式受训练数据的影响非常大。

10.3 scikit-learn 中的异常检测方法

scikit-learn 中关于异常检测的方法主要有以下两种。

(1) Novelty Detection：当训练数据中没有离群点，我们的目标是用训练好的模型去检测另外新发现的样本；

(2) Outlier Detection：当训练数据中包含离群点，模型训练时要匹配训练数据的中心样本，忽视训练样本中的其他异常点。

scikit-learn 提供了一些机器学习方法，可用于奇异点(Novelty)或异常点(Outlier)检测，包括 OneClassSVM、Isolation Forest、Local Outlier Factor (LOF) 等。其中 OneClassSVM 可用于奇异点检测(Novelty Detection)，后两者可用于(异常点检测)(Outlier Detection)。

【例 10-3】 OneClassSVM 应用示例。

```
In[2]:  import numpy as np
        import matplotlib.pyplot as plt
        import matplotlib.font_manager
        from sklearn import svm
```

```
xx, yy = np.meshgrid(np.linspace(-5, 5, 500), np.linspace(-5, 5, 500))
# Generate train data
X = 0.3 * np.random.randn(100, 2)
X_train = np.r_[X + 2, X - 2]
# Generate some regular novel observations
X = 0.3 * np.random.randn(20, 2)
X_test = np.r_[X + 2, X - 2]
# Generate some abnormal novel observations
X_outliers = np.random.uniform(low=-4, high=4, size=(20, 2))
# fit the model
clf = svm.OneClassSVM(nu=0.1, kernel="rbf", gamma=0.1)
clf.fit(X_train)
y_pred_train = clf.predict(X_train)
y_pred_test = clf.predict(X_test)
y_pred_outliers = clf.predict(X_outliers)
n_error_train = y_pred_train[y_pred_train == -1].size
n_error_test = y_pred_test[y_pred_test == -1].size
n_error_outliers = y_pred_outliers[y_pred_outliers == 1].size

# plot the line, the points, and the nearest vectors to the plane
Z = clf.decision_function(np.c_[xx.ravel(), yy.ravel()])
Z = Z.reshape(xx.shape)
plt.title("Novelty Detection")
plt.contourf(xx, yy, Z, levels=np.linspace(Z.min(), 0, 7), cmap=plt.cm.PuBu)
a = plt.contour(xx, yy, Z, levels=[0], linewidths=2, colors='darkred')
plt.contourf(xx, yy, Z, levels=[0, Z.max()], colors='palevioletred')
s = 40
b1 = plt.scatter(X_train[:, 0], X_train[:, 1], c='white', s=s)
b2 = plt.scatter(X_test[:, 0], X_test[:, 1], c='blueviolet', s=s)
c = plt.scatter(X_outliers[:, 0], X_outliers[:, 1], c='gold', s=s)
plt.axis('tight')
plt.xlim((-5, 5))
plt.ylim((-5, 5))
plt.legend([a.collections[0], b1, b2, c],
           ["learned frontier", "training observations",
            "new regular observations", "new abnormal observations"],
           loc="upper left",
           prop=matplotlib.font_manager.FontProperties(size=11))
plt.xlabel(
    "error train: %d/200 ; errors novel regular: %d/40 ; "
    "errors novel abnormal: %d/40"
    % (n_error_train, n_error_test, n_error_outliers))
plt.show()
```

输出结果如图 10-3 所示。

利用 Python 中 scikit-learn 机器学习库的 EllipticEnvelope 实现对离群点的检测。EllipticEnvelope 是 scikit-learn 协方差估计中对高斯分布数据集的离群点检验方法，该方法在高维度下的表现效果欠佳。

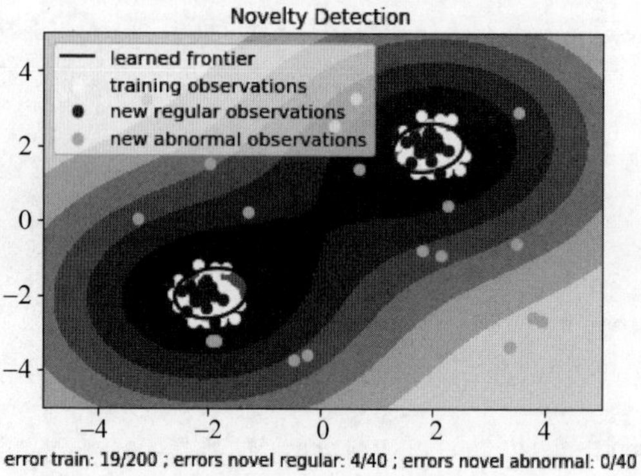

图 10-3 奇异点检测

【例 10-4】 利用 EllipticEnvelope 实现对离群点的检测。

```
In[3]:    import numpy as np
          from sklearn.covariance import EllipticEnvelope
          xx, yy = np.meshgrid(np.linspace(-5, 5, 500), np.linspace(-5, 5, 500))
          # 生成训练数据
          X = 0.3 * np.random.randn(100, 2)
          X_train = np.r_[X+2, X-2]
          # 生成用于测试的数据
          X = 0.3 * np.random.randn(10, 2)
          X_test = np.r_[X + 2, X - 2]
          # 模型拟合
          clf = EllipticEnvelope()
          clf.fit(X_train)
          y_pred_train = clf.predict(X_train)
          y_pred_test = clf.predict(X_test)
          print ("novelty detection result:\n",y_pred_test)
Out[3]:   novelty detection result:
           [1  1  1  1  1 -1  1  1  1  1  1  1  1  1  1 -1  1  1  1  1]
```

10.4 小结

(1) 离群点(Outlier)是指显著偏离一般水平的观测对象。离群点检测(或称为异常检测)是找出不同于预期对象行为的过程。

(2) 离群点不同于噪声数据。噪声是被观测数据的随机误差或方差,观测值是真实数据与噪声的混合。而离群点属于观测值,既可能由真实数据产生,也有可能由噪声带来。

(3) 离群点一般分为全局离群点、条件离群点和集体离群点。

(4) 离群点检测方法可以分为基于统计学的离群点检测、基于邻近性的离群点检测、基于聚类的离群点检测以及基于分类的离群点检测。

(5) 在基于统计学的离群点检测方法中,假设数据集中的正常数据对象由一个统计模型产生,如果某数据不符合该统计模型,则该数据对象是离群点。

（6）基于邻近性的离群点检测方法假定离群点对象与它最近邻的邻近性显著偏离数据集中其他对象与其近邻之间的邻近性。基于邻近性的离群点检测方法有基于距离的和基于密度的方法。

（7）离群点与簇的概念高度相关，因此，可以通过考查对象与簇之间的关系检测离群点。直观地，离群点是一个属于小的偏远簇或不属于任何簇的数据对象。

（8）如果训练数据中有类标号，则可以将其视为分类问题。基于分类的离群点检测方法是训练一个可以区分正常数据和离群点的分类模型。

扫一扫

自测题

习题 10

（1）简述离群点与噪声的区别。

（2）简述全局离群点、条件离群点和集体离群点的含义。

（3）简述离群点的类型及常用的检测方法。

本章实训：离群点检测

对鸢尾花数据集，手动修改部分数值然后进行离群点检测。

1. 导入数据并手动修改

```
In[1]:    from sklearn import datasets
          import numpy as np
          iris = datasets.load_iris()
          X = iris.data
          y = iris.target
          print('max:',np.max(X,axis = 0))
          print('min:',np.min(X,axis = 0))
          # 1 array([4.9, 3. , 1.4, 0.2]) => [7,3.9,5,0.2]
          # 20 array([5.4, 3.4, 1.7, 0.2]) => [6,5,4,1.5]
          # 30 array([4.8, 3.1, 1.6, 0.2]) => [5,5,3,0.2]
          # 60 array([5. , 2. , 3.5, 1. ]) => [5,2,3.5,3]
          # 80 array([5.5, 2.4, 3.8, 1.1]) => [5.5,6,3.8,1.1]
          X[10] = [10,3.9,5,0.2]
          X[20] = [6,5,4,1.5]
          X[30] = [5,5,3,0.2]
          X[60] = [5,0.1,3.5,3]
          X[80] = [2,0.9,3.8,1.1]
Out[1]:   max: [7.9 4.4 6.9 2.5]
          min: [4.3 2.  1.  0.1]
```

2. 利用箱线图进行离群点检测

```
In[2]:    import matplotlib.pyplot as plt
          import pandas as pd
          # 创建 DataFrame
          iris_df = pd.DataFrame(X, columns = iris.feature_names[:4])
```

```
        # 绘制箱线图
        plt.figure(figsize = (7, 3))
        iris_df.boxplot()
        plt.title('Boxplot of Iris Dataset Features')
        plt.xlabel('Features')
        plt.ylabel('Values')
        outliers = []
        for feature in iris_df.columns:
            q1 = iris_df[feature].quantile(0.25)
            q3 = iris_df[feature].quantile(0.75)
            iqr = q3 - q1
            lower_bound = q1 - 1.5 * iqr
            upper_bound = q3 + 1.5 * iqr
            feature_outliers = iris_df[(iris_df[feature] < lower_bound) | (iris_df
[feature] > upper_bound)]
            outliers.extend(feature_outliers.index)
        # 去除重复的异常值索引
        outliers = list(set(outliers))
        outliers.sort()
        # 打印检测出的异常值和索引
        print('检测出的离群点:')
        for index in outliers:
            print(f'Index: {index}, Values: {iris_df.loc[index].values}')
Out[2]: 检测出的离群点:
        Index: 10, Values: [10.  3.9 5.   0.2]
        Index: 15, Values: [5.7 4.4 1.5 0.4]
        Index: 20, Values: [6.   5.   4.   1.5]
        Index: 30, Values: [5.   5.   3.   0.2]
        Index: 60, Values: [5.   0.1 3.5 3. ]
        Index: 80, Values: [2.   0.9 3.8 1.1]
```

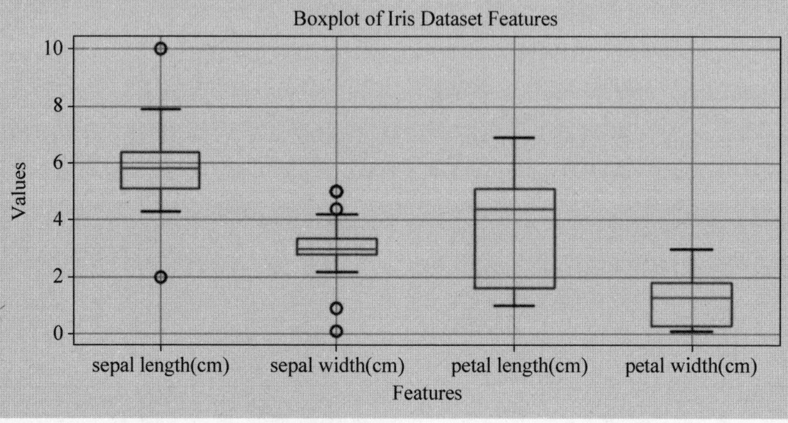

3. 利用 DBSCAN 聚类进行离群点检测

```
In[3]:  from sklearn.cluster import DBSCAN
        dbscan = DBSCAN(eps = 0.9, min_samples = 8)
        dbscan.fit(X)
        # 获取异常值的布尔数组
        outliers_mask = dbscan.labels_ == -1
```

```
        outliers_indices = np.where(outliers_mask)[0]
        # 获取每个样本所属的簇标签
        cluster_labels = dbscan.labels_
        # 绘制异常值检测结果图
        plt.figure(figsize = (5, 3))
        # 绘制正常样本
        plt.scatter(X[~outliers_mask, 0], X[~outliers_mask, 1], c = cluster_labels
[~outliers_mask], cmap = 'viridis', label = 'Normal')
        # 绘制异常值
        plt.scatter(X[outliers_mask, 0], X[outliers_mask, 1], c = 'red', label = 'Outlier')
        plt.xlabel('Sepal Length')
        plt.ylabel('Sepal Width')
        plt.title('DBSCAN Outlier Detection on Iris Dataset')
        plt.legend()
        plt.show()
        # 显示检测出的异常值和索引
        print('检测到的异常值:')
        for i, index in enumerate(outliers_indices):
            print(f'索引: {index}, 特征值: {X[index]}')
```

Out[3]:

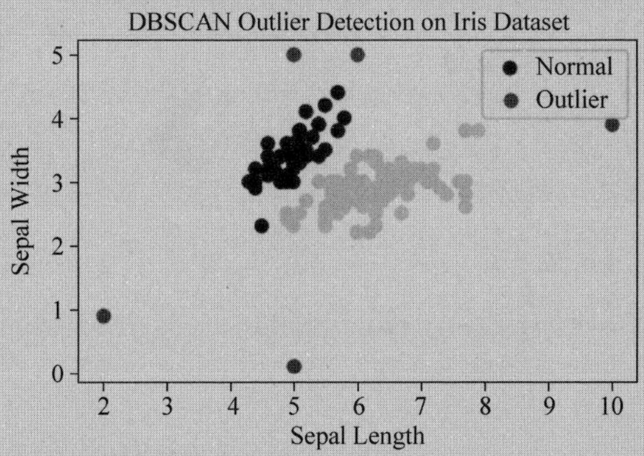


```
检测到的异常值:
索引: 10, 特征值: [10.  3.9 5.   0.2]
索引: 20, 特征值: [6.   5.   4.   1.5]
索引: 30, 特征值: [5.   5.   3.   0.2]
索引: 60, 特征值: [5.   0.1 3.5 3. ]
索引: 80, 特征值: [2.   0.9 3.8 1.1]
```

4. 利用 LOF 值进行离群点检测

```
In[4]:  from sklearn.neighbors import LocalOutlierFactor
        model = LocalOutlierFactor(n_neighbors = 4,novelty = True, contamination = 0.05)
        model.fit(X)
        y = model._predict(X)                  #若样本点正常返回 1,不正常则返回 -1
        plt.figure(figsize = (5, 3))
        plt.scatter(X[:,0],X[:,1],c = y)       #样本点的颜色由 y 值决定
        outliers_indices = np.argwhere(y == -1) .T
        print('检测到的异常值:')
        for i, index in enumerate(outliers_indices):
            print(f'索引: {index}, 特征值: {X[index]}')
```

```
Out[4]:   检测到的异常值:
          索引:[10 20 30 41 60 80], 特征值:[[10.   3.9  5.   0.2]
           [ 6.   5.   4.   1.5]
           [ 5.   5.   3.   0.2]
           [ 4.5  2.3  1.3  0.3]
           [ 5.   0.1  3.5  3. ]
           [ 2.   0.9  3.8  1.1]]
```

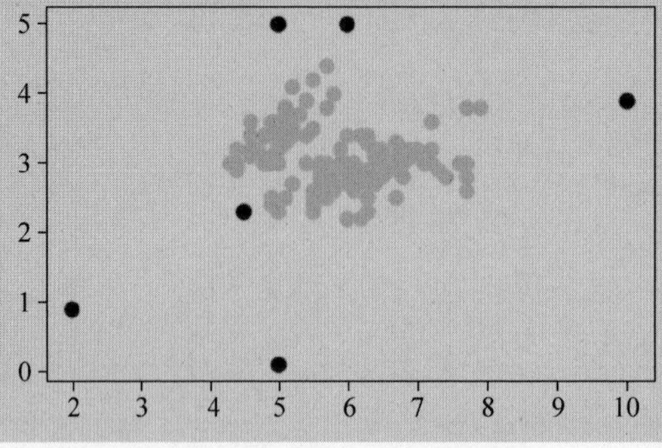

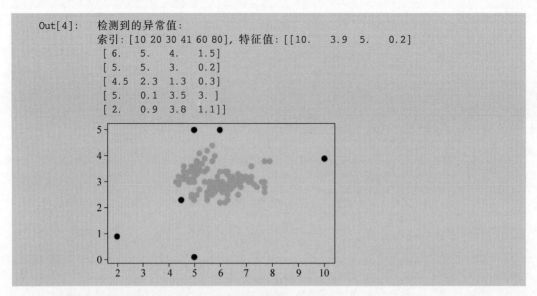

5. 利用孤立森林 IsolationForest 进行检测

```
In[5]:    from sklearn.ensemble import IsolationForest
          clf = IsolationForest(contamination = 0.03, random_state = 42)
          clf.fit(X)
          scores = clf.decision_function(X)
          # 返回样本的异常值得分,值越小越有可能是异常值
          labels = clf.predict(X)
          # 绘制异常值检测结果的散点图
          plt.figure(figsize = (5, 3))
          plt.scatter(X[:, 0], X[:, 1], c = y, cmap = 'Set1')
          plt.scatter(X[labels == -1, 0], X[labels == -1, 1], marker = 'x', color = 'red',
label = 'Outliers')
          plt.legend()
          plt.xlabel('Sepal length')
          plt.ylabel('Sepal width')
          plt.title('Outlier Detection with Isolation Forest')
          plt.show()
          outlier_indices = np.argwhere(labels == -1) .T
          print('检测到的异常值:')
          for i, index in enumerate(outliers_indices):
              print(f'索引:{index}, 特征值:{X[index]}')
Out[5]:
```

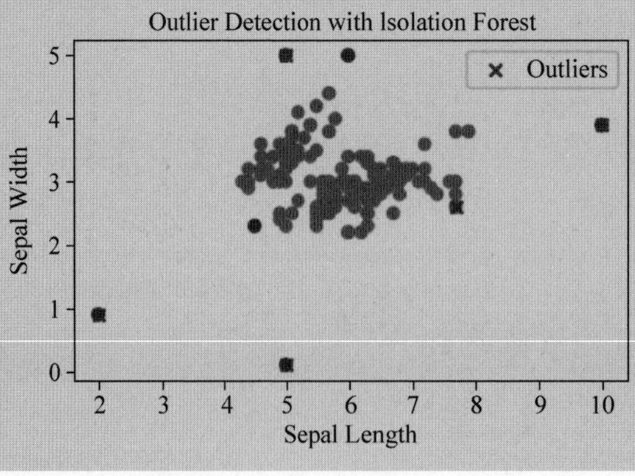

第11章

文本和时序数据挖掘

目前,数据挖掘已经取得了显著进展并被应用到了众多领域,但同时也出现了大量商品化的数据挖掘系统和服务,如针对时间序列、图和网络、时空数据、多媒体数据、文本数据和 Web 数据等各种类型数据的挖掘。

11.1 文本数据挖掘

11.1.1 文本挖掘概述

在现实世界中,可获取的大部分信息以文本形式存储于文件中,如新闻文档、研究论文、书籍、电子邮件和 Web 页面等。由于文本信息量的飞速增长,文本挖掘已经成为信息领域的研究热点。

文本挖掘是指从大量文本数据中抽取事先未知的、可理解的和最终可用的知识的过程。由于文本数据具有的模糊性且非结构化,因此文本挖掘是一项较难的工作,也是一个多学科交融的领域,涵盖了信息技术、文本分析、模式识别、统计学、数据可视化、机器学习及数据挖掘等技术。文本挖掘是应用驱动的,它在商业智能、信息检索、生物信息处理等方面都有广泛的应用,如基于内容的搜索、文本分类、自动摘要提取、自动问答和机器翻译等应用。

11.1.2 文本挖掘的过程与任务

1. 文本挖掘的过程

文本挖掘是从数据挖掘发展而来,因此其定义与数据挖掘的定义类似,但与传统的数据挖掘相比，文本挖掘中的文档本身是半结构化或非结构化的，无确定形式并且缺乏机器可理解的语义，而数据挖掘的对象以数据库中的结构化数据为主，并利用关系表等存储结构来发现知识。文本挖掘的主要过程包括文本预处理、文本挖掘和模式评估与表示。

1）文本预处理

选取任务相关的文本并将其转换为文本挖掘工具可以处理的中间形式。

2）文本挖掘

对预处理后的文本数据，利用机器学习、数据挖掘以及模式识别等方法提取面向特定应用目标的知识或模式。

3）模式评估与表示

使用已经定义好的评估指标对获取的知识或模式进行评价。

2. 文本挖掘的任务

文本挖掘的主要任务有文本分类、文本聚类、主题抽取、文本检索、命名实体识别和情感分析等，其框架如图 11-1 所示。文本分析与挖掘涉及了众多学科的知识，如统计学、语言学、数据挖掘、机器学习和自然语言处理等。

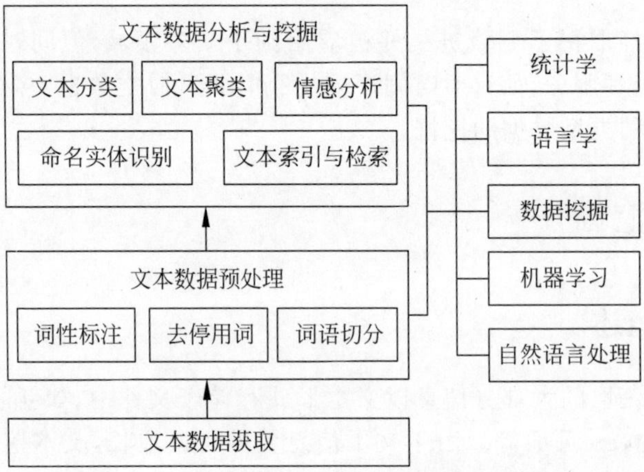

图 11-1　文本分析框架图

11.1.3　文本分析与挖掘的主要方法

1. 词语分词

通常情况下，文本数据是由若干篇文章或若干条语句构成。一般认为中文词语是最小的语义单元，一句话可以由多个词语组成，而词语可以由一个或者多个汉字组成。因此，在进行文本分类之前，文本预处理阶段首先应该将文本转换为计算机可以处理的数据结构，也就是将文本切分为构成文本的语义单元，这些语义单元可以是句子、短语、词语或单个字。和英文文本处理分类相比，中文文本预处理更为重要和关键，并且相对复杂。

目前在句子划分和分词部分已经有大量成熟算法，如基于规则的分词方法、基于语义的分词方法和基于理解的分词方法。Python 中也提供了分词的第三方库或工具包，如 jieba 分词、NLTK（Natural Language Toolkit，自然语言处理工具包）、SnowNLP（Simplified Chinese Text Processing）等。利用这些分词工具可以很容易实现分词划分，如在 jieba 中利用 cut 和 lcut 方法。

【例 11-1】 jieba 分词划分。

```
In[1]:    import jieba
          text = '我喜欢学习文本分类.'
          print(jieba.lcut(text))
Out[1]:   ['我', '喜欢', '学习', '文本', '分类', '。']
```

分词划分后还需要进一步去停用词。停用词是一类普遍存在又没有明显意义的词，例如“啊”“嗯”“了”等。这些词的用处过于普遍，因此即使剔除这些词也对最后分类没有太大影响，相反还可以改善模型的分类效果。

2. 词性标注与停用词过滤

1）词性标注

词性标注（Part-of-Speech tagging 或 POS tagging）又称词类标注或简称标注，是指为分词结果中的每个单词标注一个正确的词性的程序，也即确定每个词是名词、动词、形容词或其他词性的过程。常用的词性标注算法有基于词匹配的字典查找和基于统计的算法。

基于词匹配的字典查找方法通过从字典中查找每个词语的词性进行标注，原理简单、易于理解，但不能解决一词多词性的问题。基于统计的词性标注中，使用较为广泛的是隐马尔可夫模型。在该模型中，分词后的语句作为观测序列，经标注的词性序列作为隐藏序列，通过对语料库进行统计，得到起始概率、输出概率和转移概率，最终完成词性标注。

2）停用词过滤

对文本进行分词之后，文本被表示为一系列词集。但是，文本中的词并不是出现频率越高代表性就越强。如果一个词项在文档中出现过于频繁却无助于表达一个主题（如“的”“啊”“唉”），则这些词项对文档的区分是没有意义的，称之为停用词（Stop Word）。停用词对文本所表达的内容几乎没有任何贡献，因此有必要将停用词从原始文档中过滤，该过程称为停用词过滤。

停用词过滤通常有两种方法，一种方法是统计每个词在文档集中出现的频率，如果超过文档总数量的某个百分比（如 80%），则将该词项作为停用词过滤；另一种方法是建立一个停用词表，这个列表中包含了所有的停用词，如哈工大停用词词库、四川大学机器学习智能实验室停用词库以及百度停用词表等各种停用词表。

3. 文本表征

在文本分类中，文本特征提取是指从预处理好的文档中提取出体现文档主题的特征。在文本预处理后,文本由句子变成了词语,但是计算机还无法直接处理词语,因此要将这些词语表示为数据挖掘算法可以处理的形式。常用的文本表征方法有词袋(Bag of Word,BoW)模型和词嵌入(Word Embedding)模型。

1) 词袋模型

词袋(BoW)模型是数字文本表示的最简单形式。像单词本身一样,可以将一个句子表示为一个词向量包。

例如有三个电影评论:

评论 1:This movie is very scary and long.

评论 2:This movie is not scary and is slow.

评论 3:This movie is spooky and good.

将以上三篇评论中所有的独特词汇构建为一个词汇表。词汇表由这 11 个单词组成:"This""movie""is""very""scary""and""long""not""slow""spooky""good"。将词汇表中所有出现的词作为特征,记录一篇文档中该词出现的频次。这样文档被表示为一个高维且稀疏的空间向量,上面三个电影评论的词频统计如表 11-1 所示。

表 11-1 评论的词频统计

单词	This	movie	is	very	scary	and	long	not	slow	spooky	good
评论 1	1	1	1	1	1	1	1	0	0	0	0
评论 2	1	1	2	0	1	1	1	0	1	0	0
评论 3	1	1	1	0	0	0	1	0	0	1	1

因此,三条评论的 BoW 表示向量分别为[1 1 1 1 1 1 1 0 0 0 0]、[1 1 2 0 1 1 1 0 1 0 0]和[1 1 1 0 0 0 1 0 0 1 1]。

在上面示例中,可以将三条评论表示为长度为 11 的向量,但是当出现新的句子并且其中包括新词,会导致向量的长度增加,此外,向量中含有大量数值 0,导致矩阵很稀疏,而且向量表示中没有任何关于句子语法和文本中单词顺序的信息。

2) 词频-逆文本频率(TF-IDF)

词频-逆文本频率(Term Frequency-Inverse Document Frequency,TF-IDF)是一种用于信息检索与数据挖掘的常用加权技术。TF(Term Frequency) 表示词条在文本中出现的频率,IDF(Inverse Document Frequency)是逆文本频率指数,表示如果包含文本特征词 w 的文档越少,说明 w 具有越好的类别区分能力。

TF-IDF 的计算公式如式(11.1)所示。

$$\text{TF-IDF}(w)=\text{TF}(w)\text{IDF}(w) \tag{11.1}$$

其中,$\text{TF}(w)=\dfrac{w\text{ 在文档 }D_j\text{ 中的出现次数}}{\text{文档 }D_j\text{ 的总词数}}$,$\text{IDF}(w)=\log_2\left(\dfrac{\text{文档集 }D\text{ 中文档总数}}{\text{包含 }w\text{ 的文档数}+1}\right)$。

如上例中电影评论中的词汇为"This""movie""is""very""scary""and""long""not""slow""spooky""good",评论 2 中 TF('scary')=1/8,IDF('scary')=log(3/2)=0.18,因此 TF-IDF('scary')=0.0225。由此,可以计算评论 2 中每个单词的 TF-IDF 分数:

TF-IDF('this',Review 2)=TF('this',Review2) * IDF('this')=1/8×0=0

TF-IDF('movie',Review 2)=1/8×0=0

TF-IDF('is',Review 2)=1/4×0=0

TF-IDF('not',Review 2)=1/8×0.48=0.06

TF-IDF('scary',Review 2)=1/8×0.18=0.023

TF-IDF('and',Review 2)=1/8×0=0

TF-IDF('slow',Review 2)=1/8×0.48=0.06

评论2可以表示为向量[0,0,0,0,0.022,0,0,0.060,0.060,0,0]。请读者计算评论1和评论2的TF-IDF向量。

TF-IDF的优点是简单快速,易于理解,但是只用词频衡量文档中词的重要性还是不够全面,无法体现词在上下文中的重要性。因此,虽然BoW和TF-IDF在各自方面都很受欢迎,但在理解文字背景方面仍然存在空白。目前,又出现了Word2Vec、CBOW、Skip-gram等词嵌入技术。

在scikit-learn中,进行TF-IDF预处理的方法有两种,一种是在用CountVectorizer类向量化之后再调用TfidfTransformer类;另一种是直接用TfidfVectorizer完成向量化与TF-IDF预处理。

【例11-2】 文本的TF-IDF计算。

```
In[2]:    from sklearn.feature_extraction.text import TfidfVectorizer
          corpus = [
              'This is the first document.',
              'This document is the second document.',
              'And this is the third one.',
              'Is this the first document?',
          ]
          vectorizer = TfidfVectorizer()
          tdm = vectorizer.fit_transform(corpus)
          print(tdm)
          space = vectorizer.vocabulary_
          print(space)
          Out[2]:
            (0, 1)  0.46979138557992045
            (0, 2)  0.5802858236844359
            (0, 6)  0.38408524091481483
            (0, 3)  0.38408524091481483
            (0, 8)  0.38408524091481483
            (1, 5)  0.5386476208856763
            (1, 1)  0.6876235979836938
            (1, 6)  0.281088674033753
            (1, 3)  0.281088674033753
            (1, 8)  0.281088674033753
            (2, 4)  0.511848512707169
            (2, 7)  0.511848512707169
            (2, 0)  0.511848512707169
            (2, 6)  0.267103787642168
            (2, 3)  0.267103787642168
```

```
        (2, 8)  0.267103787642168
        (3, 1)  0.46979138557992045
        (3, 2)  0.5802858236844359
        (3, 6)  0.3840852409148148 3
        (3, 3)  0.3840852409148148 3
        (3, 8)  0.3840852409148148 3
      {'this': 8, 'is': 3, 'the': 6, 'first': 2, 'document': 1, 'second': 5, 'and': 0, 'third':
7, 'one': 4}
```

模型中的参数"vocabulary_"表示特征和特征在 TD-IDF 中位置的一个对应关系，如从例 11-2 中"vocabulary_"的输出可以看出每个特征词和 TD-IDF 矩阵列的对应关系。

4. 文本分类

文本分类是文本分析中的一项重要工作。给定文档集合和预先定义的类别集合，文本分类是将文档划分到一个或多个类别中。文本分类中最常见的应用场景是垃圾邮件分类以及情感分析。文本分类过程包括文本预处理、特征提取和训练分类器三个阶段，如图 11-2 所示。

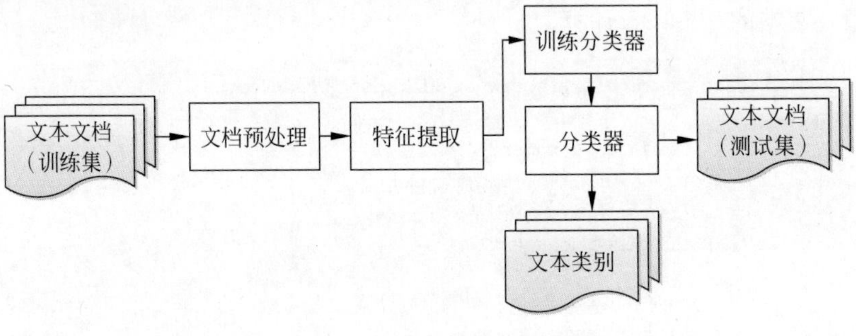

图 11-2　文本分类的基本流程

文档表征为特征向量之后，就可以选择使用分类算法进行训练。常用的分类算法有贝叶斯模型、随机森林、SVM、KNN 和神经网络等。

【例 11-3】　文本分类示例。

THUCNews 是根据新浪新闻 RSS 订阅频道 2005—2011 年间的历史数据筛选过滤生成，包含 74 万篇新闻文档。原始新浪新闻数据集整合划分出 14 个候选分类类别：财经、彩票、房产、股票、家居、教育、科技、社会、时尚、时政、体育、星座、游戏、娱乐。随机从中抽取 4456 篇文档进行文本分类训练，随后抽取 1902 篇文档进行新闻分类预测，采用的模型是传统的朴素贝叶斯模型和支持向量机模型。

1）导入模块

```
In[3]:    import os
          import re
          import jieba
          from sklearn.metrics import classification_report
          from sklearn.feature_extraction.text import TfidfVectorizer
          from tqdm import tqdm
```

```
from text_preprocessing import text_preprocessing
import MyFile_Library
import saveandload
```

2）数据预处理

将文本文件多行文字合并为一行，去除文本表情字符方法和清除停用词方法。

```
In[4]:  def listdirInMac(path):
            if not os.path.exists(path):
                os.mkdir(path)
            os_list = os.listdir(path)
            for item in os_list:
                if item.startswith('.') and os.path.isfile(os.path.join(path, item)):
                    os_list.remove(item)
        return os_list
        def Merge_into_Oneline(filename):
            #将一个文本文件中的多行文字转换为一行
            with open(filename,encoding = 'utf - 8') as file:
                lines = file.readlines()
            a = ''
            for line in lines:
                a += line.strip()        #strip()去掉每行末尾的换行符
        return ''.join(a.split())        #将 a 分割成每个字符串
        def clear_character(sentence):
            #去除文本中的表情字符(只保留中英文和数字)
            pattern1 = '\[.*?\]'
            pattern2 = re.compile('[^\u4e00 - \u9fa5^a - z^A - Z^0 - 9]')
            line1 = re.sub(pattern1,'',sentence)
            line2 = re.sub(pattern2,'',line1)
            new_sentence = ''.join(line2.split()) #去除空白
        return new_sentence
        stop_words_path = "stopwords/baidu_stopwords.txt"
        def drop_stopwords(line):
        # line 表示要去停用词的句子或段落
        # stop_word_path 表示加载的停用词表的路径
            # 停用词表路径是"stopwords/baidu_stopwords.txt"
            # 该方法返回去掉停用词后的句子或段落
            line_clean = []
            # file = open(stop_words_path, 'rb').read().decode('UTF - 8').split('\n')
            with open(stop_words_path,encoding = 'utf - 8') as file:
                file = file.read().split('\n')
            stopwords = set(file)
            for word in line:
                if word in stopwords:
                    continue
                line_clean.append(word)
            return line_clean
```

3）训练数据处理

```
In[5]:  fullname_list = []
        path = 'THUCNews_small'
        # 读取训练集所有文件路径
        for dir in tqdm(listdirInMac(path)):
            for filename in listdirInMac(path + '/' + dir):
                fullname = path + '/' + dir + '/' + filename
                fullname_list.append(fullname)
        # 初始化训练集内容和标签
        train_contents,train_labels = [],[]
        # 打开文件并将文本文件的多行转换为一行
        for file in tqdm(fullname_list):
            file_aft_merge = Merge_into_Oneline(file)
            train_contents.append(file_aft_merge)
            dirname = file.split(path + '/')[1].split('/')[0]
        train_labels.append(dirname)
        # 对训练集内容列表清除表情字符
        train_contents = list(map(lambda s: clear_character(s), train_contents))
        # 对训练数据分词
        train_contents_seg = list(map(lambda s: jieba.lcut(s), train_contents))
        # 对训练数据去除停用词
        train_contents_aftdrop = list(map(lambda s: drop_stopwords(s), train_contents_
        seg))
        # 转换训练数据集的格式以适用于词特征向量训练
        train_conts = list(map(lambda s: ''.join(s), train_contents_aftdrop))
```

4）测试集处理

```
In[6]:  # 初始化测试集文件路径
        fullname_list_test = []
        path_test = 'test'
        # 读取测试集所有文件路径
        for dir in tqdm(listdirInMac(path_test)):
            for filename in listdirInMac(path_test + '/' + dir):
                fullname = path_test + '/' + dir + '/' + filename
                fullname_list_test.append(fullname)
        # 初始化测试集内容和标签
        test_contents,test_labels = [],[]
        # 打开文件并将文本文件的多行转换为一行
        for file in tqdm(fullname_list_test):
            file_aft_merge = Merge_into_Oneline(file)
            test_contents.append(file_aft_merge)
            dirname = file.split(path_test + '/')[1].split('/')[0]
        test_labels.append(dirname)
        # 对测试集内容列表清除表情字符
        test_contents = list(map(lambda s: clear_character(s), test_contents))
        # 对测试数据集分词
        test_contents_seg = list(map(lambda s: jieba.lcut(s), test_contents))
        # 对测试数据集去除停用词
        test_contents_aftdrop = list(map(lambda s: drop_stopwords(s), test_contents_seg))
```

```
# 转换测试数据集的格式
test_conts = list(map(lambda s: ''.join(s), test_contents_aftdrop))
# 初始化 tf-idf 词特征向量模型
tfidf_model = TfidfVectorizer(binary=False,token_pattern=r"(?u)\b\w+\b")
# 训练集词特征向量
train_Data = tfidf_model.fit_transform(train_conts)
# 测试集词特征向量
test_Data = tfidf_model.transform(test_conts)
```

5）模型训练预测及评估

(1) 利用朴素贝叶斯模型进行分类。

```
In[7]:  from sklearn.naive_bayes import ComplementNB
        model_CNB = ComplementNB()
        model_CNB.fit(train_Data,train_labels)
        pred = model_CNB.predict(test_Data)
        print(classification_report(test_labels, pred,digits=4))
Out[7]:             precision    recall    f1-score    support
           体育      0.9255      0.9933     0.9582       300
           娱乐      0.8285      0.9384     0.8800       211
           家居      0.9762      0.5541     0.7069        74
           彩票      0.9000      0.5294     0.6667        17
           房产      0.9667      0.6444     0.7733        45
           教育      0.9247      0.9053     0.9149        95
           时尚      0.9412      0.5333     0.6809        30
           时政      0.8992      0.7431     0.8137       144
           星座      1.0000      0.2500     0.4000         8
           游戏      1.0000      0.4545     0.6250        55
           社会      0.8496      0.8276     0.8384       116
           科技      0.8232      0.8787     0.8501       371
           股票      0.7238      0.9830     0.8337       352
           财经      0.9375      0.1786     0.3000        84
         accuracy                           0.8381      1902
        macro avg     0.9069      0.6724    0.7316      1902
     weighted avg     0.8568      0.8381    0.8228      1902
```

(2) 利用 SVM 模型进行分类。

```
In[8]:  from sklearn import svm
        model_SVM = svm.LinearSVC()
        # penalty : str, 'setosa'l1'setosa' or 'setosa'l2'setosa' (default='setosa'l2'setosa')
        model_SVM.fit(train_Data,train_labels)
        pred = model_SVM.predict(test_Data)
        print(classification_report(test_labels, pred,digits=4))
Out[8]: precision      recall   f1-score    support
           体育      0.9833      0.9800     0.9816        300
           娱乐      0.8811      0.9479     0.9132        211
           家居      0.9545      0.8514     0.9000         74
           彩票      0.9333      0.8235     0.8750         17
           房产      0.8810      0.8222     0.8506         45
           教育      0.9560      0.9158     0.9355         95
```

```
            时尚      0.9200     0.7667     0.8364        30
            时政      0.8105     0.8611     0.8350       144
            星座      1.0000     0.7500     0.8571         8
            游戏      0.9038     0.8545     0.8785        55
            社会      0.7907     0.8793     0.8327       116
            科技      0.9079     0.9030     0.9054       371
            股票      0.9109     0.9290     0.9198       352
            财经      0.8696     0.7143     0.7843        84
        accuracy                            0.9038      1902
       macro avg      0.9073     0.8570     0.8789      1902
    weighted avg      0.9054     0.9038     0.9035      1902
```

5. 文本聚类

文本聚类旨在将相似的文档划分为簇,使得同一簇中文档相似性较大,而簇之间的相似性较小。文本聚类的基本流程如图 11-3 所示。

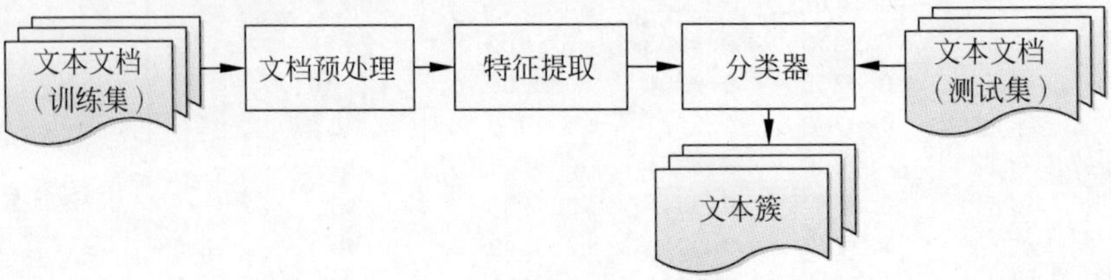

图 11-3 文本聚类的基本流程

数据挖掘中的聚类算法一般分为基于划分的聚类算法、基于层次的聚类算法、基于密度的聚类算法及基于模型的聚类算法。在文本聚类中,经常用到的是 K-Means 和 DBSCAN 算法。对于表示成向量的文本数据来说,余弦相似性和相关系数是经常用到的文本聚类度量方法。

6. 文本可视化

文本可视化技术综合了文本分析、数据挖掘、数据可视化、计算机图形学、人机交互、认知科学等学科的理论和方法,为人们提供了一种理解复杂文本的内容、结构和内在规律等信息的有效手段。文本可视化技术把用文字符号表示的信息转化为用图形、图像或动画表示的信息,其目的在于让人直观地观察核心信息和关键数据,从而快速发现其中蕴含的知识。

【例 11-4】 绘制散文《背影》的文本词云,需要安装 jieba 和 wordcloud 包。

```
In[9]:   import jieba
         from wordcloud import WordCloud,STOPWORDS
         import PIL.Image as image
         import matplotlib.pyplot as plt
         import numpy as np
         def get_wordClound():
             file = open("data//背影.txt")
```

```
            mylist = file.read()
            word_list = jieba.cut(mylist)
            new_text = ''.join(word_list)
            #加入背景形状
            pic_path = 'data//myimg.jpg'
            img_mask = np.array(image.open(pic_path))
            # 停用词库,英文文本的停用词直接用 stopwords = STOPWORDS
            # 中文停用需要导入替换,本例中用的是哈工大的停用词文件
            # hit_stopwords.txt
            stopwords = set()
            content = [line.strip() for line in open('data//hit_stopwords.txt','r',
            encoding = 'UTF - 8').readlines()]
            stopwords.update(content)
            # 生成词云
            wordcloud = WordCloud(background_color = "white",font_path = 'C:\Windows\
            Fonts\msyh.ttc', mask = img_mask,stopwords = stopwords).generate(new_text)
            plt.imshow(wordcloud)
            plt.axis("off")
            plt.show()
        wordList = get_wordClound()
Out[9]:
```

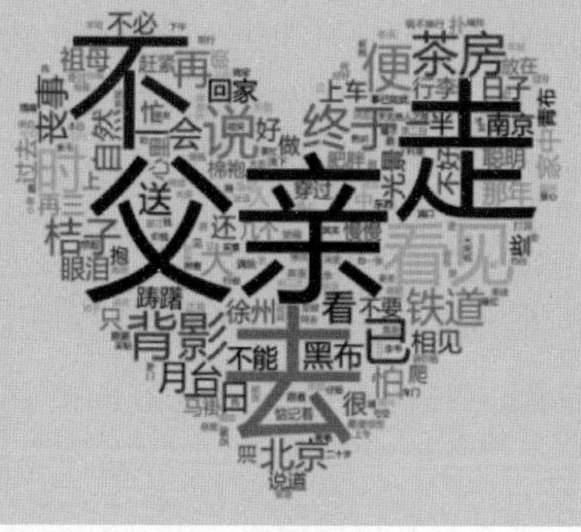

11.2　时序数据挖掘

随着云计算和物联网等技术的发展,时间序列数据的数据量急剧膨胀。高效分析时间序列数据,使之产生业务价值,成为一个热门话题。时间序列分析广泛应用于股票价格、广告数据、气温变化、工业传感器数据、个人健康数据、服务器系统监控数据和车联网等方面数据的分析中。

11.2.1　时间序列和时间序列数据分析

1. 时间序列

一个时间序列过程定义为一个随机过程$\{X_t \mid t \in T\}$,是指一个按时间排序的随机变量的集合,其中 T 是索引集合,表示定义时序过程以及产生观测值的一个时间集合。在

时间序列中一般假定随机变量 X_t 的取值是连续的,并且时间索引集合 T 是离散且等距的。

时间序列可以分为平稳序列和非平稳序列。平稳序列是指基本上不存在长期趋势的序列,各观测值基本上在某个固定的水平上波动,或虽有波动,但并不存在某种规律。非平稳序列是指有长期趋势、季节性和循环波动的复合型序列,其趋势可以是线性的,也可以是非线性的。

2. 时间序列分析

时间序列分析是一种动态数据处理的统计方法,该方法基于随机过程理论和数理统计学方法,研究随机数据序列所遵从的统计变化规律,以解决实际问题。通常,影响时间序列变化的要素有长期趋势、季节变化、循环波动和随机因素。

(1) 长期趋势(T):是时间序列在长时期内呈现出来的持续向上或持续向下的变动。

(2) 季节变动(S):是时间序列在一年内重复出现的周期性波动。

(3) 循环波动(C):是时间序列呈现出的非固定长度的周期性变动。

(4) 随机因素(I):是时间序列中除去长期趋势、季节变动和循环波动之后的随机波动。随机波动通常总是夹杂在时间序列中,致使时间序列产生一种波浪形或振荡式的变动。

11.2.2 时间序列平稳性和随机性判定

平稳性是时间序列的一个属性,一个平稳的时间序列指的是这个时间序列和时间无关,也就是说,如果一个时间序列是平稳的,那么这个时间序列的统计量均值、方差和自相关系数都是一个常数,和时间无关。

1. 时间序列数据平稳性检验

在做时间序列分析时,经常要对时间序列进行平稳性检验。用 Python 进行平稳性检验主要有时序图检验、自相关图检验以及构造统计量检验 3 种方法。

1) 时序图检验

时序图就是普通的时间序列图,即以时间为横轴,观察值为纵轴进行检验。利用时序图可以粗略观察序列的平稳性。

【例 11-5】 绘制时序图观察序列的平稳性。

```
In[10]:  import pandas as pd
         import matplotlib.pyplot as plt
         import warnings
         warnings.filterwarnings('ignore')
         data = pd.read_excel('Bike_count.xls', index_col = 'Date', parse_dates = True)
         fig = plt.figure(figsize = (12,6), dpi = 100)
         from matplotlib.dates import DateFormatter
         plt.gca().xaxis.set_major_formatter(DateFormatter('%m-%d-%H'))
         plt.xticks(pd.date_range(data.index[0],data.index[-1],freq = '3H'), rotation = 45)
         plt.plot(data['Total'])
```

Out[10]:

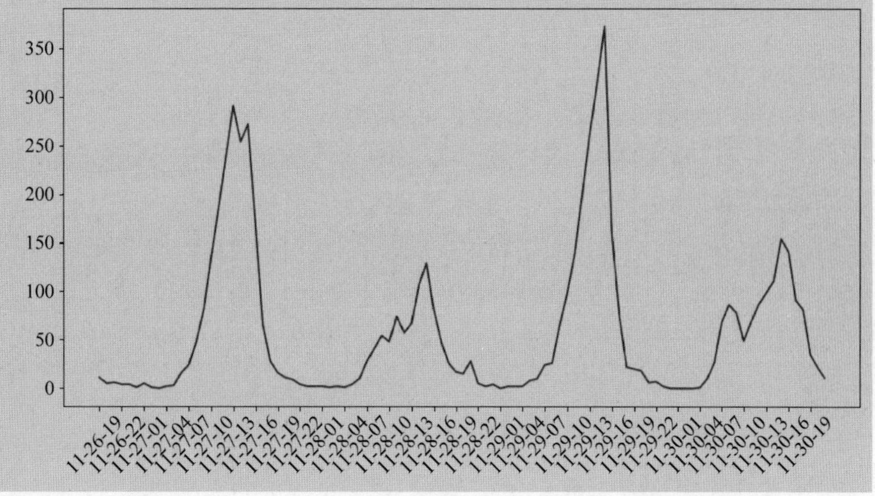

从时序图可以看出，数据走势没有明显趋势或周期，基本可以视为平稳序列，但还需要利用自相关图进一步验证。

2）自相关图检验

自相关函数(AutoCorrelation Function，ACF)描述时间序列观测值与其过去的观测值之间的线性相关性，表达式如式(12.2)所示。

$$\mathrm{ACF}(k)=\rho_k=\frac{\mathrm{Cov}(y_t,y_{t-k})}{\mathrm{Var}(y_t)} \tag{11.2}$$

其中，k 代表滞后期数，如果 $k=2$，则代表 y_t 和 y_{t-2}；Cov 和 Var 分别为协方差和方差。

偏自相关函数 (Partial Autocorrelation Function，PACF)描述在给定中间观测值的条件下，时间序列观测值与其过去的观测值之间的线性相关性。假设 $k=3$，那么描述的是 y_t 与 y_{t-3} 之间的相关性，但是这个相关性还受到 y_{t-1} 和 y_{t-2} 的影响。PACF 剔除了这个影响，而 ACF 包含这个影响。

利用 ACF 和 PACF 的可视化可以显示序列的拖尾和截尾现象。拖尾指序列以指数率单调递减或震荡衰减，而截尾指序列从某个时点变得非常小。

平稳序列通常具有短期相关性，即随着延迟期数 k 的增加，平稳序列的自相关系数会很快地衰减为零，而非平稳序列的自相关系数的衰减速度会比较慢。画自相关图和偏自相关图用到的是 statsmodels 中的 plot_acf 和 plot_pacf 方法。自相关图中横轴表示延迟期数，纵轴表示自相关系数。

【例 11-6】 绘制自相关性图和偏自相关性图。

```
In[11]:  from statsmodels.graphics.tsaplots import plot_acf
         plt.rcParams['font.family'] = ['SimHei']
         plt.rcParams['axes.unicode_minus'] = False
         plot_acf(data.Total)                    #生成自相关图
         plt.xlabel('延迟期数')
         plt.ylabel('自相关系数')
```

Out[11]:

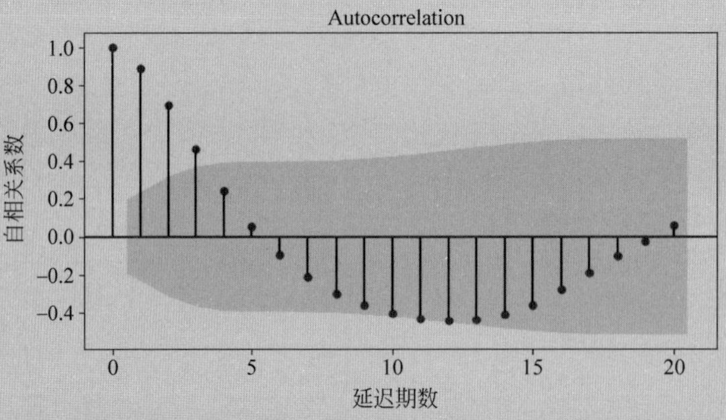

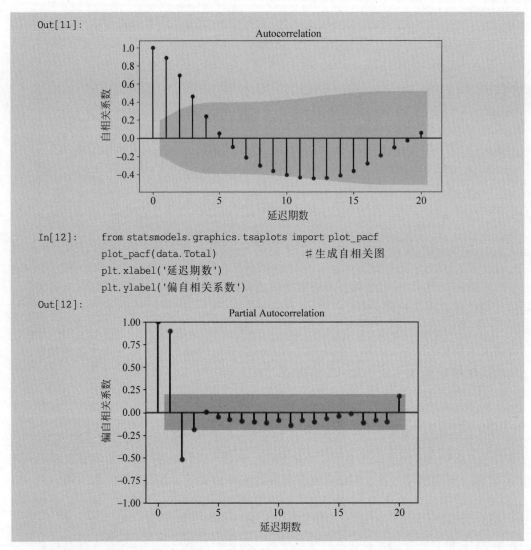

```
In[12]:  from statsmodels.graphics.tsaplots import plot_pacf
         plot_pacf(data.Total)                  #生成自相关图
         plt.xlabel('延迟期数')
         plt.ylabel('偏自相关系数')
```

Out[12]:

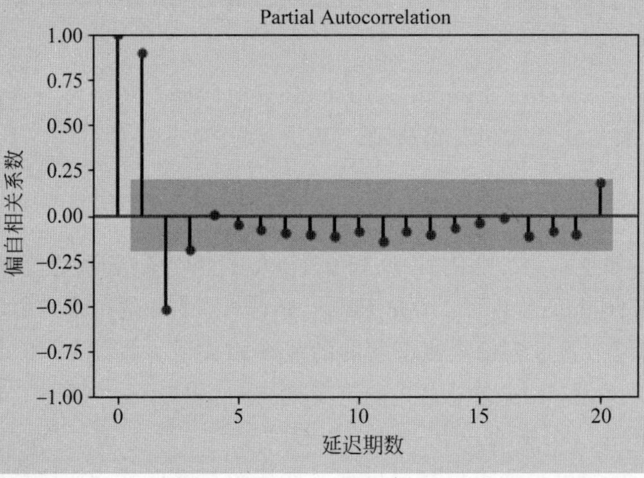

3）构造统计量

利用绘图判断序列的平稳性比较直观，但不够精确，ADF（Augmented Dickey-Fuller）法直接通过假设检验的方式来验证平稳性。ADF 的原假设（H0）和备择假设（H1）如下。

H0：具有单位根，属于非平稳序列。

H1：没有单位根，属于平稳序列。

Python 可以使用 statsmodels 中的 adfuller 方法进行 ADF 检验，直接输入数据，即可返回 7 个数值。其中的第一个返回值 adf 是 ADF 方法的检验结果，这个值理论上越负越能拒绝原假设；第二个返回值 pvalue 以常用的判断标准值 0.05 作为参考，若其值大于 0.05，说明支持原假设，反之拒绝原假设，表明该序列是一个平稳序列。

【例 11-7】 序列的 ADF 值和 p 值计算。

```
In[13]:    from statsmodels.tsa.stattools import adfuller
           data_result = adfuller(data.Total)          #生成 adf 检验结果
           print('The ADF Statistic of data: %f' % data_result[0])
           print('The p value of data: %f' % data_result[1])
Out[13]:   The ADF Statistic of data: -4.210246
           The p value of data: 0.000633
```

在本例中，p 值小于 0.05，表明该序列是一个平稳序列，和利用自相关图得到的结论是一致的。

2. 时间序列纯随机性检验

如果时间序列值之间没有相关性，即意味着该序列是一个没有记忆的序列，过去的行为对将来的发展没有任何影响，这种序列被称为纯随机序列。从统计分析的角度，纯随机序列是没有任何分析价值的序列。因此，为了确定平稳序列的分析价值，需要进行纯随机性检验。

Bartlett 定理证明，如果一个时间序列是随机的，得到一个观察期数为 n 的观察序列 $\{x_t, t=1,2,\cdots,n\}$，那么该序列的延迟非零期的样本自相关系数将近似服从均值为 0，方差为序列观察期倒数的正态分布，如式(11.3)所示。

$$\hat{\rho}_k \dot{\sim} N\left(0,\frac{1}{n}\right), \quad \forall k \neq 0 \tag{11.3}$$

式中，n 为序列观察期数。由此，可以构造检验统计量检验序列的纯随机性，一般利用 Q 统计量和 LB 统计量进行检验。

1) Q 统计量

Q 统计量的定义如式(11.4)所示。

$$Q = n\sum_{k=1}^{m}\hat{\rho}_k^2 \tag{11.4}$$

式中，n 为序列观察期数；m 为指定延迟期数。

可以推导出 Q 统计量近似服从自由度为 m 的卡方分布，如式(11.5)所示。当 Q 统计量大于自由度为 m 的卡方分布的 $1-\alpha$ 分位点或该统计量的 P 值小于 α 时，认为该序列为非白噪声序列，否则认为该序列是纯随机序列。

$$Q = n\sum_{k=1}^{m}\hat{\rho}_k^2 \dot{\sim} x^2(m) \tag{11.5}$$

2) LB 统计量

Q 统计量在小样本场合不太精确，所以 LB 统计量做了修正，如式(11.6)所示。

$$\mathrm{LB} = n(n+2)\sum_{k=1}^{m}\left(\frac{\hat{\rho}_k^{\ 2}}{n-k}\right) \tag{11.6}$$

LB 统计量同样近似服从自由度为 m 的卡方分布。

【**例 11-8**】 对自行车数据检测纯随机性。

```
In[14]:    from statsmodels.stats.diagnostic import acorr_ljungbox
           print('序列的纯随机性检测结果为: \n',acorr_ljungbox(data.Total,lags = 1))
```

```
Out[14]:    序列的纯随机性检测结果为:
                 lb_stat      lb_pvalue
            1  81.047629  2.203426e-19
```

$P=2.203426e-19$,统计量的 P 值小于显著性水平 0.05,则可以以 95%的置信水平拒绝原假设,认为序列为非白噪声序列(否则,接受原假设,认为序列为纯随机序列。)

综上,Bike_count 时间序列为平稳非白噪声序列,适用于 ARMA 模型。

11.2.3 自回归滑动平均模型(ARMA)

一个序列经过预处理被识别为平稳非白噪声序列,说明该序列是一个蕴涵相关信息的平稳序列。通常是建立一个线性模型来拟合该序列的发展,以此提取序列中的有用信息。目前,ARMA(AutoRegressive Moving Average)模型是最常用的平稳序列拟合与预测模型,建模流程如图 11-4 所示。ARMA 模型本质上是一个模型族,可以细分为自回归模型、滑动(移动)平均模型和自回归滑动平均模型三大类。

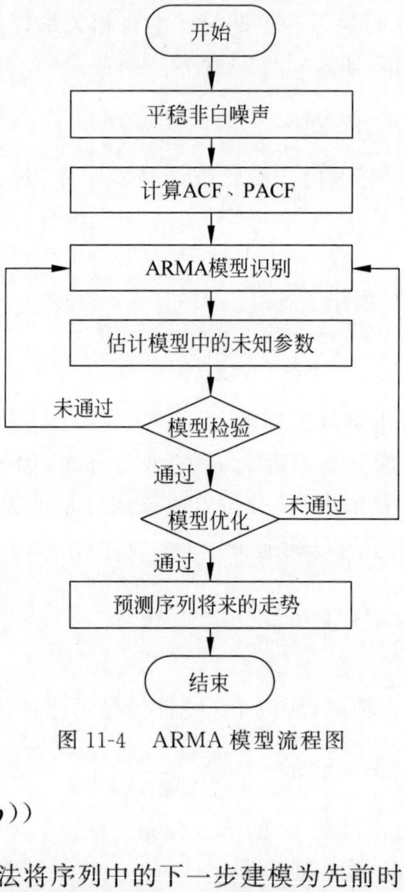

图 11-4　ARMA 模型流程图

1. 自回归模型(AR(p))

自回归模型 AR(p)方法将序列中的下一步建模为先前时间步长观测值的线性函数。模型的符号涉及指定模型的阶数作为 AR 函数的参数,例如 AR(p)。例如,AR(1)是一阶自回归模型。该方法适用于没有趋势和季节性成分的单变量时间序列。

AR(p)模型如式(11.7)所示。

$$x_t = \varphi_0 + \varphi_1 x_{t-1} + \varphi_2 x_{t-2} + \cdots + \varphi_p x_{t-p} + \varepsilon_t \tag{11.7}$$

AR(p)模型中有三个限制条件，分别是模型的最高阶数为 p、随机干扰序列$\{\varepsilon_t\}$为零均值白噪声序列以及当期的随机干扰与过去的序列值无关。

2. 滑动(移动)平均模型(MA(q))

移动平均(MA)方法将序列中的下一步建模为来自先前时间步骤的平均过程的残余误差的线性函数，其模型如式(11.8)所示。

$$x_t = \mu + \varepsilon_t - \theta_1 \varepsilon_{t-1} - \theta_2 \varepsilon_{t-2} + \cdots + \theta_q x_{t-q} \tag{11.8}$$

MA(q)模型中有两个限制条件，分别是模型的最高阶数为 q 和随机干扰序列$\{\varepsilon_t\}$为零均值白噪声序列。该模型适用于没有趋势和季节性成分的单变量时间序列。

3. 自回归滑动平均模型(ARMA(p,q))

自回归移动平均(ARMA)方法将序列中的下一步建模为之前时间步骤的观测值和残差的线性函数，其模型如式(11.9)所示。

$$x_t = \varphi_0 + \varphi_1 x_{t-1} + \varphi_2 x_{t-2} + \cdots + \varphi_p x_{t-p} + \varepsilon_t - \theta_1 \varepsilon_{t-1} - \theta_2 \varepsilon_{t-2} + \cdots + \theta_q x_{t-q} \tag{11.9}$$

若 $\varphi_0 = 0$，该模型称为中心化 ARMA(p,q)模型。

显然，当 $q=0$，ARMA(p,q)模型就退化为 AR(p)模型；当 $q=0$，则 ARMA(p,q)模型退化为 MA(q)模型，因此，AR(p)模型和 MA(q)模型是 ARMA(p,q)的特例。

平稳性检验和纯随机性检验结果为非平稳非白噪声序列，可以使用 ARMA 模型拟合该序列。此过程的关键是给 ARMA 定阶。

关于 ARMA 模型的定阶，统计学家曾经研究过使用三角格子法进行准确定阶，但该方法也不是精确的方法且计算复杂，因此很少使用。自相关图和偏自相关图的特征可以帮助进行 ARMA 模型的阶数识别，但主观性很大。由于 ARMA 模型的阶数通常都不高，所以实务中更常用的策略是从最小阶数 $p=1$、$q=1$ 开始尝试，不断增加 p、q 的阶数，直到模型精度达到研究要求。

11.2.4　差分整合移动平均自回归模型(ARIMA)

差分运算具有强大的确定性信息提取能力，许多非平稳序列差分后会显示出平稳序列的性质，此时称这个非平稳序列为差分平稳序列。对差分平稳序列可以使用 ARIMA 模型进行拟合。

1. ARIMA 模型原理

ARIMA(p,d,q)模型是指 d 阶差分后自相关最高阶数为 p，移动平均最高阶数为 q 的模型，它通常包含 $p+q$ 个独立的未知系数：$\varphi_1, \varphi_2, \cdots, \varphi_p, \theta_1, \theta_2, \cdots, \theta_q$。ARIMA 模型将序列中的下一步建模为先前时间步长的差异观测值和残差误差的线性函数。该方法适用于具有趋势且没有季节性成分的单变量时间序列。

ARIMA 模型结合了自回归(AR)模型和移动平均(MA)模型以及序列的差分预处理步骤。ARIMA 模型由 AR 部分、MA 部分和 I 部分组成。

1) AR 部分

AR 部分表示感兴趣的演化变量对其自身的滞后(即先验)值进行回归。

2) MA 部分

MA 部分表示回归误差实际上是误差项的线性组合,其值同时发生在过去的不同时间。

3) I 部分

I 部分表示数据值已被替换为其值与先前值之间的差值(并且这个差值过程可能已经执行了不止一次)。每个特征的目的都是使模型尽可能地拟合数据。

2. ARIMA 模型分析过程

ARIMA 模型分析流程如图 11-5 所示,主要包括模型识别和定阶、参数估计和模型检验三个阶段。

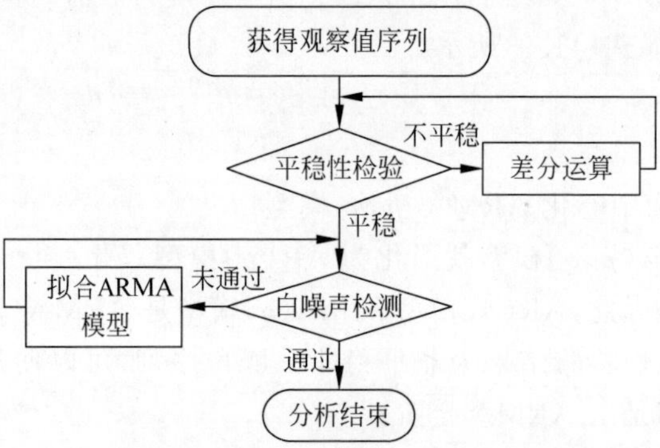

图 11-5 ARIMA 模型分析流程

模型的识别问题和定阶问题主要是确定 p、d、q 三个参数,差分的阶数 d 一般通过观察图示,1 阶或 2 阶即可。对例 11-8 中的自行车数据,例 11-9 代码显示了 1 阶和 2 阶的图形,可以看出序列本身是平稳序列,因此 d 设置为 0。

【例 11-9】 绘制时序图观察序列的平稳性。

```
In[15]:    data_dif1 = data.Total.diff(1)
           data_dif2 = data.Total.diff(2)
           fig = plt.figure(figsize = (20,6))
           ax1 = fig.add_subplot(131)
           ax1.plot(data['Total'])
           plt.xticks(rotation = 30)
           ax2 = fig.add_subplot(132)
           ax2.plot(data_dif1)
           plt.xticks(rotation = 30)
           ax3 = fig.add_subplot(133)
           ax3.plot(data_dif2)
           plt.xticks(rotation = 30)
           plt.show()
```

Out[15]:

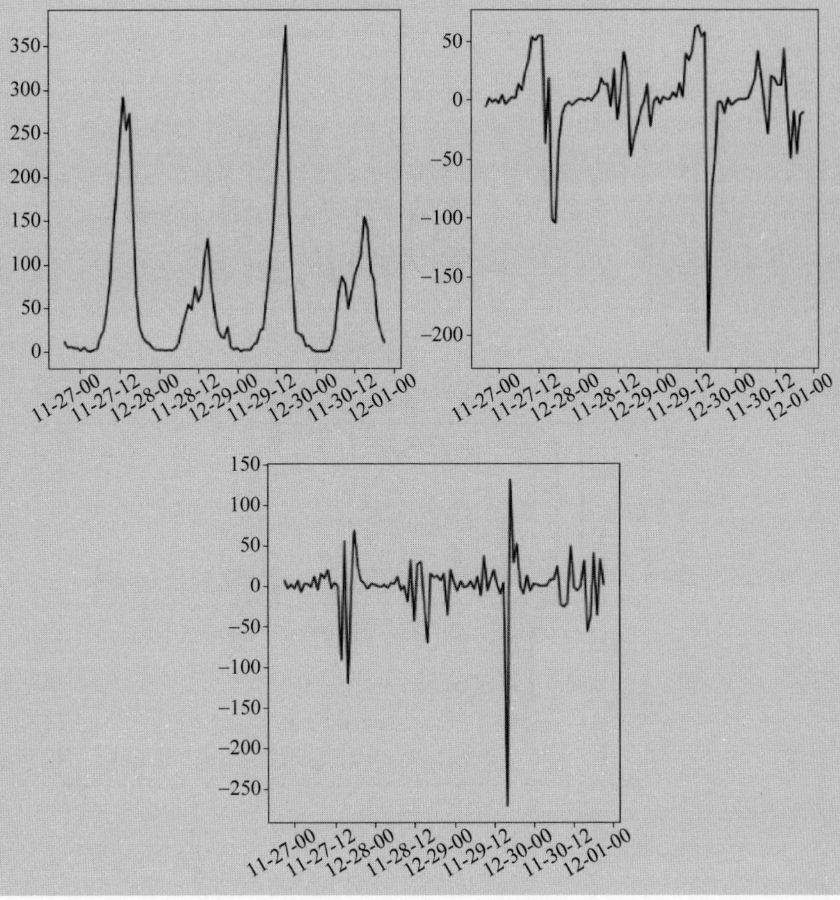

对于 p、q 的定阶可以通过 ACF 和 PACF 的拖尾和截尾进行分析，对模型进行定阶的方法如表 11-2 所示。

表 11-2　ACF、PACF 图中 p、q 值的选择方法

模　　型	AR(p)	MA(q)	ARMA(p,q)
ACF	拖尾	q 阶后截断	拖尾
PACF	p 阶后截断	拖尾	拖尾

根据 data 的 ACF 和 PACF，如图 11-6 所示，可以得到 $p=3$，$q=1$。

但这种方法一般具有很强的主观性。为了平衡预测误差和参数个数，可以根据信息准则函数法来确定模型的阶数。预测误差通常用平方误差即残差平方和来表示。常用的信息准则函数法主要有 AIC 准则和 BIC 准则。

1）AIC 准则

AIC 全称是最小化信息量准则（Akaike Information Criterion），计算公式如式（11.10）所示。

$$\mathrm{AIC}=2k-2\ln(L) \tag{11.10}$$

其中，k 是参数的数量；L 是似然函数。

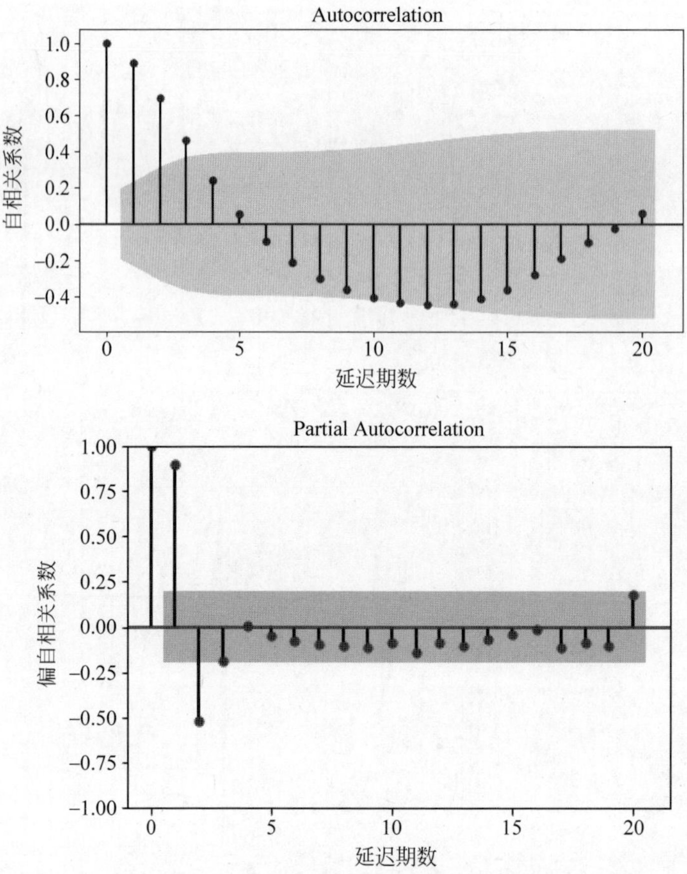

图 11-6　自行车数据的 ACF 和 PACF 图

2）BIC 准则

AIC 准则存在一定的不足之处。当样本容量很大时，在 AIC 准则中拟合误差提供的信息就要受到样本容量的放大，而参数个数的惩罚因子却和样本容量无关。因此，当样本容量很大时，使用 AIC 准则选择的模型不收敛于真实模型，它通常比真实模型所含的未知参数个数要多。贝叶斯信息准则(Bayesian InformationCriterion，BIC)弥补了 AIC 的不足，计算公式如式(11.11)所示。

$$\mathrm{BIC}=\ln(n)k-2\ln(L) \tag{11.11}$$

其中，k 为模型参数个数；n 为样本数量；L 为似然函数。

【例 11-10】 时序数据的 AIC 和 BIC 计算。

```
In[16]:    import statsmodels.api as sm
           def get_pq(data):
               AIC = sm.tsa.arma_order_select_ic(data, max_ar = 6, max_ma = 4, ic = 'aic')
           ['aic_min_order']
               BIC = sm.tsa.arma_order_select_ic(data, max_ar = 6, max_ma = 4, ic = 'bic')
           ['bic_min_order']
               print('the AIC is{}\nthe BIC is{}\n'.format(AIC,BIC))
           get_pq(data.Total)
```

```
Out[16]:  the AIC is(3, 1)
          the BIC is(3, 1)
```

因此,该模型为 ARMA(3,1)。

3. 模型的建立及预测

通过定阶确定了 ARMA 模型的阶数为(3,1),因此可以用 ARIMA(3,0,1)进行模型的建立和预测工作。将原数据分为训练集和测试集,选择最后 10 个数据用于预测。

【例 11-11】 ARIMA 模型的训练与预测。

```
In[17]:  from statsmodels.tsa.arima.model import ARIMA
         order = (3,0,1)
         train = data.Total[:-20]
         test = data.Total[-20:]
         model = ARIMA(train, order=order).fit()
         pre = model.predict('2020-11-30 02:00:00','2020-11-30 21:00:00',dynamic
         =True,typ='levels')              #代入预测时间区域
         plt.figure(figsize=(12,6))
         plt.plot(pre,color='r')
         plt.plot(data,color='k')
Out[17]:
```

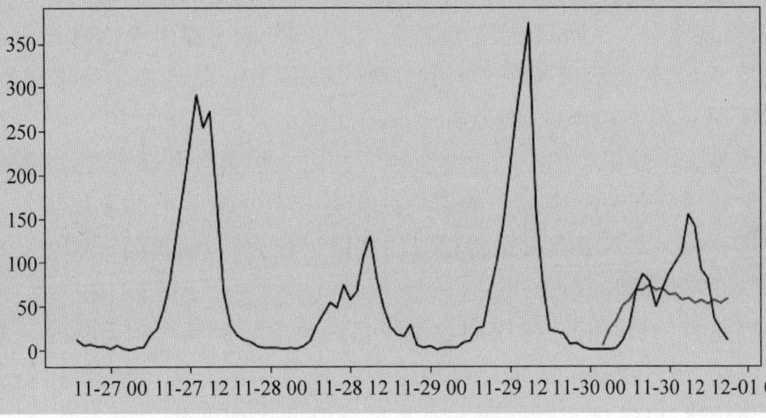

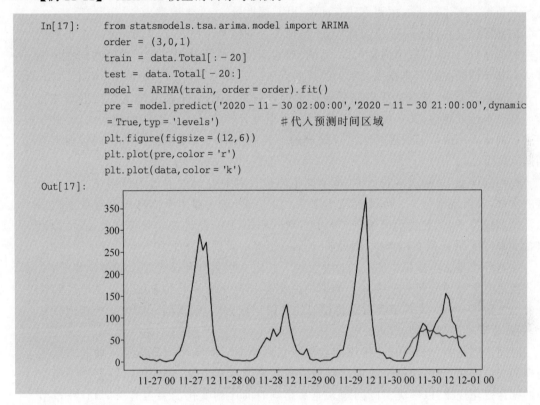

11.2.5 季节性差分自回归移动平均模型(SARIMA)

ARIMA 是目前应用最广泛的单变量时间序列数据预测方法之一,但它不支持具有季节性成分的时间序列。为了支持序列的季节分量,将 ARIMA 模型扩展为季节性差分自回归移动平均模型(SARIMA)。SARIMA 模型由趋势和季节要素组成的序列构成,应用于包含趋势和季节性的单变量数据。

SARIMA 模型可以定义为 SARIMA$(p,d,q)(P,D,Q,m)$,其中,p、d、q 的含义与 ARIMA 中的参数含义相同,P、D、Q 和 m 分别为季节性自回归阶数、季节性差分阶数、季节性移动平均阶数和单个季节性周期的时间步长数。如果 m 为 12,则它指定每年的季节周期为月数据。

11.3 小结

文本挖掘是指从大量文本数据中抽取事先未知的、可理解和最终可用的知识的过程。文本挖掘中的文档本身是半结构化或非结构化的,无确定形式并且缺乏机器可理解的语义,而数据挖掘的对象以数据库中的结构化数据为主,并利用关系表等存储结构来发现知识。文本挖掘的主要过程包括文本预处理、文本挖掘和模式评估与表示。

文本挖掘的主要任务有文本分类、文本聚类、主题抽取、文本检索、命名实体识别和情感分析等。文本分析的主要方法有词语分词、词性标注、文本聚类、文本分类等。

词性标注又称词类标注或简称标注,是指为分词结果中的每个单词标注一个正确的词性的程序,也即确定每个词是名词、动词、形容词或其他词性的过程。常用的词性标注算法有基于词匹配的字典查找和基于统计的算法。

在文本分类中,文本特征提取是指从预处理好的文档中提取出体现文档主题的特征。在文本预处理后,文本由句子变成了词语,但是计算机还无法直接处理词语,因此要将这些词语表示为数据挖掘算法可以处理的形式。常用的文本表征方法有词袋模型和词嵌入模型。

在词袋模型 BoW 文本表征中,每个文本向量在其对应词处取值为该词在文本中出现的次数,未出现则为 0。词频-逆文本频率(TF-IDF)是一种用于信息检索与数据挖掘的常用加权技术。TF 表示词条在文本中出现的频率,IDF 是逆文本频率指数,表示如果包含文本特征词 w 的文档越少,则说明 w 具有很好的类别区分能力。

文本分类是文本分析中的一项重要工作。给定文档集合和预先定义的类别集合,文本分类是将文档划分到一个或多个类别中。文本分类中最常见的应用场景是垃圾邮件分类以及情感分析。文本聚类旨在将相似的文档划分为簇,使得同一簇中文档相似性较大,而簇之间的相似性则较小。

时间序列是指一个按时间排序的随机变量的集合。时间序列分析是一种动态数据处理的统计方法,该方法基于随机过程理论和数理统计学方法,研究随机数据序列所遵从的统计变化规律,以解决实际问题。通常影响时间序列变化的要素有长期趋势、季节变化、循环波动和随机因素。

时间序列可以分为平稳序列和非平稳序列。一个平稳的时间序列指的是这个时间序列和时间无关,一般通过时序图、自相关图和构造统计量方法检验其平稳性。

纯随机序列是一个没有记忆的序列,过去的行为对将来的发展没有任何影响。从统计分析的角度,纯随机序列是没有任何分析价值的序列。为了确定平稳序列的分析价值,需要进行纯随机性检验。序列的纯随机性可以通过 Q 统计量和 LB 统计量检验。

ARMA 模型是最常用的平稳序列拟合与预测模型,该模型本质上是一个模型族,可以细分为 AR 模型、MA 模型和 ARMA 模型三大类。

差分运算具有强大的确定性信息提取能力,许多非平稳序列差分后会显示出平稳序列的性质,此时称这个非平稳序列为差分平稳序列。对差分平稳序列可以使用 ARIMA

模型进行拟合。ARIMA 模型结合了自回归(AR)模型和移动平均(MA)模型以及序列的差分预处理步骤,使序列静止,称为积分(I)。ARIMA 模型由 AR 部分、MA 部分和 I 部分组成。

SARIMA 模型为了支持序列的季节分量,将 ARIMA 模型扩展成为季节性差分自回归移动平均模型。SARIMA 模型由趋势和季节要素组成的序列构成,应用于包含趋势和季节性的单变量数据。

扫一扫

自测题

习题 11

1. 简述文本挖掘的含义及主要过程。
2. 简述文本挖掘的主要方法。
3. 有以下四段文本,请分别用 BoW 和 TF-IDF 方法提取文本特征。

```
It was the best of times,
it was the worst of times,
it was the age of wisdom,
it was the age of foolishness,
```

4. 什么是时间序列？请收集几个生活中的观察值序列。
5. 简述判断序列的平稳性与随机性的主要方法。
6. 简述利用 ARIMA 模型分析时序数据的过程。
7. 收集一个观察序列,利用 ARIMA 模型进行分析挖掘。

第 12 章

数据挖掘案例

12.1 泰坦尼克号乘客生还预测

在本案例中，利用随机森林对泰坦尼克号乘客生还进行预测，并对预测模型进行指标测算与模型评价。

本案例采用泰坦尼克号乘客数据集进行分析与挖掘。首先导入事先保存好的数据文件，也可以在 http://biostat.mc.vanderbilt.edu/wiki/pub/Main/DataSets/titanic.txt 下载。导入数据并显示前 5 条数据。

```
In[1]:    import pandas as pd
          import numpy as np
          titanic = pd.read_csv('titanic.txt')
          # titanic = pd.read_csv('http://biostat.mc.vanderbilt.edu/wiki/pub/Main/
          # DataSets/titanic.txt')
          titanic.head()
```

输出数据如图 12-1 所示。

	row.names	pclass	survived	name	age	embarked	home.dest	room	ticket	boat	sex
0	1	1st	1	Allen, Miss Elisabeth Walton	29.0000	Southampton	St Louis, MO	B-5	24160 L221	2	female
1	2	1st	0	Allison, Miss Helen Loraine	2.0000	Southampton	Montreal, PQ / Chesterville, ON	C26	NaN	NaN	female
2	3	1st	0	Allison, Mr Hudson Joshua Creighton	30.0000	Southampton	Montreal, PQ / Chesterville, ON	C26	NaN	(135)	male
3	4	1st	0	Allison, Mrs Hudson J.C. (Bessie Waldo Daniels)	25.0000	Southampton	Montreal, PQ / Chesterville, ON	C26	NaN	NaN	female
4	5	1st	1	Allison, Master Hudson Trevor	0.9167	Southampton	Montreal, PQ / Chesterville, ON	C22	NaN	11	male

图 12-1 泰坦尼克号乘客数据集

查看数据的基本情况。

```
In[2]:    titanic.info()
Out[2]:   <class 'pandas.core.frame.DataFrame'>
          RangeIndex: 1313 entries, 0 to 1312
          Data columns (total 11 columns):
          row.names          1313 non-null int64
          pclass             1313 non-null object
          survived           1313 non-null int64
          name               1313 non-null object
          age                633 non-null float64
          embarked           821 non-null object
          home.dest          754 non-null object
          room               77 non-null object
          ticket             69 non-null object
          boat               347 non-null object
          sex                1313 non-null object
          dtypes: float64(1), int64(2), object(8)
          memory usage: 113.0+ KB
```

输出结果显示了该数据集有 1313 条数据,并显示了各个属性的数据类型及非空值的个数。

查看数据缺失值信息。

```
In[3]:    titanic.isnull().sum()
Out[3]:   row.names        0
          pclass           0
          survived         0
          name             0
          age            680
          embarked       492
          home.dest      559
          room          1236
          ticket        1244
          boat           966
          sex              0
          dtype: int64
```

可以明显看出,属性 room、ticket 等中缺失值较多。

根据对该事件的了解,选取 sex、age 和 pclass 3 个决定是否生还的关键因素。

```
In[4]:    X = titanic[['pclass', 'age', 'sex']]
          y = titanic['survived']
          X.info()
Out[4]:   <class 'pandas.core.frame.DataFrame'>
          RangeIndex: 1313 entries, 0 to 1312
          Data columns (total 3 columns):
          pclass     1313 non-null object
          age        633 non-null float64
          sex        1313 non-null object
          dtypes: float64(1), object(2)
          memory usage: 30.9+ KB
```

对 age 字段进行缺失值填充。

```
In[5]:    X['age'].fillna(X['age'].mean(), inplace = True)
          X.info()
Out[5]:   <class 'pandas.core.frame.DataFrame'>
          RangeIndex: 1313 entries, 0 to 1312
          Data columns (total 3 columns):
          pclass     1313 non - null object
          age        1313 non - null float64
          sex        1313 non - null object
          dtypes: float64(1), object(2)
          memory usage: 30.9 + KB
```

可以看出，待分析的数据中不再有缺失数据。

查看 pclass 和生还数据 survived 的数据取值分布。

```
In[6]:    print(X['pclass'].value_counts())
          print(y.value_counts())
Out[6]:   3rd    711
          1st    322
          2nd    280
          Name: pclass, dtype: int64
          0    864
          1    449
          Name: survived, dtype: int64
```

针对性别(sex)，绘制年龄(age)字段的箱线图。

```
In[7]:    import seaborn as sns
          sns.boxplot(x = 'sex', y = 'age', data = X)
```

输出结果如图 12-2 所示。

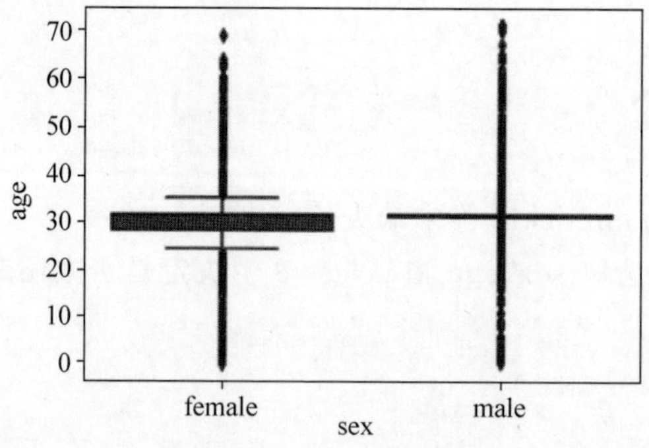

图 12-2 性别-年龄箱线图

划分训练集和测试集，并将数据中的类别型特征进行编码。

```
In[8]:  from sklearn.model_selection import train_test_split
        X_train, X_test, y_train, y_test = train_test_split(X, y, test_size = 0.25,
        random_state = 33)
        from sklearn.feature_extraction import DictVectorizer
```

```
        vec = DictVectorizer(sparse = False)
        X_train = vec.fit_transform(X_train.to_dict(orient = 'record'))
        print(vec.feature_names_)
        X_test = vec.transform(X_test.to_dict(orient = 'record'))
Out[8]: ['age', 'pclass = 1st', 'pclass = 2nd', 'pclass = 3rd', 'sex = female', 'sex = male']
```

构建随机森林。

```
In[9]:  from sklearn.ensemble import RandomForestClassifier
        rfc = RandomForestClassifier()
        rfc.fit(X_train,y_train)
        rfc_y_pred = rfc.predict(X_test)
```

对分类器进行评估。

```
In[10]:  from sklearn.metrics import classification_report
         print('The accuracy of random forest:',rfc.score(X_test,y_test))
         print(classification_report(rfc_y_pred,y_test))
Out[10]: The accuracy of random forest: 0.7750759878419453
                       precision    recall  f1 - score   support

                   0       0.90      0.77      0.83       234
                   1       0.58      0.78      0.67        95

            accuracy                           0.78       329
           macro avg       0.74      0.78      0.75       329
        weighted avg       0.81      0.78      0.78       329
```

12.2 使用逻辑回归、SVM 和 BP 神经网络进行手写体数字识别

数据包含 5000 个手写数字的训练集。其中每个样本是 20×20 像素的灰度图像，每个像素由一个浮点数表示，代表该位置的灰度强度。将 20×20 像素的像素网格展开成 400 维向量，则每个训练样本变成了数据矩阵中的一行向量。

（1）导入数据并随机显示，划分训练集和测试集。

```
In[11]:    import warnings
           import numpy as np
           import pandas as pd
           import matplotlib.pyplot as plt
           from scipy.io import loadmat
           warnings.filterwarnings('ignore')
           data = loadmat('data/digit.mat')
           X = data['X']
           y = data['y']
           for i in range(len(y)):
               if y[i] == 10:
                   y[i] = 0
```

```
        # 随机选择一些样本
        random_indices = np.random.choice(range(X.shape[0]),size = 36,replace = False)
        random_samples = X[random_indices]
        # 创建子图
        fig,ax = plt.subplots(nrows = 6,ncols = 6,figsize = (3,3))
        for i,row in enumerate(ax):
            for j,col in enumerate(row):
                col.imshow(random_samples[i * 6 + j].reshape((20,20)).T,cmap = 'gray')
    col.axis('off')
        # 显示图像
        plt.subplots_adjust(hspace = 0.1,wspace = 0.1)
        plt.show()
        from sklearn.model_selection import train_test_split
        X_train,X_test,y_train,y_test = train_test_split(X,y,test_size = 0.25,random_
        state=0)
Out[11]:
```

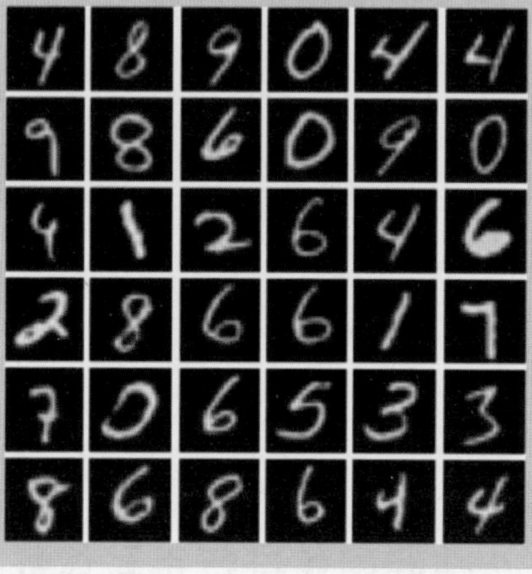

(2) 使用逻辑回归分析,并抽样显示预测结果。

```
In[12]:  from sklearn.linear_model import LogisticRegression
         lr = LogisticRegression(random_state=0)
         lr.fit(X_train,y_train)
         y_pred = lr.predict(X_test)
         print("模型在测试集上的准确性: ",lr.score(X_test,y_test))
         # 随机选择一些样本
         random_indices = np.random.choice(range(X.shape[0]),size = 25,replace = False)
         random_samples = X[random_indices]
         pre=lr.predict(random_samples)
         # 创建子图
         fig,ax = plt.subplots(nrows = 5,ncols = 5,figsize = (3,3))
         for i,row in enumerate(ax):
             for j,col in enumerate(row):
                 col.imshow(random_samples[i * 5 + j].reshape((20,20)).T,cmap = 'gray')
                 col.set_title(str(pre[i * 5 + j]),fontsize=8)
                 col.axis('off')
                 # 显示图像
         plt.subplots_adjust(hspace = 0.1,wspace = 0.7)
```

```
Out[12]:    模型在测试集上的准确性:  0.9176
```

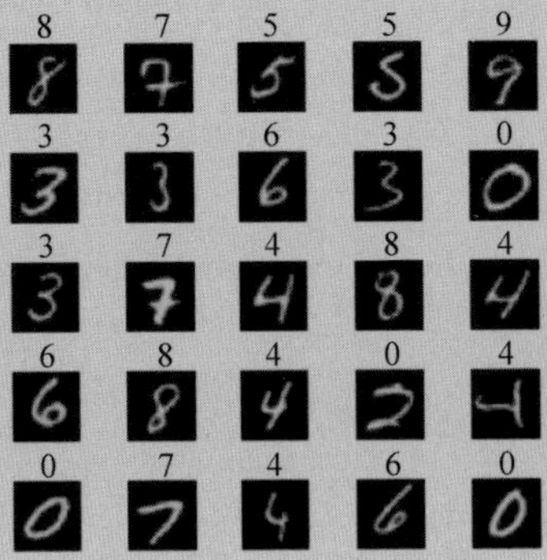

(3) 使用 SVM 分类。

```
In[13]:     from sklearn import svm
            from sklearn import metrics
            clf = svm.SVC(kernel = 'linear',gamma = 0.1,decision_function_shape = 'ovo',
            C = 0.1)
            clf.fit(X_train,y_train.ravel())
            print("测试集的准确性: ",clf.score(X_test,y_test))
Out[13]:    测试集的准确性:  0.9224
```

(4) 使用 BP 神经网络分类。

```
In[14]:     from sklearn.metrics import classification_report
            from sklearn.neural_network import MLPClassifier
            model = MLPClassifier(hidden_layer_sizes = (50,30),random_state = 1,
            max_iter = 1000)
            model.fit(X_train,y_train)
            print("测试集的准确率: %.4f" % model.score(X_test,y_test))
            y_hat = model.predict(X_test)
            print(classification_report(y_test,y_hat))
Out[14]:    测试集的准确率: 0.9352
```

	precision	recall	f1-score	support
0	0.97	0.97	0.97	119
1	0.95	0.97	0.96	125
2	0.94	0.93	0.93	120
3	0.95	0.93	0.94	118
4	0.93	0.90	0.92	114
5	0.90	0.93	0.91	138
6	0.96	0.95	0.96	115
7	0.91	0.95	0.93	129
8	0.89	0.95	0.92	140
9	0.97	0.88	0.92	132
accuracy			0.94	1250
macro avg	0.94	0.94	0.94	1250
weighted avg	0.94	0.94	0.94	1250

12.3 客户数据聚类分析

客户数据聚类分析的具体步骤如下。

(1) 导入数据,显示基本信息。

```
In[15]:  import pandas as pd
         import numpy as np
         import matplotlib.pyplot as plt
         import warnings
         import seaborn as sns
         from sklearn.cluster import KMeans
         from sklearn.metrics import silhouette_score
         from sklearn.preprocessing import StandardScaler
         from sklearn.decomposition import PCA
         warnings.filterwarnings('ignore')
         pd.set_option( 'display.precision',2)
         df = pd.read_csv('data/Mall_Customers.csv')
         print('数据集维度: ',df.shape)
         print('数据集列名: ',df.columns)
         display(df.head())
Out[15]:
```

	CustomerID	Gender	Age	Annual Income (k$)	Spending Score (1-100)
0	1	Male	19	15	39
1	2	Male	21	15	81
2	3	Female	20	16	6
3	4	Female	23	16	77
4	5	Female	31	17	40

由于客户编号 CustomerID 在聚类中不起作用,后续处理可以不用改字段。

(2) 对数据进行标准化,并对类别变量 Gender 进行哑变量编码。

```
In[16]:  # df.drop('CustomerID',axis = 1,inplace = True)
         col_names = ['Annual Income (k$)', 'Age', 'Spending Score (1-100)']
         features = df[col_names]
         scaler = StandardScaler().fit(features.values)
         features = scaler.transform(features.values)
         scaled_features = pd.DataFrame(features, columns = col_names)
         gender = df['Gender']
         newdf = scaled_features.join(gender)
         newdf = pd.get_dummies(newdf, prefix = None, prefix_sep = '_', dummy_na = False,
         columns = None, sparse = False, drop_first = False, dtype = None)
         newdf = newdf.drop(['Gender_Male'],axis = 1)
         newdf.head()
Out[16]:
```

	Annual Income (k$)	Age	Spending Score (1-100)	Gender_Female
0	-1.74	-1.42	-0.43	0
1	-1.74	-1.28	1.20	0
2	-1.70	-1.35	-1.72	1
3	-1.70	-1.14	1.04	1
4	-1.66	-0.56	-0.40	1

(3) 用肘方法确定簇划分数目。

```
In[17]:  SSE = []
         for cluster in range(1,10):
             kmeans = KMeans(n_clusters = cluster, init = 'k-means++')
             kmeans.fit(newdf)
             SSE.append(kmeans.inertia_)
         frame = pd.DataFrame({'Cluster':range(1,10), 'SSE':SSE})
         plt.figure(figsize = (5,3))
         plt.plot(frame['Cluster'], frame['SSE'], marker = '*')
         plt.xlabel('Number of clusters')
         plt.ylabel('Inertia')
Out[17]:
```

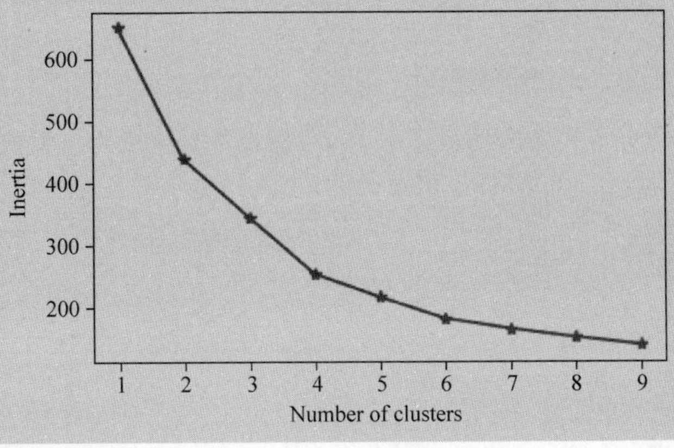

可以看出簇数目为 4。

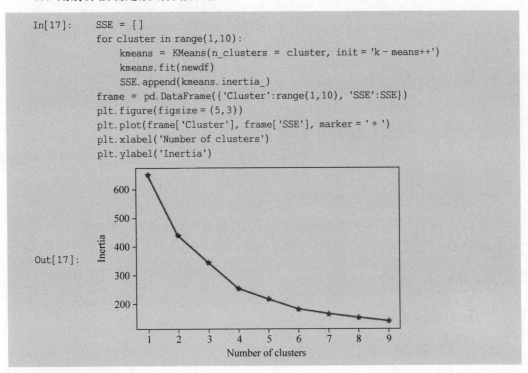

(4) 使用 K-Means 和高斯混合模型进行聚类。

```
In[18]:  from sklearn.mixture import GaussianMixture
         kmeans = KMeans(n_clusters = 4, init = 'k-means++')
         kmeans.fit(newdf)
         print('轮廓系数-K均值聚类: %.4f' % silhouette_score(newdf, kmeans.labels_,
         metric = 'euclidean'))
         gmm = GaussianMixture(n_components = 4, random_state = 23)
         gmm.fit(newdf)
         gmm_labels = gmm.predict(newdf)
         gmm_silhouette_score = silhouette_score(newdf, gmm_labels)
         print('轮廓系数-高斯混合模型: %.4f' % silhouette_score(newdf, gmm_labels,
         metric = 'euclidean'))
Out[18]: 轮廓系数-K均值聚类: 0.3503
         轮廓系数-高斯混合模型: 0.3265
```

由轮廓系数可以看出,K-Means 的聚类结果优于高斯混合模型。

(5) 对数据进行 PCA 分析。

```
In[19]:  pca = PCA(n_components = 4)
         principalComponents = pca.fit_transform(newdf)
         features = range(pca.n_components_)
         plt.figure(figsize = (5,3))
         plt.bar(features, pca.explained_variance_ratio_, color = '.75')
         plt.xlabel('PCA features')
```

```
        plt.ylabel('variance % ')
        plt.xticks(features)
        PCA_components = pd.DataFrame(principalComponents)
Out[19]:
```

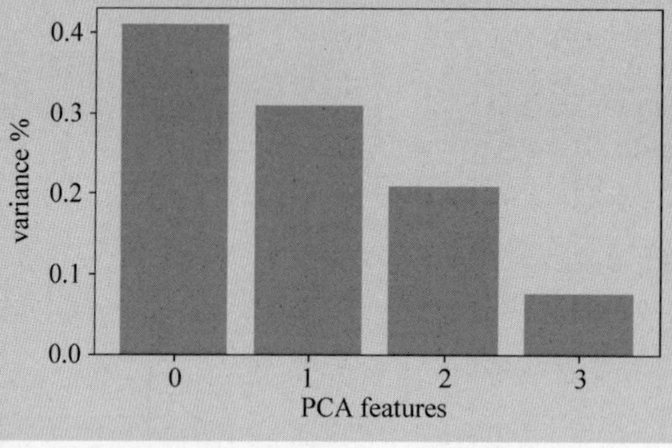

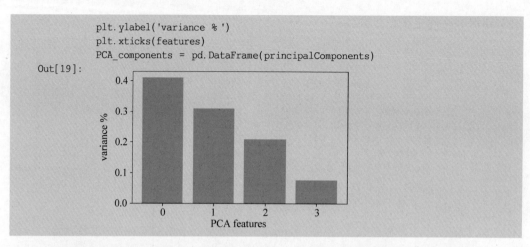

可以看出,前两个主成分方差和大约占了70%,可以将数据降维为二维数据。

(6) 使用降维后的数据进行K-Means聚类。

```
In[20]:   model = KMeans(n_clusters = 4)
          model.fit(PCA_components.iloc[:,:2])
          # silhouette score
          print('轮廓系数: %.4f' % silhouette_score(PCA_components.iloc[:,:2],
          model.labels_, metric = 'euclidean'))
Out[20]:  轮廓系数: 0.4218
```

由轮廓系数看出,降维后的数据聚类效果优于原始数据。

(7) 查看完整的数据及其簇编号。

```
In[21]:   df = pd.read_csv('data/Mall_Customers.csv')
          pred = model.predict(PCA_components.iloc[:,:2])
          frame = pd.DataFrame(df)
          frame['cluster'] = pred
          frame.head()
Out[21]:
```

	CustomerID	Gender	Age	Annual Income (k$)	Spending Score (1-100)	cluster
0	1	Male	19	15	39	0
1	2	Male	21	15	81	0
2	3	Female	20	16	6	1
3	4	Female	23	16	77	0
4	5	Female	31	17	40	0

(8) 分簇显示数据分布。

```
In[22]:   avg_df = df.groupby(['cluster'], as_index = False).mean()
          display(avg_df)
Out[22]:
```

	cluster	CustomerID	Age	Annual Income (k$)	Spending Score (1-100)
0	0	36.21	25.61	32.63	67.50
1	1	66.38	52.14	46.33	40.07
2	2	144.64	30.00	79.09	70.78
3	3	164.43	41.69	88.23	17.29

(9) 分簇可视化各属性分布。

```
In[23]:   plt.figure(figsize = (7,3))
          plt.subplot(1,3,1)
          sns.barplot(x = 'cluster',y = 'Age',data = avg_df)
          plt.subplot(1,3,2)
          sns.barplot(x = 'cluster',y = 'Spending Score (1 - 100)',data = avg_df)
          plt.subplot(1,3,3)
          sns.barplot(x = 'cluster',y = 'Annual Income (k $ )',data = avg_df)
          plt.tight_layout()
Out[23]:
```

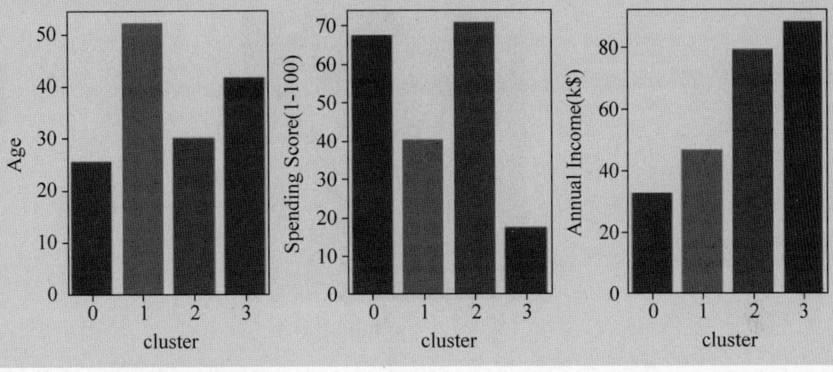

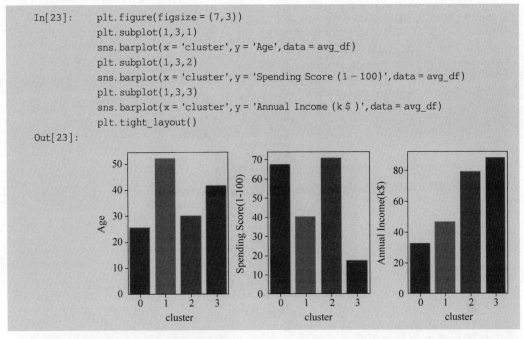

(10) 按性别显示各簇的数据数量。

```
In[24]:   df2 = pd.DataFrame(df.groupby(['cluster','Gender'])['Gender'].count())
          display(df2)
Out[24]:
```

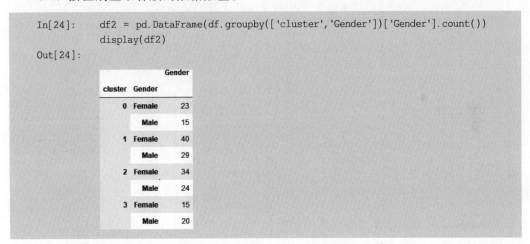

cluster	Gender	Gender
0	Female	23
	Male	15
1	Female	40
	Male	29
2	Female	34
	Male	24
3	Female	15
	Male	20

由以上分析可以将客户划分为 4 个簇,然后总结各类型客户的特点,以便针对不同群体进行商品推荐。

12.4 图像的聚类分割

图像分割就是把图像分成若干特定的、具有独特性质的区域,并提出感兴趣目标的技术和过程,它是由图像处理到图像分析的关键步骤。本案例利用 K-Means 聚类方法对图像的像素进行聚类实现图像分割。

打开图像文件并显示,如图 12-3 所示。

```
In[25]:    import numpy as np
           from sklearn.cluster import KMeans
           import matplotlib.pyplot as plt
           import PIL.Image as Image
           %matplotlib inline
           img = Image.open('lena.tif')
           plt.axis('off')
           plt.imshow(img)
```

图 12-3 打开图像文件

显示图像的基本信息和图像大小。

```
In[26]:    print(img.info)
           row,col = img.size
           print('图像的大小: ',row,col)
Out[26]:   {'compression': 'raw', 'dpi': (72, 72)}
           图像的大小: 256 256
```

显示图像的颜色模式。

```
In[27]:    print('数据类型',type(img))
           print( '图像的颜色模式: ',img.mode)
Out[27]:   数据类型 <class 'PIL.TiffImagePlugin.TiffImageFile'>
           图像的颜色模式: RGB
```

对图像数据进行聚类并显示每个像素的簇标号。

```
In[28]:    imgData = np.array(img.getdata())
           type(imgData)
           pixel_vals = imgData.reshape(-1,3)
           pixel_vals
           km_cluster = KMeans(n_clusters = 3)
           label = km_cluster.fit_predict(pixel_vals)
           print('每个像素的簇标号: \n',label)
Out[28]:   每个像素的簇标号:
            [2 2 2 ... 0 0 0]
```

显示分割后的图像如图 12-4 所示。

```
In[29]:   label = label.reshape([row,col]).T
          pic_new = Image.new("L", (row, col))
          for i in range(row):
              for j in range(col):
                  pic_new.putpixel((i,j), int(int(256/(label[i][j] + 1))))
          plt.imshow(pic_new)
```

图 12-4　分割后的图像

12.5　小结

本章给出了泰坦尼克号乘客生还预测、手写体数字识别、客户聚类分析及图像聚类分割 4 个数据挖掘案例。

参考文献

[1] 周志华.机器学习[M].北京：清华大学出版社,2016.

[2] Han J W,Kamber M,Pei J.数据挖掘：概念与技术(原书第3版)[M].范明,孟小峰,译.北京：机械工业出版社,2012.

[3] 魏伟一,李晓红.Python数据分析与可视化[M].北京：清华大学出版社,2020.

[4] 赵涓涓,强彦.Python机器学习[M].北京：机械工业出版社,2019.

[5] 刘鹏,张燕.数据挖掘[M].北京：电子工业出版社,2018.

[6] 毛国君,段立娟.数据挖掘原理与算法[M].3版.北京：清华大学出版社,2015.

[7] 喻梅,于健.数据分析与数据挖掘[M].北京：清华大学出版社,2018.

[8] 范淼,李超.机器学习及实践[M].北京：清华大学出版社,2016.

[9] 赵卫东,董亮.Python机器学习实战案例[M].北京：清华大学出版社,2019.

[10] 李航.统计学习方法[M].北京：清华大学出版社,2012.

[11] 高新波.模糊聚类分析及其应用[M].西安：西安电子科技大学出版社,2004.

[12] 刘顺详.从零开始学Python数据分析与挖掘[M].北京：清华大学出版社,2018.

[13] 张良君,杨海宏,何子健,等.Python与数据挖掘[M].北京：机械工业出版社,2017.

[14] 薛安荣,鞠时光,何伟华,等.局部离群点挖掘算法研究[J].计算机学报,2007,30(8)：257-265.

[15] 易彤,徐宝文,吴方君.一种基于FP树的挖掘关联规则的增量更新算法[J].计算机学报,2004,27(5)：703-710.

[16] 刘淇,陈恩红,朱天宇,等.面向在线智慧学习的教育数据挖掘技术研究[J].模式识别与人工智能,2018,31(1)：83-96.

[17] Safavian S R, Landgrebe D. A Survey of Decision Tree Classifier Methodology[J]. IEEE Transactions on Systems Man & Cybernetics,2002,21(3)：660-674.

[18] Sheth N S,Deshpande A R. A Review of Splitting Criteria for Decision Tree Induction[J]. Fuzzy Systems,2015,7(1)：1-4.

[19] Yuan G,Sun P,Zhao J,et al. A Review of Moving Object Trajectory Clustering Algorithms[J]. Artificial Intelligence Review,2017,47(1)：123-144.

[20] Kotsiantis S B. Supervised Machine Learning：A Review of Classification Techniques[J]. Informatica,2007,31(3)：249-268.